Computer Foundation for University

大学计算机基础

主　编　郑逢斌
副主编　孟　芸　吕　敏　职晓晓
　　　　李莉杰　李春晓　孙玉杰

河南大学出版社
HENAN UNIVERSITY PRESS
·郑州·

图书在版编目(CIP)数据

大学计算机基础/郑逢斌主编.—郑州:河南大学出版社,2019.7
ISBN 978-7-5649-3761-4

Ⅰ.①大… Ⅱ.①郑… Ⅲ.①电子计算机-高等学校-教材 Ⅳ.①TP3

中国版本图书馆CIP数据核字(2019)第106828号

责任编辑 阮林要
责任校对 张雪彩
封面设计 陈盛杰

出版发行 河南大学出版社
地址:郑州市郑东新区商务外环中华大厦2401号 邮编:450046
电话:0371-86059712(高等教育与职业教育出版分社)
0371-86059713
网址:www.hupress.com

排 版 河南大学出版社设计排版部
印 刷 郑州市运通印刷有限公司
版 次 2019年8月第1版 **印 次** 2019年8月第1次印刷
开 本 787mm×1092mm 1/16 **印 张** 20
字 数 487千字 **定 价** 45.00元

前　言

本书是根据目前计算机基础教育教学改革的新理念、新思想、新要求，以突出“应用”和强化“能力”为目标，结合编者多年的教学改革实践和建设的成果编写而成。

本书采用 Windows 10 和 Office 2016 作为基础环境。全书共分 7 章：第 1 章是计算机基础知识，第 2 章是 Windows 10 操作系统，第 3 章到第 5 章依次安排了文字处理软件 Word 2016、电子表格处理软件 Excel 2016、演示文稿制作软件 PowerPoint 2016，第 6 章是常用的工具软件，第 7 章是计算机网络和 Internet 应用。

本书由郑逢斌任主编，并负责全书的总体策划与统稿、定稿工作。各章节编写分工如下：第 1 章和第 2 章由孟芸、胡威威编写，第 3 章由吕敏、孙玉杰编写，第 4 章由职晓晓、孟芸、孙丽娜编写，第 5 章由李春晓编写，第 6 章和第 7 章由李莉杰编写。另外赵建军、尹柯、袁帅、刘洋、周致丞、孙远灿参与了本书的修订，最后由郑逢斌统一订稿。

本书在编写过程中参考了大量文献资料，在此向这些文献资料的作者深表感谢。由于书稿撰写时间仓促，作者水平有限，书中难免存在疏漏和不足之处，敬请专家、读者不吝批评指正。

编者

2019 年 5 月

目　录

第1章　计算机基础知识

学习目标：

1. 了解计算机的发展历程、特点、分类和应用领域。
2. 了解计算机的硬件组成。
3. 掌握计算机如何表示信息。
4. 了解计算机的软件系统。

§1.1　计算机概述

1.1.1　计算机的发展历程

计算机鼻祖

人类发明计算机的初衷是用它作为计算工具。手指是早期的人类首先选择和使用的计算工具；远古的人们用石头来计算捕获的猎物数量，那么石头就是他们的计算工具；中国古人常在绳子上打结来帮助记事，“结绳”当然也是计算工具。石头、手指、绳子都曾经用来辅助短期记忆，算筹、算盘……这些也都是古人用过的“计算机”，进行复杂的抽象计算。

北京故宫博物院有一副闻名中外的名画——北宋张择端《清明上河图》，在画卷的最左端，有一家称作“赵太丞家”的中药铺。仔细观察，人们会发现在后面的柜台上放着一架算盘，说明算盘在北宋时期就已经成为老百姓的日常用品，如图1-1所示。

图1-1　《清明上河图》中赵太丞家中药铺

15 世纪以后，随着天文、航海的发展，计算工作日趋繁重，人们迫切需要探求新的计算方法并改进计算工具。早期计算工具凝聚着许许多多科学家和能工巧匠的智慧，在不同的历史阶段发挥过巨大作用，但也将随着科学发展而逐渐消亡，最终完成它们的历史使命。

第一缕阳光

世界上第一台真正的计算机是著名科学家帕斯卡(B.Pascal)发明的机械计算机。帕斯卡 1623 年出生在法国，从小，他就显示出对科学研究浓厚的兴趣。

少年帕斯卡对他的父亲一往情深，他每天看着年迈的父亲费力地计算税率税款，很想帮助做点事，可又怕父亲不放心。后来帕斯卡想到了为父亲制作一台可以计算税款的机器。于是，19 岁那年(1642 年)他发明了人类有史以来第一台机械计算机，如图 1-2 所示。它由一排转轮构成，每个转轮代表一个十进制数位。

图 1-2　帕斯卡发明的机械计算机

后人在介绍帕斯卡时，经常说他是数学家、物理学家、哲学家、流体动力学家和概率论的创始人。其实帕斯卡是真正的天才，他在诸多领域内都有建树。例如，“帕斯卡定律”就是他的伟大发现并以他的名字命名，他甚至还是法国极负盛名的文学家。为了使帕斯卡的英名长留在计算机时代里，1971 年语言大师沃斯(N.Wirth)把他设计的一种高级程序设计语言取名为 Pascal 语言，这是一种和 C 语言类似的程序设计语言。

思考：在现如今日常工作生活中，这种用齿轮运作的机械装置还存在吗？

答：存在，像家中用的水表、钟表中还可以看到齿轮运作的机械装置。

失败的英雄

一项 17 世纪的发明催化了数表事业的发展，这项发明是一种用作计算工具的《对数表》，如表 1-1 所示。在没有先进计算工具的时候，这项工作是极其艰巨和困难的，更是在不同印刷版本中发现了一些意想不到的瑕疵，比如计算员写错，又或者印刷工排错而产生串行等数字错误。人们认识到，计算员手工计算的方式已经没有前途了，唯有通过机械生成的数表，才能使此类错误无处容身。

表 1-1　以 2 为底的自然数对数表

自然数	以 2 为底的对数	自然数	以 2 为底的对数
1	0.0000	26	4.7004
2	1.0000	27	4.7549
3	1.5850	28	4.8074
4	2.0000	29	4.8580
5	2.3219	30	4.9069
6	2.5850	31	4.9542
7	2.8074	32	5.0000
8	3.0000	33	5.0444
9	3.1699	34	5.0875
10	3.3219	35	5.1293
11	3.4594	36	5.1699
12	3.5850	37	5.2095
13	3.7004	38	5.2479
14	3.8074	39	5.2854
15	3.9069	40	5.3219
16	4.0000	41	5.3576
17	4.0875	42	5.3923
18	4.1699	43	5.4263
19	4.2479	44	5.4594
20	4.3219	45	5.4919
21	4.3923	46	5.5236
22	4.4594	47	5.5546
23	4.5236	48	5.5850
24	4.5850	49	5.6147
25	4.6439	50	5.6439

巴贝奇改进方法是将机械原理与数学结合，从前后项相减的差分运算中看到了潜力。对于巴贝奇而言，有限差分方法是自己首个设想的核心原理，因此他将源自这个设想的机器命名为差分机。巴贝奇用了整整 10 年的时间，于 1822 年完成了第一台“差分机”，快速编制不同函数的数学用表，如图 1-3 所示。

巴贝奇是提出程序控制计算思想的第一人。他 1792 年出生于英国伦敦一个富有的银行家的家庭，凭着优异成绩考入剑桥大学。在大学里，他的数学天赋得到了最大化的提升。

图 1-3 差分机

原本巴贝奇可以继续从事数学理论和科技发明研究，然而这位旷世奇才却选择了一条无人敢于攀登的崎岖险路——从事“差分机”的发明工作。今天出版的许多计算机书籍里都登载着巴贝奇的照片，宽宽的额头、锐利的目光显得有些愤世嫉俗，给人一种极富深邃思想的学者形象。

计算机创世纪

世界上第一台电子计算机 ENIAC(Electronic Numerical Integrator and Computer，电子数字积分计算机)于 1946 年 2 月在美国宾夕法尼亚大学研制成功，如图 1-4 所示。ENIAC 诞生标志着电子计算机的问世，人类社会从此步入了计算机时代。

图 1-4 ENIAC

从第一台电子数字计算机诞生至今，虽然只有 70 多年的历史，但是计算机的发展却突飞猛进，给人类社会带来了巨大变化。计算机的发展从总体上来说，体积不断变小，性能、速度大幅提升，性价比不断提高。根据计算机所采用的物理器件，可以将计算机的发展划分为以下四个阶段。

1. 第一代电子管计算机(1946—1957 年)

第一代电子计算机的主要电子元件是电子管，这代计算机耗电量大、运算速度慢、体积庞大、价格昂贵，主要用于军事和科学研究的计算。

2. 第二代晶体管计算机(1958—1964 年)

第二代电子计算机的主要电子元件是晶体管，用晶体管代替电子管作为元件，计算机运算速度提高了，体积变小了，成本降低了，并且耗电量大幅下降，可靠性大大提高，这个阶段还出现了程序设计语言。

3. 第三代集成电路计算机(1965—1970 年)

第三代电子计算机的主要电子元件是小规模集成电路和中规模集成电路，存储器进一步发展，体积越来越小，价格越来越低，软件逐步完善，出现了操作系统和会话式语言。计算机开始广泛应用于各个领域。

4. 第四代大规模集成电路计算机(1971 至今)

第四代电子计算机的主要电子元件是大规模和超大规模集成电路，运算速度最高可达每秒几十万亿次，能够进行浮点运算。操作系统进一步完善，应用软件的开发已经广泛应用于各行各业。

从采用的物理器件来看，目前计算机的发展处于第四代电子计算机水平。计算机还将朝着微型化、巨型化、网络化、多媒体化和智能化方向发展，未来计算机的研究方向试图打破计算机现有的体系结构——冯·诺依曼体系结构，如图 1-5 所示。

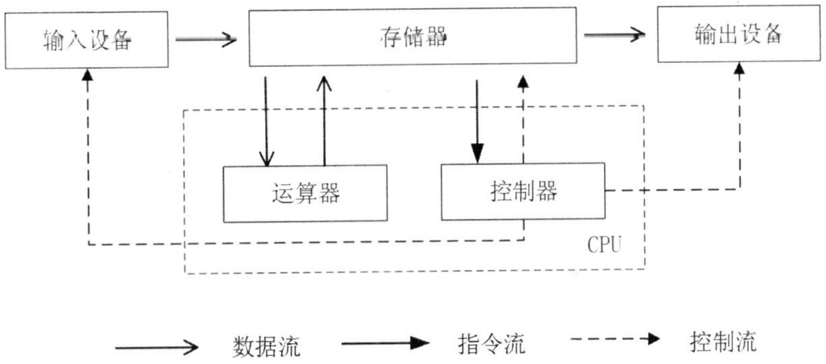

图 1-5 冯·诺依曼体系结构

世界上第一台计算机 ENIAC 诞生之后，其本身存在两大缺点：一是没有存储器；二是用布线接板进行控制，甚至要搭建几天，计算速度整体上提升不是太明显。冯·诺依曼针对 ENIAC 的不足之处进行认真分析，提出采用二进位制，来简化机器的逻辑线路，同时提出程序内存的思想，把运算程序放置在机器的存储器中，程序设计员只需要按照程序在存储器中寻找运算指令，机器就会自行计算。这就是有名的冯·诺依曼体系结构。无论台式计算机还是笔记本电脑，几乎所有的计算机都遵循于冯·诺依曼体系结构。1952 年，冯·诺依曼等人完成了 EDVAC(Electronic Discrete Variable Automatic Computer)的建造工作，如图 1-6 所示。

冯·诺依曼体系结构主要包括：

① 计算机中的数据以二进制形式表示。

② 采用存储程序控制的工作方式。

③ 计算机硬件由五个基本部分组成，包含运算器、控制器、存储器、输入设备和输出设备。

这种体系结构一直延续至今，现在的计算机基本工作原理仍然是存储程序和程序控制。鉴于冯·诺依曼对现代计算机技术的突出贡献，被后人称之为“计算机之父”。

图 1-6 EDVAC

1.1.2 计算机的特点

计算机的应用领域已渗透到社会的各行各业,以它特有的魅力改变着人们的工作、学习和生活方式,推动着社会的发展。计算机之所以功能如此强大,能够应用于各种领域,一定具有一些特别的优势。

1. 运算速度快

计算机的运算速度用 MIPS(百万条指令每秒)来衡量。计算机的运算速度惊人,从1946 年的第一台计算机 ENIAC 运算速度为每秒 5000 次加法运算,到现在普通的微型计算机每秒都可执行几十 MIPS 以上,巨型机甚至达到千万 MIPS,计算机不断超越运算速度的极限。随着计算机技术的发展,计算机的运算速度还在不断提高。例如天气预报,用巨型计算机计算只需要十几分钟就可以完成。

作为国之重器,我国超级计算机发展迅速。根据 2018 年 6 月公布的全球超级计算机500 强排行榜中排名前五的制造商,中国公司占了三家,其中排名第二的超级计算机是由中国自主芯片制造的神威·太湖之光。它是由国家并行计算机工程技术研究中心研制、安装在国际超级计算无锡中心。神威·太湖之光超级计算机峰值性能为 12.5 亿亿次/秒,持续性能为 9.3 亿亿次/秒,如图 1-7 所示。

图 1-7 神威·太湖之光超级计算机

2. 运算精度高

一般来说，现在的计算机支持几十位有效数字，而且理论上还可以更高。因为数字在计算机内部都是采用二进制数编码的，数字精度主要由这个数字的二进制码位数决定，计算机可以通过增加位数来提高精度，目前已经达到小数点后面上亿位的精度，特别是尖端科学技术的发展，需要高度精确的计算。计算机控制的导弹能准确地击中预定目标，与计算机的精度计算是分不开的。

3. 具有很强的记忆功能

计算机的记忆功能，实际上是指计算机所具有的存储功能。计算机的存储系统由内存储器和外存储器组成，具有存储和记忆大量信息的能力，现在计算机的内存容量已经达到几 G 或者几十 G，而且外存也有惊人的容量。

4. 具有复杂的逻辑判断能力

正是因为计算机具有逻辑判断能力，使得计算机不仅能解决数值计算问题，而且还能解决非数值计算问题，比如信息检索、图像识别、人脸识别等。记忆功能、算术运算和逻辑判断功能相结合，使得计算机能模仿人类的某些智能活动，成为人类脑力延伸的重要工具，比如阿尔法围棋（AlphaGo）是第一个击败人类职业围棋选手、第一个战胜围棋世界冠军的人工智能机器人，其主要工作原理是"深度学习"，如图 1-8 所示。

图 1-8　AlphaGo

5. 可靠性高

随着微电子技术和计算机技术的发展，现代电子计算机连续无故障运行时间（Mean Time Between Failures，MTBF）可达到几十万小时以上，具有极高的可靠性。例如，安装在宇宙飞船上的计算机可以连续可靠地运行几年时间。

6. 自动化程度高

自动运行是指人们把需要计算机处理的问题编成程序存储在计算机中，当发出运行指令后，计算机便逐条执行程序，不再需要人为干预。例如，目前非常热门的 3D 打印技术主要由计算机控制完成。

1.1.3　计算机的分类

随着计算机技术的发展，计算机的类型也越来越多样化，下面介绍三种常见类型的计算机。

1. 超级计算机

超级计算机是指运算速度超过每秒 1 亿次的高性能计算机。它是目前功能最强、运算速度最快、存储容量最大、软硬件配套齐备、价格最贵的计算机，是国家科技发展水平和综合国力的重要标志。超级计算机拥有很强的并行计算能力，主要用于解决如气象、太空、能源、医药等尖端科学和战略武器研制中的复杂计算，可同时供几百个用户同时使用，如神威·太湖之光超级计算机。

2. 服务器

服务器是随着计算机网络的普及和发展，应运而生的一种供网络用户共享的高性能计算机。服务器一般具有大容量的存储设备和丰富的外部接口，运行网络操作系统且运行速度较高。服务器常用于存储各类资源，为网络用户提供丰富资源及共享服务。从广义上讲，一台个人计算机也可以充当服务器，因为大多数服务器都要每天 24 小时、每周 7 天满负荷工作，因此可靠性、稳定性都有更高的要求。例如，电子邮箱里的邮件就是存储在邮件服务器中，这样我们只要通过网络在任何一台计算机中都可以访问邮箱里的邮件。如图 1-9 为刀片服务器，图 1-10 为塔式服务器。

图 1-9　刀片服务器

图 1-10　塔式服务器

为了降低运营成本，很多中小企业用户开始使用云服务器，由购买转为租用，也就是从原来购买服务器转为租赁服务器。用户在使用云服务器时，可以根据自己的需求来租赁云服务器，按照使用的资源量来付费，非常灵活，服务器快速构建更稳定、安全的应用，降低了开发运行、维护的难度和整体 IT 成本，使用户能够更专注于核心业务的创新。例如，阿里巴巴集团旗下的阿里云就是全球卓越的云计算技术和服务提供商，如图 1-11 所示。

图 1-11　阿里云服务器 ECS 图标

3. 微型计算机

微型计算机是指日常使用的个人计算机(Personal Computer，PC)。个人计算机是当今使用最普及、产量最大的一类计算机。它体积小、功率低、成本少、灵活性大，性价比明显地优于其他类型的计算机，因而得到了广泛的使用。个人计算机的种类主要有台式机、笔记本电脑和平板计算机，为人们的工作、生活带来了很大的方便。

1.1.4　计算机的应用领域

1. 传统的应用领域

(1) 科学计算

科学计算是指计算机应用于科学研究和工程技术中求解数学问题的计算，是计算机应用最早的领域，也是应用较广泛的领域。ENIAC 就是为科学计算而研制的。计算机在科学计算和工程设计中的应用，不仅减轻了大量烦琐的计算工作量，更重要的是，使得一些以往无法解决或无法精确解决的科学计算问题得到圆满的解决。例如，数学、化学、原子能、天文学、地球物理学、生物学等基础科学的研究，以及航天飞行、飞机设计、桥梁设计、水力发电、地质找矿等方面的大量计算都要用到计算机。利用计算机进行数值计算，可以节省大量时间、人力和物力。

(2) 数据处理

数据处理又称为信息处理，包括对各种数据资料进行收集、存储、整理、分类、统计、加工、检索、发布等一系列工作。这类工作量大、面宽，决定了计算机应用的主导方向。目前，数据处理已广泛地应用于办公自动化、企事业计算机辅助管理与决策、情报检索、图书管理、电影电视动画设计、会计电算化等各行业。信息正在形成独立的产业，多媒体技术使信息展现在人们面前的不仅是数字和文字，也有声情并茂的声音、图像及视频信息等。

(3) 计算机辅助设计

计算机辅助设计包括 CAD、CAM 和 CAI 等。

计算机辅助设计(Computer Aided Design，CAD)是指用计算机及其图形设备帮助设计人员进行设计工作，不仅提高了设计速度和设计质量，而且提高了设计工作的自动化程度。汽车行业是 CAD 技术最先应用的领域之一。

计算机辅助制造(Computer Aided Manufacturing，CAM)是指用计算机进行生产设备的管理、控制和操作的过程。在机械制造业中，利用电子数字计算机通过各种数值控制机床和设备，自动完成离散产品的加工、装配、检测和包装等制造过程。CAM目前主要是指数控程序的编制。

计算机辅助教学（Computer Aided Instruction，CAI）是指利用计算机系统使用课件进行教学。课件可以用制作工具或高级语言来开发制作，它能引导学生循序渐进地学习，使学生轻松自如地从课件中学到所需要的知识。

（4）自动控制

自动控制是涉及面极广的一门学科，应用于科学技术、军事、工业、农业、国防等各个领域。特别是有了体积小、价廉可靠的微型计算机和单片机后，自动控制就有了强有力的工具，使自动控制进入以计算机为主要控制设备的新阶段。用计算机控制各种加工机床，不仅可以减轻工人的劳动强度，而且生产效率高，加工精度高。

2. 新技术应用领域

（1）人工智能

人工智能（Artificial Intelligence，AI）是研究、开发用于模拟、延伸和扩展人类智能的理论、方法、技术及应用系统的一门新技术科学。人工智能的研究课题是多种多样的，诸如计算机学习、计算机证明、景物分析、模拟人的思维过程、机器人等，内容很多。

人工智能迅速得到极大的关注，甚至在人们的心目中也产生了共鸣，主要得益于有一件事在专业人士、人们心中都产生重要影响，这就是AlphaGo。2016年，AlphaGo学习人类的棋谱，以4∶1战胜了韩国最知名的九段棋手李世石。2017年5月，AlphaGo Master问世，实现人类棋谱自我对弈，3∶0战胜我们国家顶级九段棋手柯洁，第三盘输的时候，柯洁流下伤心的眼泪，这个画面影响很多人。2017年12月，AlphaGo的升级版Zero出台以后，与上一代Master进行比拼，100∶0完胜上一代，预示着人类智慧在和所谓计算机智慧之间的较量中给我们打开了完全不同的一扇窗。

2017年7月，国务院印发新一代人工智能发展规划，各大院校对于人工智能的关注更是风起云涌，一些高校设置了人工智能专业，人工智能甚至已经进入了中学的教材。人工智能在医疗领域也取得了较大进展，比如，科大讯飞“智医助理”机器人参加2017年国家执业医师资格考试比试，排名前5%，如图1-12所示；又如，天坛医院进行了人机大战，准确率远远超过医生们的答卷。

图1-12 “智医助理”机器人

目前，人工智能在文字识别、图像识别、景物分析以及语言理解等方面都已取得了不少成就。例如，在文字识别方面，对规范的印刷体和严格的手写体的识别，已经达到了成熟实用的水平，而对任意的手写体的识别在通过几次学习以后也能识别出来。人工智能不是一个新鲜事物，1956年就开始讲人工智能，我们经历了第一次浪潮和第二次浪潮，现在是第三次人工智能浪潮的到来。随着计算机应用领域不断拓展，一些新的技术已经融入到我们的生活当中，比如说云计算、大数据、互联网＋、机器学习、深度学习等，未来还会有一些新的技术会融入计算机的发展中。

(2) 大数据

狭义大数据(Big Data)是指以数量巨大、来源分散、格式多样、应用价值高为主要特征的数据集合。

广义大数据除了数据集合的含义外，还包括对这类数据进行采集、存储和关联分析，以及从中发现新知识、创造新价值、提升新动能的新技术和新业态。它是由海量运算存储能力和数据建模算法两部分组成，也就是用数学建模的方法对过去的数据建模，以期预测未来的行为。大数据有四个特征，数据体量巨大(Volume)、数据类型繁多(Variety)、价值密度低(Value)和处理速度快(Velocity)。

那么，传统数据统计分析与大数据分析的区别是什么？

普通的定义认为，统计学是关于数据的科学，研究如何收集数据，并科学地推断总体特征。大数据和统计学还是存在一定区别的，其一是数据分析时不再进行抽样，而是采用所有的数据；其二是分析方法，大数据侧重所有变量之间的相关性，而不再根据背景学科理论筛选变量，进行假设检验。

大数据的价值在于可提供尽可能多的详细信息并对信息进行有效处理，以数据流引领技术流、人才流、资金流、物资流，推动生产要素的集约化整合、协作化开发、高效化利用、网络化共享，可形成新的资源配置模式，改变传统的生产方式和经济运行机制，提升经济运行效率和水平。

如果把大数据比作一种产业，那么这种产业实现盈利的关键在于提高对数据的“加工能力”，通过“加工”实现数据的“增值”。例如，携程旅行网是一家成功整合了IT技术与传统旅游行业的互联网公司，该公司利用大数据相关技术为业务带来了惊人的提升与帮助，以用户意图为服务宗旨，通过将广告栏的“千人一面”变为“千人千面”，提升用户便捷性、可用性，深入挖掘用户价值，在激烈的竞争中脱颖而出。

(3) 智慧城市

以具有科学城市治理理念的智慧型服务政府为主导，运用信息和通信技术手段感测、分析、整合城市运行核心系统的各项关键信息，从而对包括民生、环保、公共安全、城市服务等在内的各种需求做出智能响应，为人类创造更美好的城市生活，如车联网、智慧医疗等。

车联网(Internet of Vehicles)是由车辆位置、路线和速度等信息构成大规模交互网络，通过GPS、RFID、传感器、摄像头等装置实现智能化交通管理、智能动态信息服务和车辆智能化控制的一体化网络。

(4) 物联网

物联网的核心和基础仍然是互联网，是在互联网基础上的延伸和扩展的网络，其用户端延伸和扩展到了任何物品与物品之间。物联网的定义：通过射频识别（RFID）、红外感应器、全球定位系统、激光扫描等信息传感设备，按约定的协议，把任何物体与互联网相连接，进行信息交换和通信，以实现多物体的智能化识别、定位、跟踪、监控和管理的一种网络。例如，蔬菜大棚的温度和湿度、汽车的定位。

§1.2 微型计算机硬件系统

我们通常所使用的计算机，就是微型计算机，也就是个人计算机。微型计算机根据外观结构由主机、显示器、键盘、鼠标等部分组成，如图 1-13 所示。以台式计算机为例，介绍微型计算机的硬件系统。

图 1-13　计算机外观结构

1. CPU

微型计算机的 CPU（Central Processing Unit，中央处理器）制作在一块集成电路芯片上，相当于人的大脑，是整个计算机系统的核心。CPU 的性能在很大程度上决定了计算机系统的性能。目前，全球生产 CPU 的厂家主要有英特尔和 AMD 公司，如图 1-14 所示。

图 1-14　CPU

CPU 主要包括运算器和控制器两大部分，控制着整个计算机系统的工作。运算器主要功能是进行算术运算和逻辑运算。计算机中最主要的工作是运算，大量的数据运算任务是在运算器中进行的。控制器是计算机的神经中枢，是整个计算机的控制指挥中心，指挥计算机的各个部件按照指令的功能要求协调工作，如图 1-15 所示。

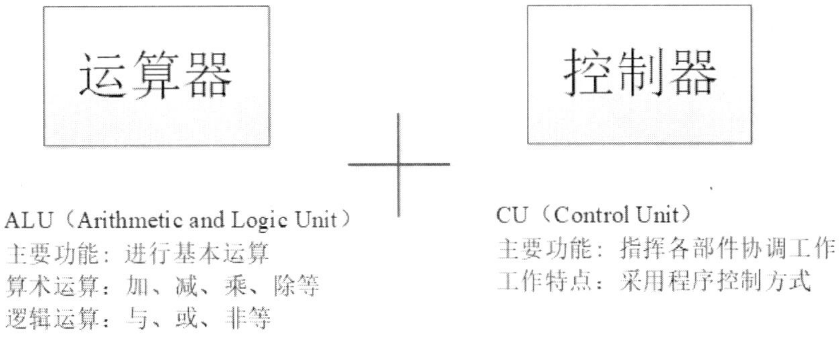

图 1-15 运算器和控制器

近年来，随着计算机硬件技术的发展，促进了多核处理器的出现，即一个微处理器中集成了多个 CPU。如何查看计算机的 CPU 型号信息呢？

具体操作：选中桌面上的"此电脑"图标，单击鼠标右键，选择"属性"命令，打开"系统"窗口，如图 1-16 所示。

图 1-16 "系统"窗口

CPU 的主要性能指标如下：

① 主频。主频是 CPU 主要的性能指标，是 CPU 工作的时钟频率，单位是赫兹(Hz)。主频越高，CPU 的速度也就越快。图 1-16 中处理器指的就是 CPU，其中 3.60 GHz 是本款 CPU 的主频。

② 字长。字长是指 CPU 在单位时间内能一次处理的二进制的位数，字长总是 8 的整数倍，通常 PC 机的字长为 32 位、64 位。图 1-16 中系统类型是 64 位操作系统，也就是 CPU 一次最多处理 64 位数据。在安装应用软件时，要注意甄别。例如，在安装 Office 2016 时会

提示 32 位与 64 位的 Office 程序不兼容的问题，这是因为在 32 位操作系统下，必须装 32 位的 Office 安装程序。

③ 运算速度。计算机的运算速度是指计算机每秒执行的指令数，单位为每秒百万条指令(MIPS)或者每秒百万条浮点指令(MFPOPS)。

2. 内存

内存主要用于存放计算机运行所需的临时程序和数据。计算机采用冯・诺依曼存储程序的思想，将程序和数据事先存储在内存中，然后由 CPU 逐条从内存中读取指令、执行指令，实现程序的连续自动执行。当计算机工作时，CPU 需要运算的数据不在内存时，内存就会从外存将程序和数据调到内存中进行处理，之后 CPU 再将结果放回到内存。可见，内存起着 CPU 与外存进行沟通的桥梁作用。CPU—内存—外存之间的信息交换是自动完成的，无须用户操心。内存的容量大小直接影响计算机的运行速度，现在微型计算机的内存容量都比较大，一般主流的内存容量为 8 GB、16 GB 等，市场上主要有金士顿、金邦、宇瞻、威刚等主流品牌内存，如图 1-17 所示。

图 1-17　内存(马甲散热器)的外观结构

内存不能够同时满足存取速度快、存储容量大和成本低的要求，因此在计算机中采用了多级存储方法。计算机的多级存储体系包括了高速缓冲存储器、内存储器和外存储器。高速缓冲存储器用来缓解内存和 CPU 的速度匹配问题，而外存储器是用来扩大存储空间。外存储器也就是我们经常使用的硬盘、U 盘、移动硬盘、光盘等。高速缓冲存储器、内存储器和外存储器三者在容量上是由小到大，在速度上则是由快至慢的。由此可见，速度越快，则容量不会太大；容量越大，则只能牺牲速度，换取较低的价格。

在计算机中存储和运算数据时，通常要涉及的数据单位有以下两种。

(1) 位(bit，简称 b)

冯・诺依曼体系结构中指出计算机中的数据以二进制形式表示，1 位就是 1 个 0 或 1，位是构成信息的最小单位，称为位或比特，用 b 做单位。

例如，10010 为 5 位二进制数；10010001 为 8 位二进制数。

(2) 字节(Byte，简称 B)

字节是信息存储的基本单位，8 位二进制数为一个字节(1 B=8 bit)。字节常用来衡量计算机的存储容量，常见的存储单位有千字节(KB)、兆字节(MB)、吉字节(GB)以及太字节(TB)，它们之间的转换关系如下所示：

$1\ KB = 2^{10}\ B = 1024\ B$

$1\ MB = 2^{10}\ KB = 1024\ KB$

$1\ GB = 2^{10}\ MB = 1024\ MB$

$1\ TB = 2^{10}\ GB = 1024\ GB$

例如，一台计算机的内存容量为 8 GB，一个硬盘的存储容量为 1 TB，一个 Word 文档的大小为 15 KB，一个音乐文件 MP3 的容量为 9 MB。

3. 主板

主板是计算机中各种设备的连接载体，通过它才能将各种设备紧密地连接在一起，使它们能相互传递信息，CPU 也只有通过它才能发号指令。计算机能否正常、稳定、快速地运行，关键就是主板，如图 1-18 所示。主板是微型计算机系统中最大的一块电路板，有时又称为母板或系统板，是一块带有各种插口的大型印刷电路板（PCB）。它将主机的 CPU 芯片、存储器芯片、控制芯片、BIOS 芯片等结合在一起。

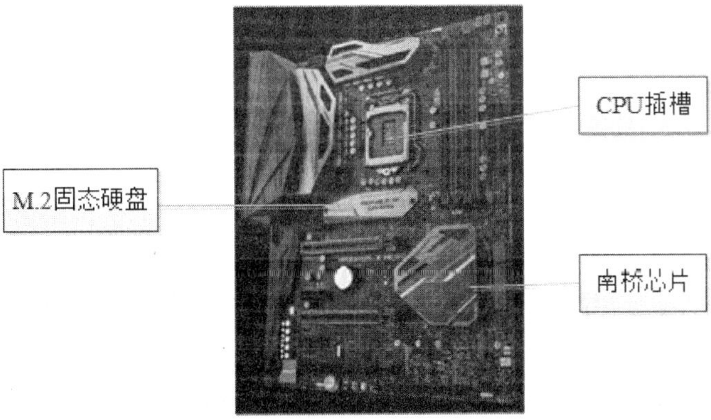

图 1-18　计算机主板结构

主板为计算机中其他部件提供插槽和接口，各个主板的布局不尽相同，但是主板中的结构是相似的，主要包括 CPU 插槽、内存插槽、显卡插槽、总线扩展插槽以及各种串行和并行端口等。

主板中最关键的部分是主板所使用的芯片组。主板芯片组一般由北桥芯片和南桥芯片组成，目前北桥芯片集成在 CPU 内。由于一款芯片组不可能支持所有类型的 CPU，因此选择不同的 CPU 就必须选择与之对应的主板型号。

主板采用了开放式结构。主板上大都有扩展槽，用于功能的扩展，用来插入各种板卡（Card）。板卡通常用来控制计算机的外设以及进行网络通信。

4. 硬盘

硬盘是计算机中最重要的存储设备。硬盘通常也被固定在主机内部，属于外部存储器。内存容量小、硬盘容量大；内存存取速度快，硬盘存取速度慢；计算机断电后，内存中的信息丢失，硬盘在计算机断电后内容不丢失。硬盘容量越大，存储的信息也就越多，价格也就越贵。硬盘有机械硬盘（如图 1-19 所示）、固态硬盘（如图 1-20、图 1-21 所示）。目前，市场上主流的机械硬盘容量一般为 500 GB、1 TB 或者更大，固态硬盘容量一般为 120 GB、250 GB 或者更大。常见的硬盘品牌有西部数据（WD）、希捷（Seagate）、三星、IBM 等。

图 1-19　机械硬盘

图 1-20　SATA 固态硬盘

图 1-21　M.2 接口固态硬盘

5. 光驱

光盘驱动器主要用于读取光盘数据。光驱有两种:CD 驱动器和 DVD 驱动器。CD 光驱只能读取 CD 光盘,而 DVD 光驱能读取 CD 和 DVD 光盘。目前,市场上主要有 CD 光驱(CD－ROM)、DVD 光驱(DVD－ROM)、康宝(COMBO)和刻录机,如图 1-22 所示外置光驱。

图 1-22 外置光驱

衡量一个光驱性能的主要指标是读取数据的速率，光驱的数据读取速率是用倍速来表示的。CD－ROM 光驱的 1 倍速是 150 KB/s，DVD 光驱的 1 倍速是 1350 KB/s。

如某一个 DVD 光驱的速率是 16 倍速，则这个光驱的数据传输速率为 1350×16＝21600 KB/s。

6. 显卡

显卡是计算机最基本的配置之一，承担输出显示图形的任务。没有显卡，图像无法处理，更无法在显示器上输出。显卡分集成显卡和独立显卡两种，独立显卡具备独立的显示内存，技术上领先于集成显卡，能够提供更好的显示效果和运行性能，如图 1-23 所示独立显卡。

图 1-23 独立显卡

7. 电源和机箱

电源提供了计算机正常运行时所需的动力，如图 1-24 所示。机箱是安装各种计算机设备的装置，它将计算机设备整合在一起，起到保护计算机部件的作用，此外也能够屏蔽主机内的电磁辐射，保护计算机使用者。

图 1-24　电源

8. 显示器

显示器是计算机中最重要的输出设备，是用户和计算机沟通的主要界面，是计算机必不可少的输出设备。目前，市场上常见的显示器是 LCD（液晶）显示器，辐射相对较小，如图 1-25所示。

图 1-25　显示器

9. 鼠标和键盘

鼠标和键盘是计算机的输入设备，鼠标和键盘都有有线和无线之分，如图 1-26 所示。

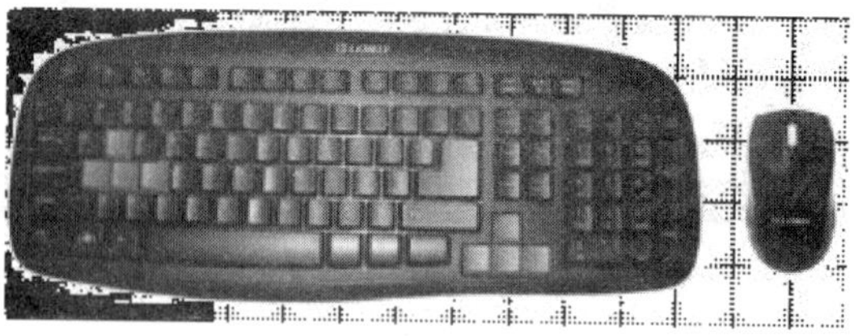

图 1-26　鼠标和键盘

10. 外部设备

计算机通过一些端口还可以连接其他外部设备，使计算机的应用更加广泛。常用的外部设备种类繁多，有打印机、扫描仪、数码相机、U 盘、移动硬盘等；特别是 U 盘，它是目前使用最多的外部设备，U 盘具有容量大、体积小、便于携带、性能可靠等特点，如图 1-27 所示。

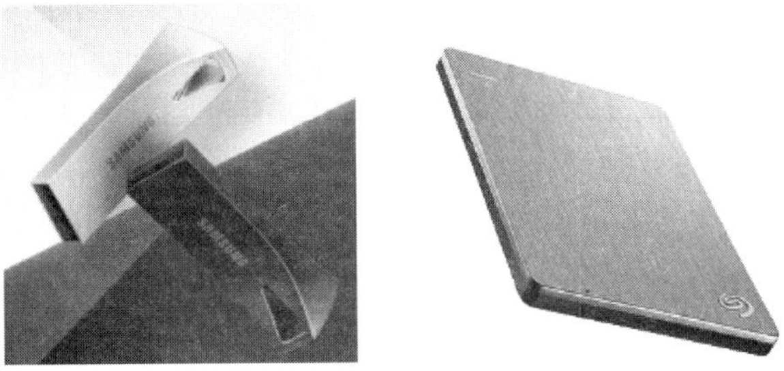

图 1-27 U 盘和移动硬盘

§1.3 数据在计算机中的表示

在计算机系统中，各种字母、数字、符号的组合、图形、图像、语音、视频等统称为数据。数据经过加工后，就成为对人类现实行为产生影响的信息。数据和信息是不可分离的，数据是信息的表达，信息是数据的内涵。例如 38 度这个数据，单独看是毫无意义的，放在不同语境中代表了不同的含义。若角度是 38 度，则代表是锐角；若体温是 38 度，则意味着发烧了；若天气温度是 38 度，则表明天气炎热。从而可以看出，38 仅仅是数据，可以传达出不同的信息，如锐角、发烧、天气炎热，如图 1-28 所示。

图 1-28 数据"38"代表信息的几种含义

通过输入设备输入的数据，如数字 12、字符"a"、汉字"中国"等，在计算机中，都以 0 和 1 表示，从科学计算角度，0 和 1 就是通常所说的二进制。那么，数据在计算机中如何转换为 0 和 1 进行存储的呢？

1.3.1 计算机的数制

二进制是一种非常古老的进位制系统，由于现代被用于电子计算机中，于是旧貌换新颜，身价倍增。而人类的科学计算是基于十进制为基础的，对于十进制而言，基本进制符号由 0、1、2、3、4、5、6、7、8、9 这十个数组成，各种各样的数值是这十个基本符号的组合，如 321.25，就是 1、2、3、5 这四个数的组合。在日常生活中，经常遇到不同进制的数，如一周有七天，逢七进一；钟表的时针是逢十二进一。而计算机科学中常用的是二进制、十进制、八进制和十六进制。这四种进制，各有用途，如用于计算机输入输出，实现人机交互的是十进制；

计算机中内部存储的是二进制；为了表达和书写方便，引入了八进制和十六进制。

一个数无论采用何种进位制表示，都包含两个基本要素：基数和位权。在十进制数321.25出现了两个相同的基本符号 2，这两个 2 处在这个数所处的位置不同，它所代表的数值大小是不一样的。小数点右边 2 的位置的权值是 10^{-1}，小数点往左边 2 的位置的权值是 10^{2}。

基数是数制所使用的数码的个数。例如，十进制中有 0 到 9 共十个符号，基数为 10；二进制中只有 0 和 1 共两个符号，基数是 2。一个数字符号所表示的数值等于该数字乘以一个与它所在数位有关的常数，这个常数叫作“位权”，简称“权”。位权的大小是指以基数为底，数字符号所在位置的序号为指数的整数次幂。

1. 十进制(D)

十进制有十个不同的符号：0、1、2、3、4、5、6、7、8、9，基数为“10”，所以这种计数制称为十进制，按“逢十进一”的规则计数。

2. 二进制(B)

二进制有两个不同的符号：0、1，基数为“2”，所以这种计数制称为二进制，按“逢二进一”的规则计数。例如，十进制数 1+1=2，而二进制数 1+1=10B。

3. 八进制(O)

八进制有八个不同的符号：0、1、2、3、4、5、6、7，基数是“8”，所以称为八进制，按“逢八进一”的规则计数。

4. 十六进制(H)

十六进制有 16 个不同的符号：0、1、2、…、9、A、B、C、D、E、F，基数为“16”，所以这种计数制称为十六进制，按“逢十六进一”的规则计数。

为了区别各种进制的数字，在书写的时候，通常在数字后面加一个字母，如 B 表示二进制数，O 表示八进制数，D 或不带字母代表十进制数，H 代表十六进制数；也可以用下标表示，如 23O 或$(23)_8$ 均表示八进制数 23。现将数制符号及基数汇总如下，如表 1-2 所示。

表 1-2 数制符号及基数

数制	符号	基数	举例
二进制	0、1	2	1001B
八进制	0、1、2、3、4、5、6、7	8	$(36)_8$
十进制	0、1、2、3、4、5、6、7、8、9	10	3.15D
十六进制	0、1、2、3、4、5、6、7、8、9、A、B、C、D、E、F	16	ABH

1.3.2 计算机的进制转换

计算机是基于二进制来完成运算的，而人们平时使用的是十进制，那么学习二进制和十进制之间的转换就非常重要。

1. R 进制转换为十进制

【例 1—1】将二进制数$(10101.11)_2$转换为十进制数。

$(10101.11)_2=1\times2^4+0\times2^3+1\times2^2+0\times2^1+1\times2^0+1\times2^{-1}+1\times2^{-2}=(21.75)_{10}$

【例 1—2】将八进制数$(474)_8$转换为十进制数。

$(474)_8=4\times8^2+7\times8^1+4\times8^0=256+56+4=(316)_{10}$

【例 1—3】将十六进制数 9B4.4H 转换为十进制数。

$9B4.4H=9\times16^2+11\times16^1+4\times16^0+4\times16^{-1}=2484.25D$

趣味问答：为什么数学家认为万圣节(31 Oct)和圣诞节(25 Dec)是同一天呢？

提示：请从进制角度考虑，OCT 表示八进制，DEC 表示十进制。

答：$(31)_8=3\times8^1+1\times8^0=(25)_{10}$

2. 十进制转换为 R 进制

转换规则分为整数和小数两部分规则：整数部分除以 R 取余数，余数倒序写；小数部分乘以 R 取整，整数顺序写。以十进制转换为二进制为例，十进制数 23.6875 转换过程如下。

① 将十进制整数 23 转换为二进制数的过程是：

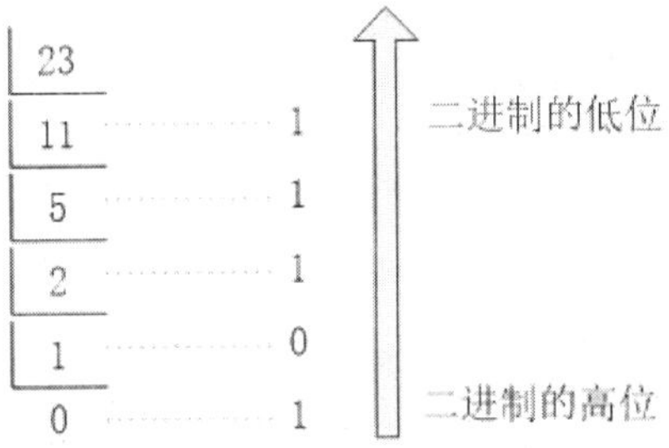

23D=10111B

② 将十进制小数 0.6875 转换为二进制数的过程是：

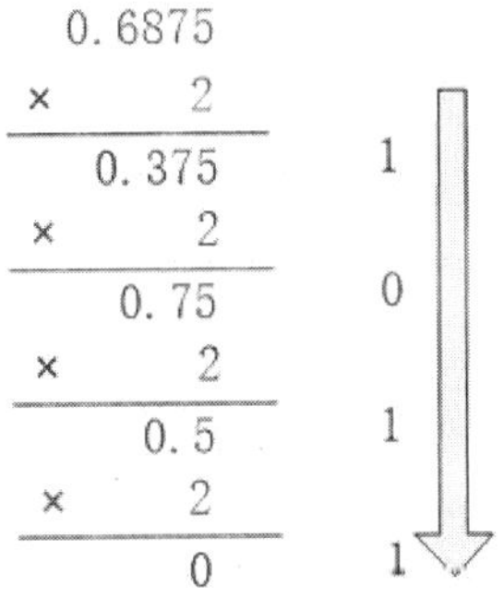

$(0.6875)_{10}=(0.1011)_2$

③ 将十进制小数 23.6875 转换为二进制数：

$$(23.6875)_{10}=(10111.1011)_2$$

3. 二进制转换为八进制、十六进制

二进制转化为八进制的方法是：将二进制数从小数点开始，向左右两边分组，每 3 位一组，两头不足 3 位补 0 即可。

【例 1—4】将二进制数 11011100110.1101 转换为八进制数。

$(\underline{011}\ \underline{011}\ \underline{100}\ \underline{110}.\underline{110}\ \underline{100})_2=(3346.64)_8$

二进制转化为十六进制的方法是：将二进制数从小数点开始，向左右两边分组，每 4 位一组，两头不足 4 位补 0 即可。

【例 1—5】将二进制数 11101110110.11011 转换为十六进制数。

$(\underline{0111}\ \underline{0111}\ \underline{0110}.\underline{1101}\ \underline{1000})_2=(776.D8)_{16}$

注意：由于二进制数与十进制数、二进制数与八进制数、二进制数与十六进制数的转换简便，因此在八进制数或十六进制数转换为十进制数的过程中可以使用二进制数作为转换的中间形式。

4. 各种进制间的关系

为了方便完成转换，可以参考各种进制之间的对照表进行转换，如表 1-3 所示。

表 1-3　各种进制间关系

十进制	二进制	八进制	十六进制	十进制	二进制	八进制	十六进制
0	0	0	0	8	1000	10	8
1	1	1	1	9	1001	11	9
2	10	2	2	10	1010	12	A
3	11	3	3	11	1011	13	B
4	100	4	4	12	1100	14	C
5	101	5	5	13	1101	15	D
6	110	6	6	14	1110	16	E
7	111	7	7	15	1111	17	F

5. Windows 10 系统自带计算器

使用 Cortana 搜索“计算器”，在最佳匹配中打开“计算器”程序，在“计算器”窗口中菜单中选择“程序员”可以轻松实现整数部分进制转换，小数部分转换无法实现，如图 1-29 所示。

思考：任何形式的数据，进入计算机均采用 0/1 二进制表示，采用其他的进制不可以吗？

答：从物理实现的角度来看，要找到两个稳定的状态简单得多，如电压的高低、电灯的有无，这些都是两个稳定的状态，相比而言，要找到十个稳定的状态要困难得多。两个稳定状态由此带来的优点就是可靠性、稳定性高。

从运算规则角度考虑，二进制数运算规则相对于十进制运算规则要简单得多，从而简化了运算器等物理器件的设计。在逻辑运算中的真和假，很自然地和二进制数的 1 与 0 吻合，

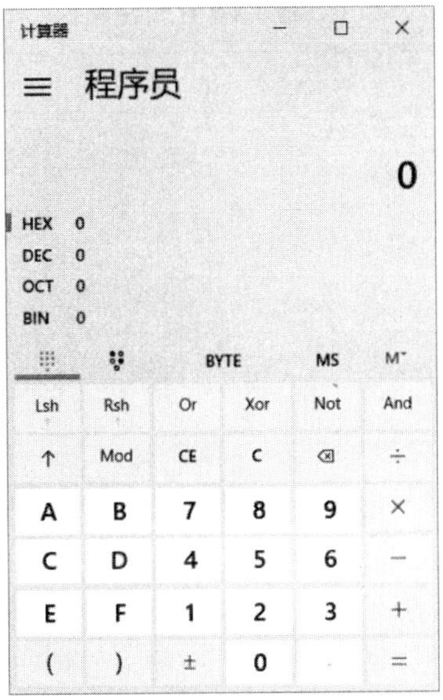

图 1-29　“计算器”窗口

使得这样的电子计算方式完成计算机的通用性加强。

在计算机史上有一份著名的 101 页报告,它是冯·诺依曼与戈德斯坦等人联名发表的,这篇报告长达 101 页。这份报告奠定了现代计算机体系结构坚实的根基,也特别强调了电子计算机设计中采用二进制的重要性。在 101 页报告中明确指出:虽然长久以来我们以前的计算工具大多以十进制系统为基础,但是我们强烈推荐使用二进制来建造电子计算机。

1.3.3　计算机的编码

除了数值计算,计算机还需要处理大量的非数值数据,如字符、汉字、音频、视频等。由于计算机都是以二进制的形式存储和处理的,因此这些非数值数据也必须按特定的规则进行二进制编码。所谓“编码”是人为地将若干位数码或者符号的每种组合制定一种唯一的含义。例如,人为规定“0”代表女,“1”代表男;在表达学历信息时,可以用“00”代表专科,“01”代表本科,“10”代表硕士,“11”代表博士。计算机编码包括英文字符、汉字字符以及图像编码等。由于形式不同,使用的编码规则也不同。

1. ASCII 编码

英文字符最常用的是 ASCII(American Standard Code for Information Interchange)。ASCII 编码是由美国信息交换标准委员会制定的、国际上使用最广泛的字符编码方案。ASCII 采用 7 位二进制数表示一个字符。7 位 ASCII 编码表,可支持 128 个字符,如表 1-4 所示部分 ASCII 码表,利用该表可以查找数字、运算符、标点符号以及控制符等字符与 ASCII 码之间的对应关系。

表 1-4　ASCII 对照表

ASCII 值	控制字符	ASCII 值	控制字符	ASCII 值	控制字符	ASCII 值	控制字符
0	NUT	32	(space)	64	@	96	、
1	SOH	33	!	65	A	97	a
2	STX	34	"	66	B	98	b
3	ETX	35	#	67	C	99	c
4	EOT	36	$	68	D	100	d
5	ENQ	37	%	69	E	101	e
6	ACK	38	&	70	F	102	f
7	BEL	39	'	71	G	103	g
8	BS	40	(	72	H	104	h
9	HT	41	)	73	I	105	i
10	LF	42	*	74	J	106	j
11	VT	43	+	75	K	107	k
12	FF	44	,	76	L	108	l
13	CR	45	—	77	M	109	m
14	SO	46	.	78	N	110	n
15	SI	47	/	79	O	111	o
16	DLE	48	0	80	P	112	p
17	DCI	49	1	81	Q	113	q
18	DC2	50	2	82	R	114	r
19	DC3	51	3	83	S	115	s
20	DC4	52	4	84	T	116	t
21	NAK	53	5	85	U	117	u
22	SYN	54	6	86	V	118	v
23	TB	55	7	87	W	119	w
24	CAN	56	8	88	X	120	x
25	EM	57	9	89	Y	121	y
26	SUB	58	:	90	Z	122	z
27	ESC	59	;	91	[	123	{
28	FS	60	<	92	/	124	|
29	GS	61	=	93	]	125	}
30	RS	62	>	94	ˆ	126	`
31	US	63	?	95	_	127	DEL

【例 1－6】下列特殊字符的编码及其相互关系需要记住。

字符"a"的编码对应十进制是 97，字符"A"的编码对应十进制是 65，小写字母的编码值比对应的大写字母编码值大 32。

【例 1－7】信息"Hello world"，按 ASCII 码在计算机中存储成如下的 0/1 串。

"Hello world"对应 ASCII 码十进制为 72 101 108 108 111 32 119 111 114 108 100

"Hello world"对应 ASCII 码二进制为 01001000 01100101 01101100 01101100 01101111 00100000 01110111 01101111 01110010 01101100 01100100

2. 汉字的编码

（1）汉字内码

与英文字符不同，汉字的字符很多，所以汉字编码比英文字符编码复杂。1980 年，我国发布的《中华人民共和国国家标准信息交换汉字编码》，代号为 GB2312－80，简称国标码。据统计，包括常用的 6763 个汉字和 682 个非汉字图形符号。每个汉字编码占两个字节，使用每个字节的低 7 位。

【例 1－8】汉字"大"的国标码为 3473H：00110100 01110011。

一个国标码占两个字节，使用每个字节的低 7 位，每个字节的最高位为 0；英文字符的 ASCII 码最高位也为 0，为了在计算机内部区分汉字编码和 ASCII 码，将国标码的每个字节最高位设为 1，变换后的国标码称为汉字机内码。

汉字机内码＝汉字国标码＋8080H

【例 1－9】汉字"大"的机内码为 10110100 11110011：B4F3H。

（2）汉字输入码

汉字如何输入到计算机中的呢？人们发明了各种汉字输入码，常用的汉字编码方案主要分为三大类：数字编码、拼音编码和字形编码。数字编码，常用的是国标区位码，用数字串输入一个汉字；拼音编码，是以汉语拼音为基础的输入方法；字形编码，使用汉字的形状来进行编码。目前，手写输入、语音输入、扫描输入也已经相当发达。

手写输入法就是利用外置的工具（如手写板），或者输入法中自带的手写输入方法输入文本，如搜狗输入法就具有手写输入功能。

语音输入法就是利用麦克风等设备向计算机中输入文字，如微信、QQ 聊天工具都提供了比较成熟的语音输入方法。

扫描输入法可将图片或打印的文稿利用扫描设备识别成电子文档。例如，微信里的小程序"文字识别小助手"，就可以扫描识别图片中的文字。

（3）汉字字形码

存储在计算机内的汉字在屏幕上显示，需要知道汉字的字形信息，汉字机内码并不能直接反映汉字的字形，而要采用专门的字形码。字形码的表示大体有两类形式：一类是活字或文字版的固体字形形式，另一类是点阵表示法或矢量表示法等形式，其中最基本的也是大多数字形库采用的是以点阵的形式存储汉字字形编码的方法。

3. 图像的编码

计算机是如何存储和表示图像的呢？从结构上讲，图像文件分为两种，即位图和矢量图。位图和矢量图区别如表 1-5 所示，位图是由像素构成，放大后会看到锯齿型边缘；而矢量图放大会边缘平滑，不会失真，如图 1-30 所示。例如，在看 VCD 时出现马赛克现象，这就是像素丢失造成的。

表 1-5　图像分类

分类	描述方式	特点
位图	由像素构成，每个像素记录颜色信息	放大会失真，图像色彩层次丰富，数据量大
矢量图	直线和曲线等属性来描述图形的，显示时通过数学公式计算得到	放大不会失真，图像色彩层次丰富，数据量小

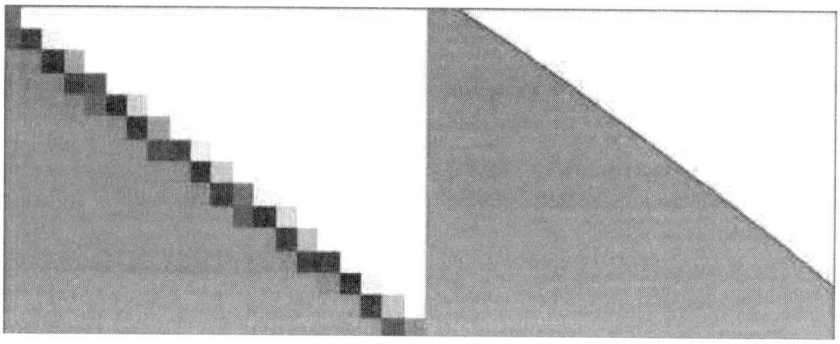

图 1-30　位图与矢量图

在位图中，图像采用点阵方式进行存储，阵列中的各个数字来描述构成图像的各个点的强度与颜色信息，这个点就是像素。例如，屏幕分辨率是 1024 * 768，则像素就是 1024 * 768。若位图图像颜色只有黑、白两种，则单个像素的颜色用 1 位表示。若每个像素用 8 位颜色位表示，则可表示 256 种不同的颜色。下图是一幅黑白像素图像进行编码过程，如图 1-31 所示。

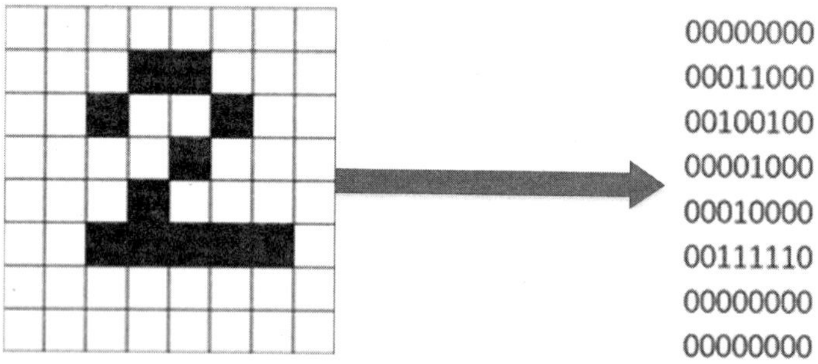

图 1-31　图像编码

4. 音频的编码

声音是以声波的形式传播，这种声波是光滑的、连续的模拟信号。音频编码就是将声音的模拟信号转化为数字声音信号，用计算机处理的过程。这个过程包括采样、量化及编码。采样是指在模拟音频的波形上每隔一定的间隔取一个幅度值，量化是将采样得到的幅度值进行离散、分类并赋值的过程,编码是将量化后的整数值用二进制表示。

§1.4 计算机软件系统

计算机系统是由硬件和软件组成的。软件是指计算机系统中的程序及其文档,而程序的实现与计算机程序设计语言是密不可分的。

1.4.1 程序设计

程序设计语言是人与计算机交流的手段。若要计算机完成各种各样的任务,必须编写计算机能够执行的程序。但是计算机能够直接识别的程序,人识别起来晦涩难懂,而人使用的自然语言,计算机又无法识别,于是借助程序设计语言,达到人与计算机交流的目的。程序设计语言是专用于人与计算机交互的工具。

根据语言级别,对程序设计语言分为以下三类。

(1) 机器语言

机器语言是用二进制数"0"和"1"表示计算机各种操作的程序设计语言。一条机器指令能够控制计算机执行一种操作。计算机能够直接理解和执行使用机器语言编写的程序,执行速度快,占用内存少;但难于记忆,编程困难,可读性差,容易出错。机器语言是面向机器的语言,可移植性极差。

(2) 汇编语言

汇编语言是一种用助记符来表示各个基本操作的程序设计语言,如用 ADD 表示加法操作、SUB 表示减法操作等。汇编语言的出现,大大减少了程序编写、阅读、修改、维护等方面的工作量,但汇编语言也是一种面向机器的语言,计算机不能直接执行,通用性和可移植性差,必须经过汇编程序翻译成机器语言程序后才能在计算机上执行,需要程序员对计算机内部结构非常了解。

(3) 高级语言

为了从根本上改变程序设计语言通用性差、可读性差等缺陷,使计算机语言更接近自然语言,推出了高级语言。高级语言是一种用接近自然语言和数学语言的语法、符号描述基本操作的程序设计语言。高级语言编写的程序不依赖于具体的机器,程序员编程时无需关心计算机内部的细节,从而大大提高了编程效率。计算机不能直接执行使用高级语言编写的程序,需用专门的翻译程序将其转换成机器语言程序后才能执行。

目前,使用较广泛的高级语言有 C、C++、C#、Visual Basic、Python、Java、ASP、JSP、PHP 等。

1.4.2 数据库系统

人类社会数据触手可及。互联网的兴起,手机等便携设备的普及,让人类社会行为数据越来越多地汇聚到网上。由于过去局限于计算能力和计算技术,难以从中萃取精华。当前,数据已经和人们的生活密切相关。例如,在天气预报、股票分析、环境监测等方面对数据进行分析,提高预报和检验预报的准确性;又如,奥巴马的总统竞选运动通过社交网络的各种数据功能完成了竞选，数据分析的结果会提示奥巴马去何处开展拉票活动，通过社交网络寻找支持者，而且还通过社交网络召集了一批志愿者。

为有效利用数据，要方便地通过数据库系统访问数据，在数据库中实现数据的积累，积累完成，就是对数据库的应用，也就是数据的分析和运用。

在关系数据库中，数据被划分成不同的表，一个关系就是一个二维表格，它由行和列组成，如表 1-6 所示。

表 1-6　客户信息

序号	客户姓名	身份证号	手机号码	开户部门	当前产品
1	王振天	410205	1561759	中原工学院世博合作厅	4G 主副卡业务—语音副卡基本套餐
2	高恒	410206	1561783	百胜沃行销航空港区分公司后台公众渠道	畅爽全国冰激凌套餐 398 元档
3	刘琳艳	382546	1660380	农业南路永辉社区店合作厅	省内版 4G 冰激凌畅爽套餐 99 元版
4	高恒	410206	1853991	其他直销—航空港区营业部	地王卡
5	李铭	358462	1321321	华山路营业厅	米粉卡(5 元卡)
6	张玲玲	248975	1760388	10010—郑州经开南曹营业部	腾讯天王卡

一个关系对应通常说是一张表，表中的一行称为一个记录(元组)，如在“客户信息”关系中，每行存放一条客户的数据。表中的一列即为字段或属性，例如，在“客户信息”关系中，“客户姓名”就是字段名或属性名；表中的某个属性组，它可以唯一确定一个记录，称为主关键字，如序号字段可以作为“客户信息”关系的主键。

每个关系都有一个关系名和若干属性，关系结构描述如下：

关系名(属性名 1，属性名 2，…，属性名 n)

例如，“客户信息”关系可以表示：

客户信息(序号，客户姓名，身份证号，手机号码，开户部门，当前产品)

1. 实体间的联系

两个实体集中实体之间的对应关系称为实体联系，实体之间的联系可以归纳为三种：一对一联系、一对多联系和多对多联系。

(1) 一对一联系(1:1)

例如，每所学校都有一名校长，而每个校长只在一所学校任职，则实体学校和实体校长之间的联系是一对一的，如图 1-32 所示。

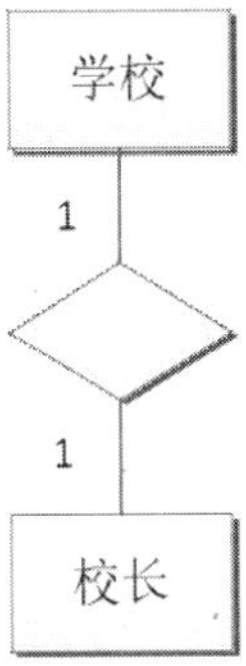

图 1-32　一对一联系

(2) 一对多联系(1∶n)

例如,在学校每间宿舍住 1 到 6 名学生,每个学生只在一间宿舍居住,则实体宿舍与实体学生间的联系是一对多的,如图 1-33 所示。

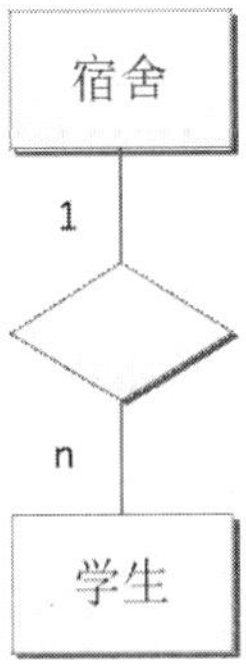

图 1-33　一对多联系

(3) 多对多联系(m∶n)

例如,在学校里,教师可以讲授不同的课程,同一课程也可由不同教师讲授,则实体教师与实体课程间的联系是多对多的,如图 1-34 所示。

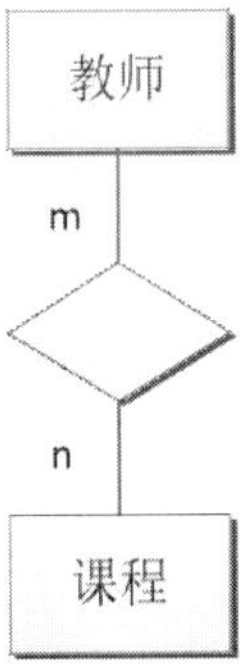

图 1-34　多对多联系

2. 关系操作

关系操作是指提供运算或操作,可以从一个关系或多个关系中完成查询和处理需求。

关系运算的结果仍是关系，数据查询关系操作有选择、投影、连接、除、并、交、差，数据更新关系操作有插入、删除、修改。

例如，有 R 和 S 两个关系，如表 1-7 所示。

表 1-7　R 和 S 关系表

A	B	C
a1	b1	c1
a1	b1	c1
a2	b2	c2

R

A	B	C
a1	b1	c1
a2	b2	c1
a2	b3	c2

S

（1）并操作：R 与 S 的并（表 1-8）

表 1-8　R∪S

A	B	C
a1	b1	c1
a1	b1	c2
a2	b2	c1
a2	b3	c2

（2）差操作：R 与 S 的差（表 1-9）

表 1-9　R－S

A	B	C
a1	b1	c2

（3）交操作：R 与 S 的交（表 1-10）

表 1-10　R∩S

A	B	C
a1	b1	c1
a2	b2	c1

（4）选择操作：从 R 中选择 A 属性等于 a2（表 1-11）

表 1-11　选择

A	B	C
a2	b2	c1

(5) 投影操作：投影 S 的 A 属性和 C 属性(表 1-12)

表 1-12　投影

A	C
a1	c1
a2	c1
a2	c2

1.4.3　操作系统

操作系统(Operating System，OS)是重要的系统软件，是能有效地组织和管理计算机系统中的硬件和软件资源，合理地组织计算机工作流程，控制程序的执行，并向用户提供各种服务功能，使得用户能够灵活、方便、有效地使用计算机，并使整个计算机系统能高效地运行的一组程序模块的集合。典型的计算机操作系统有 UNIX、Linux、Windows，手机操作系统有 Android、IOS 等。

在已经到来的人工智能时代，我们缺芯片、操作系统还有网络核心技术。互联网模式创新并不能真正让国家强大，只有硬科技才是国之重器。中国的有为青年，在新时代国家竞争中要担负起自己的历史使命。

习　题　一

一、选择题

1. 世界上首次提出存储程序计算机体系结构的是(　　)。

A. 艾伦·图灵　　B. 冯·诺依曼　　C. 莫奇莱　　D. 比尔·盖茨

2. 目前普遍使用的笔记本电脑，所采用的电子元器件是(　　)。

A. 小规模集成电路　　B. 大规模和超大规模集成电路

C. 电子管　　D. 晶体管

3. 目前计算机应用最广泛的领域是(　　)。

A. 辅助设计与辅助制造　　B. 数据处理与办公自动化

C. 科学技术与工程计算　　D. 人工智能与专家系统

4. 计算机中最重要的核心部件是(　　)。

A. RAM　　B. CPU　　C. CRT　　D. ROM

5. 通常所说一台微机的内存容量为 128M，指的是(　　)。

A. 128M 比特　　B. 128M 字节　　C. 128M 字长　　D. 128M 字

6. 将十进制数 93 转换为二进制数为(　　)。

A. 1110111　　B. 1110101　　C. 1010111　　D. 1011101

7. 下列四个不同数制表示的数中，数值最小的是(　　)。

A. 123D　　B. AAH　　C. 201O　　D. 1111101B

8. 微型计算机中普遍使用的字符编码是(　　)。

A. ASCII 码　　B. BCD 码　　C. 国标码　　D. 补码

9. 计算机能够直接执行的程序是(　　)。

A. 源程序　　B. 机器语言程序　　C. 汇编语言程序　　D. 高级语言程序

10. 以下软件中,(　　)不是操作系统软件。

A. UNIX　　B. Linux　　C. OFFICE　　D. Windows 10

二、填空题

1. 世界上第一台电子数字计算机取名为________。

2. 计算机的发展经历了电子管时代、________、集成电路时代和大规模集成电路时代。

3. 中央处理单元 CPU 包括运算器和________。

4. 二进制数 10101 转换为十进制数是________。

5. CFH 转换为十进制数为________。

6. 计算机中组织和存储信息的基本单位是________。

7. 冯·诺依曼结构计算机规定计算机内部是采用的________形式表示数据和指令。

实　验　一

【实验 1—1】认识微型计算机硬件组成。

1. 认识硬件组成,如主板、CPU、内存条、硬盘、显示器等,识别硬件上所标注的基本信息。

2. 认识机箱内各种连线,动手拆装各硬件部件。

【实验 1—2】写一份报告,综述人工智能、大数据的研究现状及发展趋势。

第 2 章　Windows 10 操作系统

学习目标：

1. 了解 Windows 10 操作系统的新特性。
2. 掌握 Windows 10 常用个性化设置方法。
3. 熟练掌握文件和文件夹操作。
4. 了解 Windows 10 中高级应用的使用方法。

随着计算机技术的迅猛发展，微软公司推出了最新的一代跨平台及设备应用的操作系统——Windows 10。Windows 10 操作系统不仅提供高效易行的工作环境，而且操作更加简单快捷。Windows 10 操作系统与以往版本相比，增加了许多新功能。

§2.1　Windows 10 操作系统的新特性

1. "开始"菜单回归

Windows 10 操作系统回归了用户期盼已久的"开始"菜单功能。点击屏幕左下角的 Windows 键打开"开始"菜单之后，左侧有系统关键设置和应用列表，标志性的动态磁贴也会出现在右侧，如图 2-1 所示。

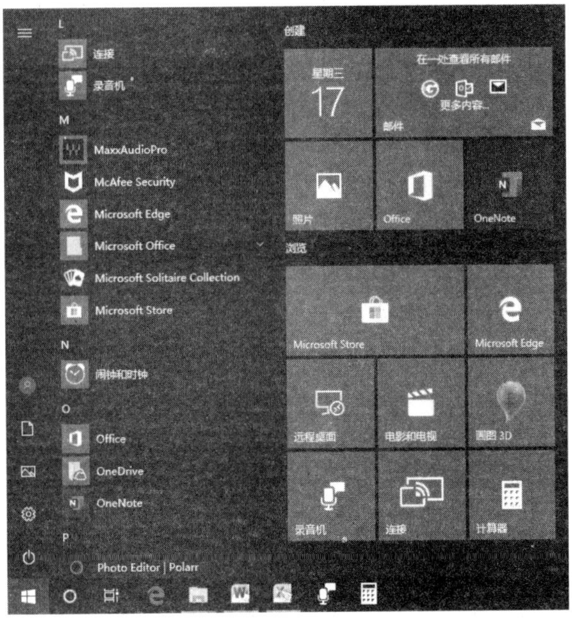

图 2-1　"开始"菜单

2. Cortana 带来的搜索和控制功能

Windows 10 中有一款小助手 Cortana，很多人都没有用过，甚至禁用此项功能，那么这个“Cortana 小娜”到底有什么用呢？“Cortana 小娜”是一款个人智能助理，是在机器学习和人工智能领域方面的尝试，可以用它来搜索硬盘内的文件、系统设置、应用，还能设置基于时间和地点的备忘，甚至是互联网中的其他信息。它不是简单地基于存储式的问答，而是对话。Cortana 有登录和不登录两种状态，登录时，Cortana 性能最佳。

3. 新的 Edge 浏览器

Windows 10 操作系统带来了全新的 Edge 浏览器。全新的 Edge 浏览器可以让用户尽快地查找内容，直接在网页上做笔记，在阅读时不受干扰。此外，它还是一个 PDF 和电子书阅读器，在 Edge 浏览器中支持网页标注，如图 2-2 所示。

图 2-2　Edge 浏览器的标注功能

4. 任务切换器

在 Windows 10 中任务切换器不仅显示应用图标，而且会通过大尺寸缩略图让用户对当中的内容进行预览，图 2-3 是 Windows 7 操作系统任务切换界面，图 2-4 是 Windows 10 任务切换界面。

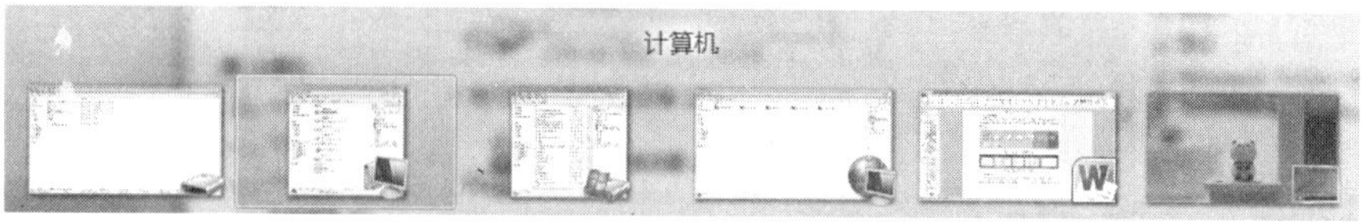

图 2-3　Windows 7 任务切换界面

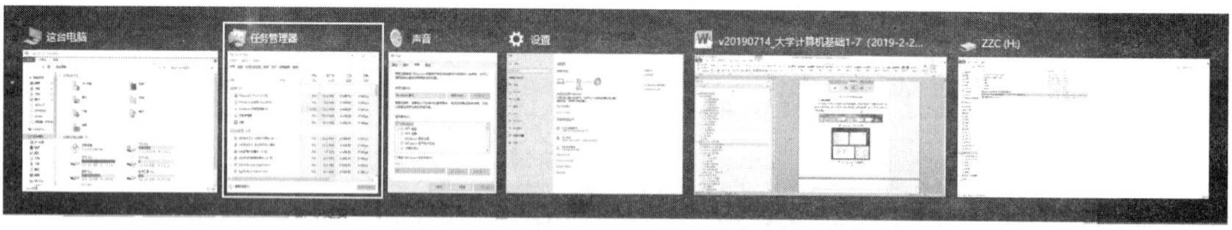

图 2-4　Windows 10 任务切换界面

5. 安全中心

Windows 10 自带的 Windows defender 查杀效果有明显进步，一般情况下，Windows 10 系统不需安装第三方杀毒软件也能够保障系统的基本安全，对于第三方杀毒软件的需求会日益降低。安全中心就是任务栏右端小盾牌图标。

§ 2.2　安装 Windows 10 操作系统

如今大部分计算机在出厂时预装 Windows 10 操作系统。但是，也有用户想更新操作系统，安装 Windows 10 操作系统，又怕计算机配置不行，无法流畅运行，那么就需要了解一下 Windows 10 的配置要求。

1. 最低安装配置要求

从表 2-1 最低的配置要求来看，目前的计算机都远远满足这些要求，如果你的计算机年数比较久远，配置比较落后，运行 Windows XP 操作系统的话，建议不要更换 Windows 10，容易出现卡顿。

表 2-1　Windows 10 最低配置要求

处理器	1 GHz 或更快的处理器或 Soc
RAM	1 GB(32 位)或 2 GB(64 位)
硬盘空间	16 GB(32 位操作系统)或 20 GB(64 位操作系统)
显卡	DirectX 9 或更高版本(包含 WDDM 1.0 驱动程序)
显示器	800×600

2. 推荐安装配置要求

如果需要完全流畅享受 Windows 10，使其发挥应有的本色，计算机的推荐配置如表 2-2 所示。

表 2-2　Windows 10 推荐配置要求

处理器(CPU)	双核以上处理器
内存条(RAM)	2 GB 或 3 GB(32 位)，4 GB 或更高(64 位)
硬盘可用空间	20 GB 或更高(32 位)，40 GB 或更高(64 位)
显卡(Graphics card)	DirectX 9 或更高版本(包含 WDDM 1.3 或更高驱动程序)
固件	UEFI 2.3.1，支持安全启动
显示(Display)	分辨率 800×600 或更高

§ 2.3　Windows 10 的启动与关闭

1. 启动 Windows 10

按下主机箱电源按钮即可开启 Windows 10 操作系统，系统启动完成后首先进入登录窗口。在选择用户并输入密码后，系统便会打开 Windows 10 的桌面。根据登录用户的不同，系统会加载不同的桌面、桌面小工具及开始菜单，如图 2-5 所示。

图 2-5　Windows 10 启动界面

2. 关闭 Windows 10

当用户完成工作任务后，首先应该关闭所有应用程序，然后再关闭 Windows 10 系统，否则会丢失未保存的资料或破坏应用程序。单击桌面左下角的“开始”菜单图标就会弹出“开始”菜单，如图 2-6 所示，单击“电源”按钮即可关闭当前操作系统。

图 2-6　关闭 Windows 10

思考：在使用计算机的过程中，有时会发生“死机”的现象，如何处理？

答：死机有两种情况，一种是开机时，Windows 界面没有启动起来之前产生的“死机”现象，处理的方法是：按住开机键不动，大约 7 秒强制关机，然后再次重新开机。另一种是启动操作系统之后，在使用过程中，由于某个软件而引起的“死机”现象，通过“Ctrl＋Shift＋Esc”组合键打开如图 2-7 所示任务管理器，将引起“死机”现象的软件关闭。

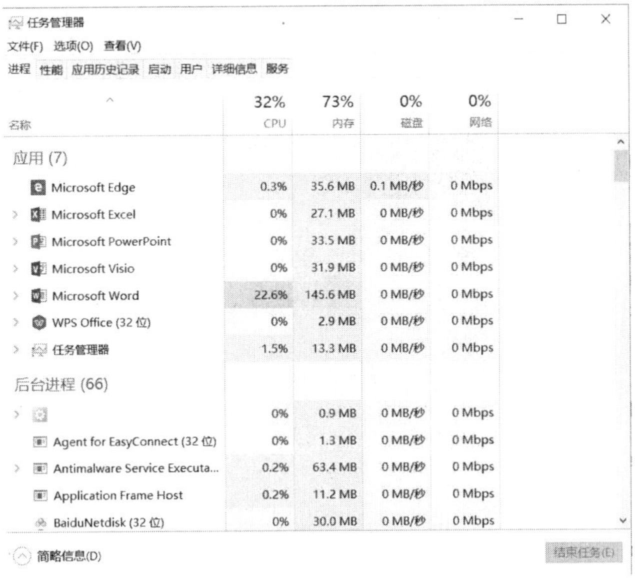

图 2-7　任务管理器

§2.4　Windows 个性化设置

在操作计算机过程中，用户之间交流难免要涉及一些计算机术语。例如："小王，你的文件放在哪里了？""文件在桌面上。"又如：小李由于误操作，任务栏不是位于桌面底端，而是位于桌面顶端，小李想通过百度去搜索解决这个问题，我们怎么描述这个问题呢？所以，计算机中的常用术语还是有必要了解一些。

2.4.1　桌面

进入 Windows 10 操作系统，用户看到的第一个界面就是桌面。桌面包括以下两个方面。

1. 桌面图标

桌面上显示一系列的图标，用户双击桌面上的图标，可以快速打开相应的应用程序、文件或文件夹。

思考：部分用户打开计算机后，在桌面上没有"此电脑"图标，为了方便使用，如何显示"此电脑"图标呢？

答：桌面上的系统图标有"计算机""回收站"等，用户可以在桌面空白处单击鼠标右键，在弹出的快捷菜单中单击"个性化"菜单命令即可打开设置界面，单击个性化窗口上的"主题"按钮，右侧单击"桌面图标设置"命令即可弹出"桌面图标设置"对话框，通过选择和取消桌面图标复选框即可完成桌面图标的更改，如图 2-8 所示。

除了系统图标，桌面上还有一种类型的图标，在左下角有一个这样的图形，这是快捷方式图标。根据需要，用户可以将应用程序或文件的快捷方式或路径放置在桌面。

图 2-8 “桌面图标设置”对话框

具体步骤：选中应用程序或文件，单击鼠标右键，选择“发送”到“桌面快捷方式”。

思考：快捷方式文件与原文件有什么关系呢？

答：观察一下快捷方式文件与原文件大小，快捷方式文件里只保存了原文件的路径信息，所以文件相对来说就要小很多，离开原文件，快捷方式的文件就无法正常打开。快捷方式相当于丰巢取件码，是一个地址，而原文件相当于物品。

2. 任务栏

“任务栏”一般位于桌面最底部的长条，如图 2-9 所示。它显示系统当前正在运行的程序、当前时间等，主要由“开始”菜单、搜索栏、任务视图、通知区域、显示桌面等部分组成。

图 2-9 任务栏

当我们使用计算机进行办公时，有时会觉得底端的任务栏不方便进行操作，抑或在实际生活中，经常遇到用户不知道误点了什么，将任务栏突然就跑到桌面的其他位置，虽然不影响用户使用，但是操作不习惯，如图 2-10 所示任务栏位于屏幕的左侧。

具体解决方法：

① 在“任务栏”空白处按住鼠标右键，看是否取消了“锁定任务栏”。若取消了，则在“任务栏”空白处单击鼠标左键拖动到合适的位置，如桌面的最底部。“任务栏”的位置可以在屏幕的四周。

② 在“任务栏”的空白处单击鼠标右键，选择“任务栏设置”按钮，在“任务栏设置”窗口可以看到“任务栏在屏幕上的位置”设置方法。

图 2-10　任务栏位于屏幕左侧的启动界面

2.4.2 “开始”菜单

“开始”菜单包含了 Windows 10 系统中所有应用程序的启动菜单。单击桌面左下角的“开始”按钮或按下键盘的 Windows 徽标键，即可打开“开始”菜单。

2.4.3 动态磁贴

Windows 10 中，动态磁贴的功能集中在了“开始”菜单里，通过它可以快速打开应用程序。磁贴里的信息是根据时间或发展活动而呈现的。

1. 调整磁贴的大小

选中某个磁贴单击鼠标右键，选择“调整大小”命令，在弹出的子菜单中有四种显示方式：“小”“中”“宽”和“大”，通过选择相应的命令，调整磁贴大小。

2. 打开/关闭磁贴

在磁贴上单击鼠标右键，选择“更多”命令，在弹出的子菜单中选择“关闭动态磁贴”或“打开动态磁贴”命令，即可关闭或打开磁贴的动态显示，如图 2-11、图 2-12 所示。

图 2-11　关闭天气磁贴

图 2-12　打开天气磁贴

3. 调整磁贴位置

选中要调整的磁贴，单击鼠标左键，拖拽到合适位置后松开鼠标，即完成磁贴位置的调整。

2.4.4　窗口的基本操作

窗口是 Windows 10 操作系统中最重要的组成部分，最基本的操作就是对窗口的操作。Windows 10 操作系统提供了丰富的窗口管理功能，能够方便对各个窗口进行排列、分割、组合、调整等操作。

1. Aero Snap

Aero Snap 是在 Windows 7 中新增的窗口排列功能，在 Windows 10 中继续发挥作用，俗称“分屏”。当你把窗口拖至屏幕边缘时，系统会按比例完成排列。虽然 Aero Snap 的使用非常方便，但比例过于固定，用户也可以在固定比例之后，手工调整窗口间的大小比例，调整后的尺寸可以被系统自动识别，填满整个屏幕。

2. 层叠、堆叠和并排窗口

当同时打开的窗口多于两个时，可以通过设置窗口的显示方式对窗口进行排列。在“任务栏”空白处单击右键，在弹出的快捷菜单中选择窗口排列形式。用户可以选择三种不同形式的排列方式，分别是“层叠窗口(D)”“堆叠显示窗口(E)”和“并排显示窗口(I)”，如图 2-13 所示。

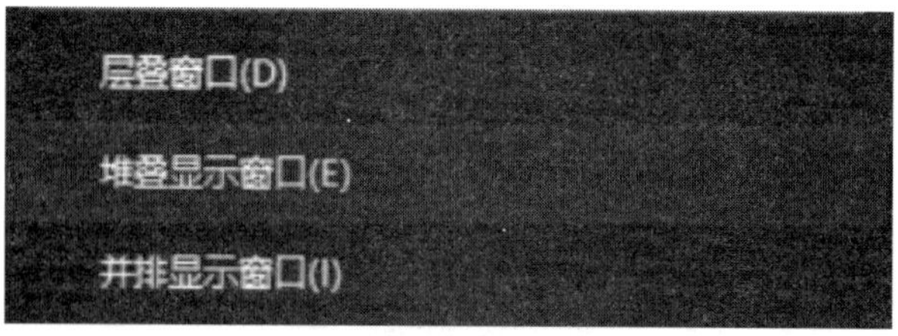

图 2-13　窗口排列方式

3. 虚拟桌面

虚拟桌面是 Windows 10 中另一类窗口管理功能，也是 Windows 10 系统特有的功能之一。它可以实现多个桌面，运行不同的软件而又相互不影响，类似于手机的多个页面。首先单击“任务栏”中的任务视图按钮，接着单击右下角的“+”号，新建一个桌面。

2.4.5　输入法设置

目前，常用的输入法有四种方式：键盘输入、手写输入、语音输入和扫描输入。遇到一些生僻字可以采用手写输入或语音输入的方式。在输入过程中，经常需要中英文切换。中英文切换方法：一种是利用“Ctrl＋空格”组合键或者“Ctrl＋Shift”组合键实现中英文切换，或者在中文状态下，按住“Shift”键实现中英文切换。

2.4.6　鼠标和键盘操作

鼠标和键盘是用户最常用的设备，同时也是计算机重要的输入设备，用于计算机接收用户输入的数据和命令。在鼠标的操作中，一定要注意观察鼠标形状，鼠标指针形状取决于它所在位置以及与其他屏幕元素的相互关系。表 2-3 列出了常用的鼠标指针形状及其含义。

表 2-3　常见的鼠标形状及其含义

鼠标形状	状　态	鼠标形状	状　态	鼠标形状	状　态
	命令等待正常绘图		选择状态		命令输入状态
	选择目标		等待		应用程序启动后台操作
	帮助		链接选择		视图平移
	调整垂直大小		调整水平大小		对角线调整
	调整命令窗口大小		移动对象		动态缩放
	插入文本		不可用		

键盘是用户与计算机之间最基本的对话输入设备，常用的键盘还是“QWERTY”键盘。1868 年，“打字机之父”——美国人克里斯托夫·拉森·肖尔斯(Christopher Latham Sholes)发明了沿用至今的“QWERTY”键盘。为什么键盘是这样排列，而不是按照字母顺序排列呢？这是因为，最初打字机的键盘是按照字母顺序排列的，而打字机是全机械结构的打字工具。当打字速度过快，某些键的组合很容易出现卡键问题，于是发明了 QWERTY 键盘。常见的键盘布局如图 2-14 所示。

图 2-14　常见键盘布局

为了更清晰可见键盘界面，我们看一下屏幕键盘，如图 2-15 所示。

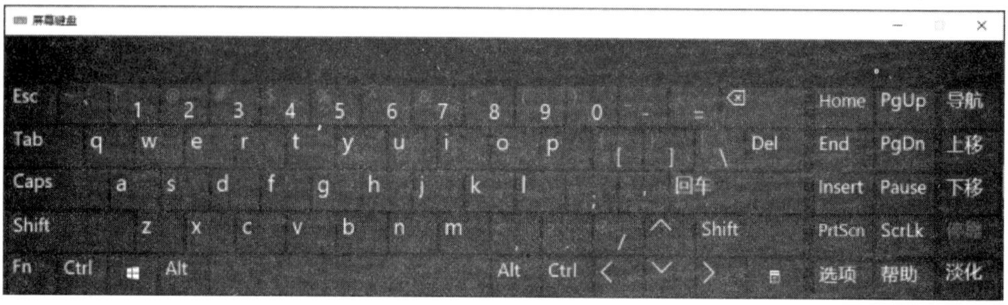

图 2-15　屏幕键盘

① 屏幕中有一些按键有两个字符，如2，这种键是双符键，直接按键，输入的就是下档键，如 2；按住"Shift"键，再按双符键，输入的就是上档键，如@。

② 在使用输入法输入英文的时候，需要使用"Caps Lock"键切换大小写，同时注意观察数字小键盘上面的指示灯，若大写键打开，则相应指示灯亮，否则指示灯灭，如图 2-16 所示 Caps Lock 指示灯。

图 2-16　Caps Lock 指示灯

③ Insert 键是插入与改写键，在键盘的功能区中，主要用于切换文本输入的模式。一种为改写模式，新输入字会代替原来的字；一种为插入模式，新输入的字插入到光标所在的位置，原来的字相应后移。

④ 数字小键盘。在使用计算机时，多数人会选择使用数字小键盘来输入数字，但是也会遇到输入后，没有反应的现象，很有可能小键盘的开关键没有打开，如图 2-16 所示，在数字小键盘区左上角有一个键，这就是数字小键盘的开关键，是开还是关，注意观察相应指示灯。

⑤ 有些情况下，按住的是同一按键，却输出不同的符号。例如，按住上档键单击数字键6，在某些情况下输入的是省略号“……”，某些情况下输入的是“^”。同一个按键，为什么出现的是不同的符号呢？原因就是中英文状态不同，当是中文状态下按键，输入的就是前者；在英文状态下，输入的就是后者。

在用户接触计算机的初始阶段，可以借助一些专门练习打字的软件，如金山打字练习软件，来提高自己的打字熟练程度和训练正确的指法、坐姿等。

§ 2.5　实用 Windows 10 自带工具

1. 自带屏幕录制及截图工具

Windows 10 操作系统不仅可以通过 PrintScreen 键实现屏幕截图，而且内置了截图工具，可以方便地截图，如图 2-17 所示；甚至系统还自带屏幕录制工具，按住“Win＋G”组合键可以打开录制工具，如图 2-18 所示。

图 2-17　截图工具

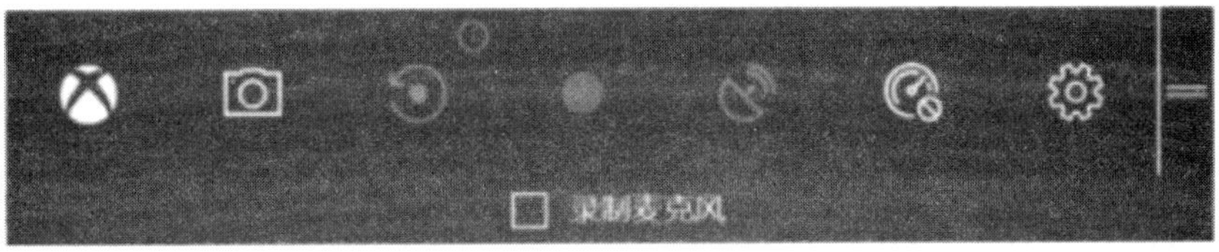

图 2-18　Windows 10 自带屏幕录制软件界面

2. 计算器

在 Windows 10 中计算器开始换成了 Modern 版本，计算器不但提供了简单的运算功能，还提供了程序员计算器、科学型计算器、统计信息计算器、日期计算及单位转换等常用功能，更重要的是，跨平台通用才是最大的看点，也就是在平板和手机中能够提供给用户近乎一致的使用体验。

计算器可以通过 Windows 10 自带的“Cortana”搜索“计算器”，或者在“开始”菜单应用列表中，找到首字母“J”，鼠标单击“计算器”即可打开。

§2.6 文件和文件夹管理

文件是有名称的一组相关信息的集合。在计算机中，所有程序和数据都是以文件的形式存放在计算机的外存储器上。例如，Word 文档、图片、视频等都是文件。

在操作系统中，负责管理和存取文件信息的部分称为文件系统或资源管理系统。在文件系统的管理下，用户可以按照文件名访问文件，不必要考虑各种外存储器的差异，也不必了解文件在外存储器上的具体物理位置以及存放方式。文件系统为用户提供了一个简单、统一的访问文件的方法。为了方便用户和操作系统对文件进行访问，一组相互之间存在一定关系的文件将被存放在一个文件夹内。整个计算机的存储空间（通常指硬盘）被划分成若干个区，所有的文件及文件夹都会被放置在这些分区内，用户可以通过 Windows 10 提供的目录服务对这些文件夹和文件进行访问和管理。

2.6.1 文件和文件夹概念

Windows 10 操作系统是通过对文件及文件夹的管理，来实现对整个计算机硬件和软件的使用和管理。

1. 文件的概念

在计算机中，任何一个文件都有文件名。文件是按名存取文件。文件名通常会有文件的名称和扩展名称组成，一般来说，文件名是有意义的词汇或数字组合，即顾名思义，以便用户识别，如图 2-19 所示。例如，“advapi32.dll”，其中“advapi32”是文件名称，“.dll”代表了该文件的类型。

图 2-19 Windows 10 系统中的文件

思考：一个文件可以没有扩展名吗？

答：一个文件可以没有扩展名，没有扩展名的文件需要选择程序去打开，有扩展名的文件会自动用设置好的程序去打开。

Windows 文件命名约定如下：

① 文件名中不能包含下列任何字符：\ / ： * ？”<> |。

② 文件名不区分大小写。例如，文件名“ABC.docx”和“abc.docx”表示同一个文件。

Windows 会隐藏文件扩展名以使文件名更容易阅读，但是可以选择显示扩展名。扩展名的显示和隐藏的设置在“查看”|“显示/隐藏”组|勾选或取消“文件扩展名”，如图 2-20 所示。

图 2-20　文件扩展名设置

2. 文件夹

在 Windows 操作系统中，文件夹通常作为一个存放文件的容器，用于分类存放大量的文件或文件夹。文件夹俗称目录。树状结构的文件夹是当前个人计算机操作系统中最常见的文件管理模式，其特点是结构简单、层次分明，易被人理解。

计算机是如何访问这些文件的呢？当用户要访问某个文件时，必须加上文件的路径，以便文件系统可以查找到所需要的文件。文件路径可以从根目录开始，到该文件节点所经过的所有各级子文件夹，各级文件夹之间用“\”分隔，这种文件路径称为绝对路径。例如，C:\PICTURE\book.jpg。如果文件夹树比较深，从根文件夹逐级向下查找文件的方法就太麻烦了，因此引入“当前文件夹”的概念，当用户需要访问某个文件时，只需给出从当前文件夹到该文件所在文件夹的相对路径即可。

3. 文件属性

文件除了文件名外，还有文件大小、位置、占用空间等属性。选中文件或文件夹单击鼠标右键，选择“属性”命令，弹出“属性”对话框，如图 2-21 所示。

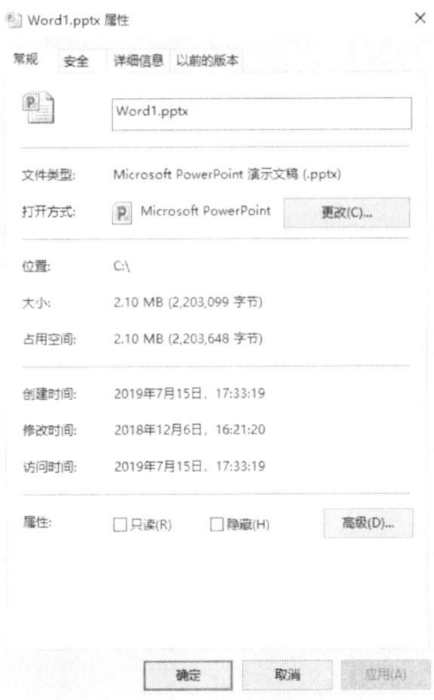

图 2-21　“属性”对话框

① 只读：表示该文件只可以读取，不能修改。

② 隐藏：表示该文件是隐藏的，如果想要查看隐藏的文件，需要在“查看”选项卡中勾选“隐藏的项目”，设置隐藏文件显示与否，如图 2-20 所示。

2.6.2 文件和文件夹操作

1. 新建文件或文件夹

文件或文件夹的创建方法可以通过单击鼠标右键弹出的快捷菜单中的“新建”命令或者通过“主页”选项卡中“新建文件夹”按钮实现。

2. 选择文件或文件夹

在计算机中，要对文件或文件夹进行各种操作，就要告诉计算机对哪些文件或文件夹进行操作，这就需要选择文件或文件夹，可以单击一个文件或文件夹实现选择。如果要选择多个对象，可以采取如下的方法：

(1) 选择连续的多个文件

利用“Shift”键：先单击第一个对象，然后按住“Shift”组合键，再单击最后一个对象。

利用鼠标拖动：按住鼠标左键并移动指针，画出一个矩形区域，然后释放左键，就选中了该区域中的所有文件或文件夹。

选择当前文件夹下所有文件：按住“Ctrl＋A”键。

(2) 选择不连续的多个文件

利用“Ctrl”键：先单击第一个对象，然后按住“Ctrl”键，利用鼠标依次单击需要选择的文件或文件夹。

3. 复制和移动文件或文件夹

通过“复制”命令可以对选中的文件创建副本；通过“剪切”命令可以将选中的文件移动至新的文件夹内，从而改变了源文件的存储位置。

文件的复制和移动通常可以通过以下三种方式实现。

① 选中一个或一组文件后单击右键，在弹出的右键菜单中选择“复制”或“剪切”命令实现复制或移动，如图 2-22 所示。

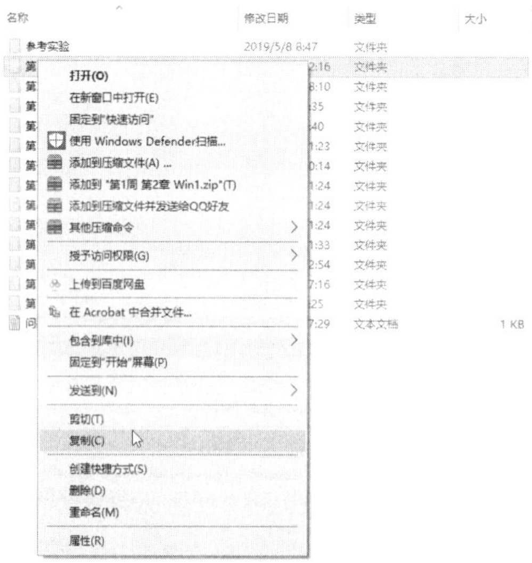

图 2-22 右键快捷菜单

② 利用“Ctrl＋C”或“Ctrl＋X”组合键进行复制或剪切操作，利用“Ctrl＋V”组合键进行粘贴操作。

③ 选中文件后，拖拽鼠标至目标文件夹即可完成文件的复制或移动操作。

思考：拖拽文件或文件夹至目标文件到底实现的是复制操作还是移动操作呢？

答：在同一磁盘上，拖拽实现移动操作；在不同磁盘上，拖拽实现复制操作。

4. 文件或文件夹重命名

在创建文件时，用户可以为创建的文件输入一个文件名称，若用户没有指定文件名称，系统则会自动为该文件生成一个默认的名称。用户可以重命名文件或文件夹的名称。在选中的文件或文件夹上单击鼠标右键，在弹出的右键菜单中选择“重命名”命令，如图 2-22 所示。在输入完新的文件名称之后，按下“Enter”键即可完成文件的重命名。在修改文件名时，注意不要修改文件的扩展名，否则会造成文件无法正常打开。

批量重命名。此外，用户还可以对一系列文件进行重命名，先选择多个文件，再选择一个文件输入新的文件名，则系统将其余文件按顺序命名为“新文件名(2)”“新文件名(3)”等。

5. 删除文件或文件夹

对于计算机中不再使用的文件，可以将其删除以便释放磁盘的存储空间。常用的删除文件方法有以下几种。

① 选择需要删除的文件，单击鼠标右键在弹出的右键菜单中选择“删除”命令。

② 选择需要删除的文件，然后按下“Delete”键即可实现删除。

③ 选择需要删除的文件，然后选择“主页”|“删除”命令。

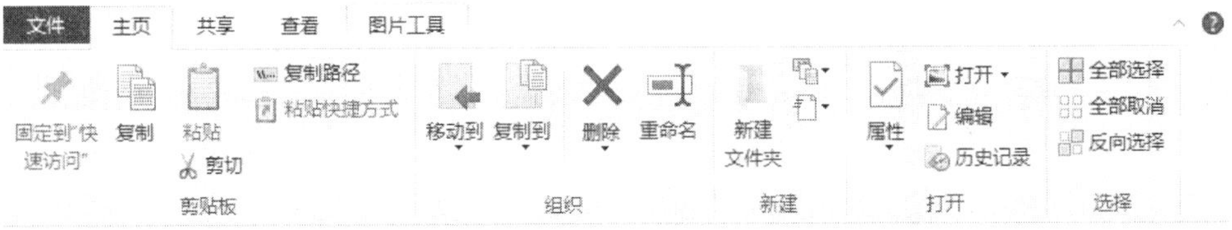

图 2-23　利用“主页”|“删除”命令删除文件

以上三种文件删除方式都会打开确认“删除文件”对话框才能完成删除操作，如图 2-24 所示。这些删除文件的方式是暂时删除，将文件存储在回收站里，还有一种类型的删除不经过回收站直接彻底删除，无法恢复，只需要在进行以上三种删除操作之前先按下“Shift”键不动，然后再进行其他操作，实现永久删除，如图 2-25 所示。

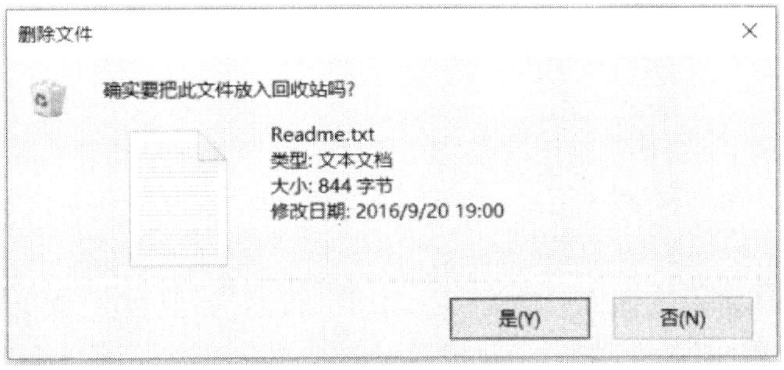

图 2-24　“删除文件”对话框

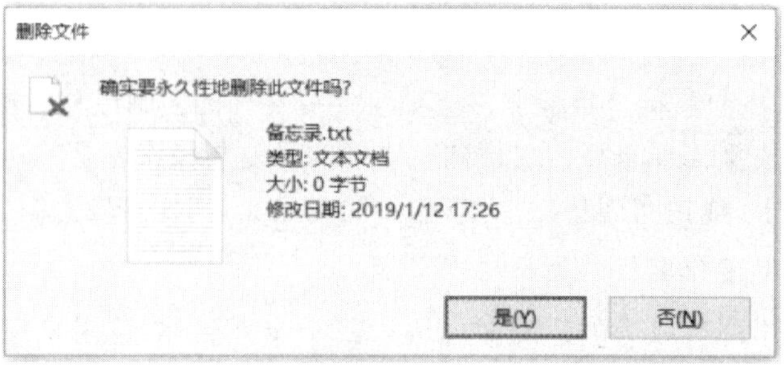

图 2-25 永久性“删除文件”对话框

思考:U 盘上删除的文件是暂时删除还是永久性删除呢?

答:因为 U 盘上删除的文件不经过回收站直接彻底删除,所以是永久性删除。

6. 搜索文件或文件夹

Windows 10 提供了以下两种方式搜索文件或文件夹。

① 若用户要搜索应用程序、网页或文档,则可在任务栏的“Cortana”中输入要查找的内容,如截图、系统、计算机管理、Word 等。如图 2-26 所示是搜索“截图”软件,直接输入要搜索的内容,给出“最佳匹配”为桌面应用。

图 2-26 “Cortana”中的搜索

② 若用户要搜索的是文件或文件夹,则可使用“搜索”框搜索。“搜索”框位于文件夹窗口的顶部,此外可以使用“搜索”选项卡设定筛选的条件,如图 2-27 所示。

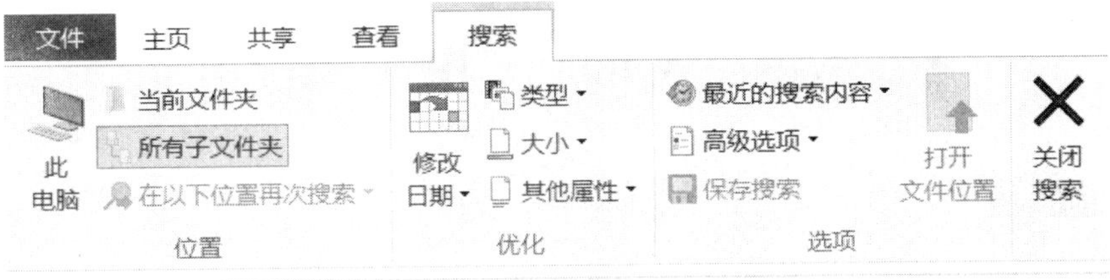

图 2-27　“搜索”选项卡

7. 设置文件或文件夹的显示方式

Windows 10 系统提供了多种文件或文件夹显示方式，用户可以通过单击鼠标右键方便快捷地设置文件夹的查看方式、排序方式和分组依据。在空白处单击鼠标右键，即可设置显示方式，如图 2-28 所示。

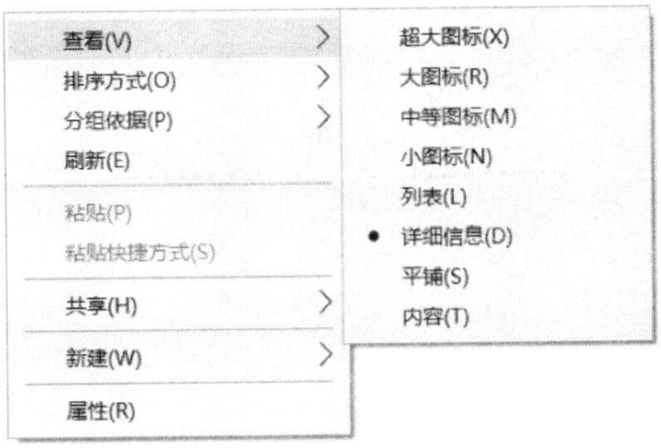

图 2-28　设置文件夹显示方式右键菜单项

8. 创建快捷方式

对于用户经常访问的文件及文件夹，可以通过为其创建桌面快捷方式，从而方便用户对其进行访问。

选中目标文件单击右键，在弹出右键菜单中选择“发送到”|“桌面快捷方式”命令，即可为选择文件或文件夹创建一个桌面快捷方式，如图 2-29 所示。

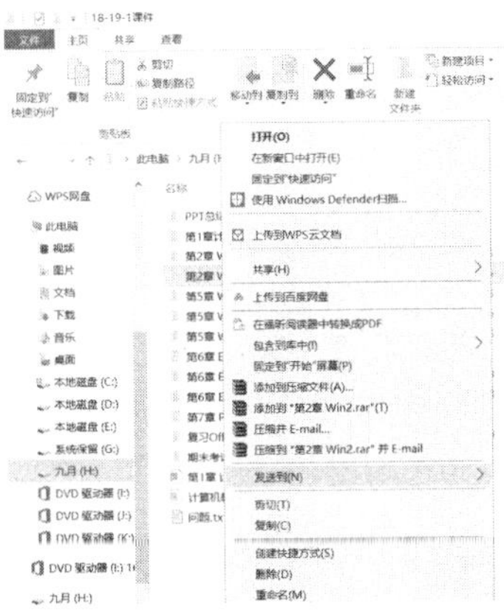

图 2-29　右键菜单创建文件夹的快捷方式

§2.7 Windows 10 高级应用

2.7.1 控制面板

Windows 10 中，控制面板是对操作系统本身的软、硬件资源进行配置和管理的工具。通过控制面板，可以帮助用户调整计算机的相关设置，从而使得操作计算机变得更加人性化和个性化，同时还能增强操作电脑的趣味性。

通过“开始”菜单|“Windows 系统”|“控制面板”命令即可打开“控制面板”窗口，也可以在“Cortana”中搜索“控制面板”的方法查找应用程序，如图 2-30 所示。

图 2-30 “控制面板”窗口

2.7.2 查看系统设备

当前计算机中所有硬件设备的安装和配置信息都可以通过设备管理器进行管理，常用的操作有查看和更改设备属性、更新设备驱动程序、配置设备设置和卸载设备。

用户可以通过选中桌面上的“此电脑”图标单击鼠标右键，在弹出右键菜单中选择“属性”命令，即可弹出“系统”对话框，如图 2-31 所示。

图 2-31 “系统”窗口

在弹出的“系统”属性窗口中单击左侧的“设备管理器”命令，即可弹出“设备管理器”窗口，如图 2-32 所示。通过此窗口，用户可以查看设备清单、更改设备属性、更新设备驱动器、禁用或卸载设备。如果某设备显示的是黄色的感叹号⚠，说明该设备的驱动程序有问题或存在硬件设备冲突，需要重新安装驱动程序或更新驱动程序。

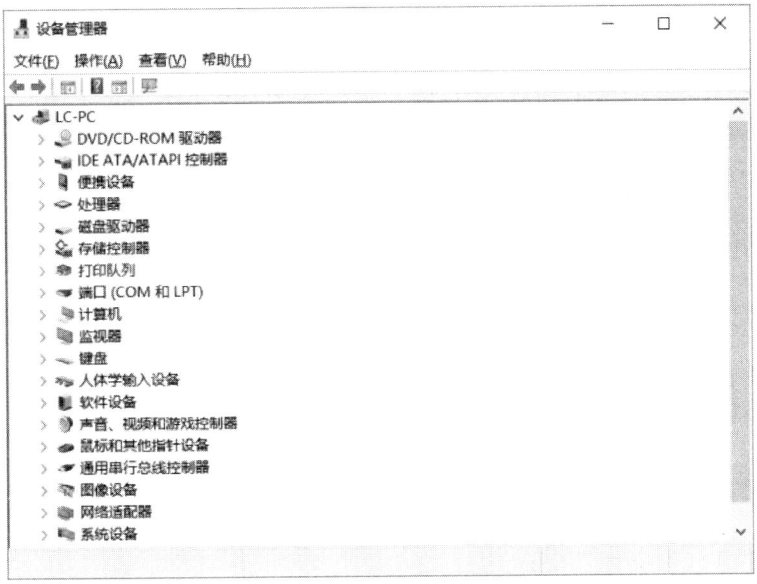

图 2-32 “设备管理器”窗口

2.7.3 卸载/更改程序

用户如果想删除或更改当前计算机中已经安装的程序，可以通过控制面板中的“程序”服务。在控制面板中单击“卸载程序”命令，即可打开“程序和功能”窗口，如图 2-33 所示。在程序列表中，用户可以单击鼠标右键对程序进行卸载或更改操作。另外，也可以在“开始”菜单中选择“设置”实现相应操作。

图 2-33 “程序和功能”窗口

2.7.4 用户账户

Windows 10 操作系统中采用的是计算机安全管理机制，即 UAC(用户账户控制)。通过细分控制的级别和自动通知管理员机制，使操作系统管理更加的人性化。在家庭和工作环境中，使用标准用户账户可以提高安全性并降低总体拥有成本。当用户使用标准用户权限(而不是管理权限)运行时，系统的安全配置(包括防病毒和防火墙配置)将得到保护。这样，用户将能拥有一个安全的区域，可以保护他们的账户及系统的其余部分。对于企业部署，桌面 IT 经理设置的策略将无法被覆盖，而在共享家庭计算机上，不同的用户账户将受到保护，避免其他账户对其进行更改，如图 2-34 所示。

图 2-34 管理员用户账户

在“控制面板”窗口单击“用户账户”命令即可打开“用户账户”窗口，如图 2-35 所示。在此窗口中，用户可以查看和设置已创建的账户信息，也可以更改账户类型、管理其他账户、更改用户账户控制设置等。

图 2-35 “用户账户”窗口

2.7.5 Windows 10 磁盘的管理

磁盘是计算机用于存储数据的主要设备，也是计算机的重要资源，对磁盘的合理应用直接关系着系统的性能。

1. 查看磁盘空间

查看每一个磁盘分区的属性窗口，即可了解磁盘当前状况。打开“此电脑”窗口，在指定磁盘驱动器上单击鼠标右键，在弹出右键菜单中选择“属性”菜单，即可打开磁盘属性窗口。如图 2-36 所示，在默认打开的“常规”选项卡中显示了该磁盘分区的卷标名、磁盘类型、文件系统、已用空间、可用空间和总容量信息。

图 2-36　磁盘属性窗口

2. 磁盘清理

用户在使用 Windows 10 系统一段时间之后，由于系统需要缓存一些临时的文件，形成一些不再需要的“垃圾文件”，造成系统运行速度下降和可用存储空间减少。用户可以使用系统提供的磁盘清理程序来搜索和删除这些“垃圾文件”。

在图 2-36 中单击“磁盘清理”按钮，即可弹出“磁盘清理”对话框，如图 2-37 所示。磁盘清理程序搜索指定的驱动器，然后列出临时文件、Internet 临时文件、已下载的程序文件等要删除的文件，即可开始清理操作。

3. 碎片整理和优化驱动程序

Windows 10 系统在运行过程中，如果硬盘中的文件太多，硬盘会“碎片化”。因此，计算机在运行一段时间后，运行速度将会变慢，所以适当整理硬盘是很有必要的。若是固态硬盘，则完全不需要此操作。

图 2-37 "磁盘清理"对话框

具体操作方法：

① 使用 Cortana 搜索"碎片"，可以匹配"碎片整理和优化驱动器"这个应用。

② 在桌面打开"此电脑"，选择磁盘后单击鼠标右键，选择"属性"命令，打开"属性"对话框，单击"工具"选项卡，进入"对驱动器进行优化和碎片整理"选项组，单击"优化"按钮完成操作，如图 2-38 所示。

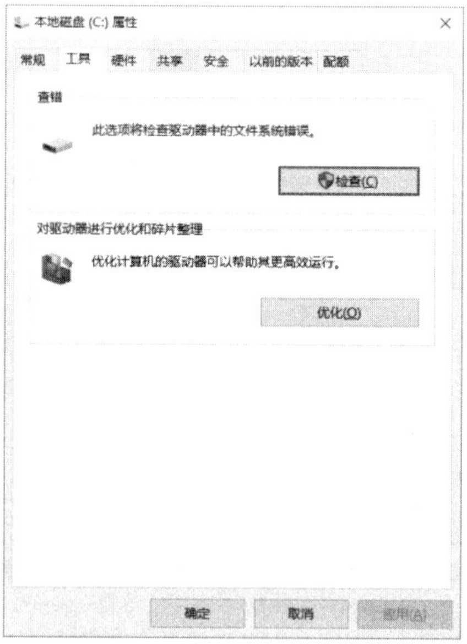

图 2-38 "磁盘属性|工具"对话框

4. 格式化磁盘

对于分区之后第一次使用的磁盘分区，需要先进行格式化操作才能存入文件信息。选中磁盘，单击鼠标右键，在弹出的右键菜单中选择"格式化"命令，即可弹出"格式化"对话框，如图 2-39 所示。在“格式化”对话框中，用户在设置参数后，单击“开始”按钮即可开始格式化操作。

由于格式化操作将会删除该磁盘分区上的所有信息，因此在格式化之前系统会给出一个确认提示，要求用户再次确认格式化操作。在用户确认之后，系统才会执行格式化操作。

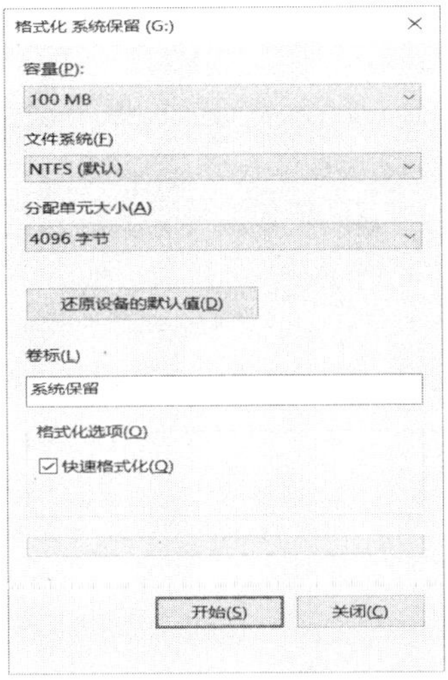

图 2-39　“格式化”对话框

5. Window 10 磁盘分区

在操作系统运行过程中可以对磁盘进行分区、创建和扩大。通过该功能，用户可以方便地对 Windows 10 系统中的磁盘进行容量分配。

具体操作：使用 Cortana 搜索“计算机管理”，即可打开“计算机管理”窗口，如图 2-40 所示。

图 2-40　“计算机管理”窗口

在“计算机管理”窗口中单击左侧的“磁盘管理”选项，即可在右侧显示当前计算机中可用的磁盘分区信息，如图 2-41 所示。

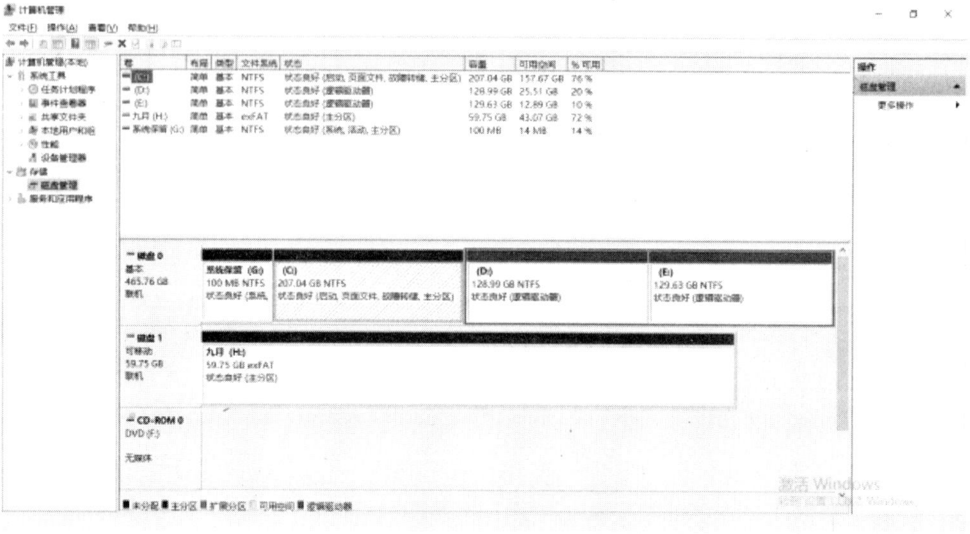

图 2-41 当前计算机中磁盘分区信息

习 题 二

一、选择题

1. 在 Windows 中，进行物理删除，不放入“回收站”中的操作是按（　　）。

A. ESC　　B. Shift+Del　　C. Alt+Esc　　D. Del

2. Windows 中的文件系统结构是形状（　　）。

A. 树型　　B. 网状　　C. 链状　　D. 环状

3. 要了解或更改某项目的信息，可查看其属性，将鼠标指针指向该对象并（　　）即可。

A. 单击鼠标左键　　B. 单击鼠标右键　　C. 双击鼠标右键　　D. 双击鼠标左键

4. 在 Windows 10 操作系统中，磁盘维护包括硬盘的检查、清理和碎片整理等功能，碎片整理的目的是（　　）。

A. 获得更多磁盘可用空间　　B. 改善磁盘的清洁度

C. 优化磁盘文件存储　　D. 删除磁盘小文件

5. 在 Windows 10 系统中，按住（　　）键，选择多个不连续的文件或文件夹。

A. Ctrl　　B. Shift　　C. Alt　　D. Alt+Shift

实 验 二

【实验 2－1】请认真完成下列实验，这对理解操作系统基础知识以及提高操作系统应用水平颇有益处。

1. 桌面的设置。

（1）桌面的个性化设置。

① 设置“中国”为桌面主题，并将桌面背景更改图片时间间隔设置为 1 分钟。

② 使用“画图”程序制作一精美的图片，并用该图片作为桌面背景。

③ 选用“照片”屏幕保护程序，等待时间为 1 分钟。

④ 若桌面上没有“计算机”“网络”和“控制面板”图标，则设置。

【提示】在桌面的快捷菜单中“个性化”命令。

(2) 当前屏幕分辨率：________________。

【提示】在桌面的快捷菜单中选择“屏幕分辨率”命令。

(3) 当前颜色质量：________________。若当前颜色质量为“真彩色(32 位)”，则设置为“增强色(16 位)”，否则设置为“真彩色(32 位)”。

【提示】在“屏幕分辨率”对话框中选择高级设置，再选择“监视器”选项卡。

(4) 启动“记事本”和“画图”程序，对这些窗口进行层叠窗口、堆叠显示窗口、并排显示窗口操作。

【提示】右击任务栏，在弹出的快捷菜单中选择有关选项。

2. 设置任务栏。

(1) 取消或设置锁定任务栏。

(2) 取消或设置自动隐藏任务栏。

【提示】右击任务栏，在弹出的快捷菜单中选择“属性”命令并进行设置。

3. 在桌面上建立快捷方式和其他对象。

(1) 为“计算机”建立一个名为“计算机”的快捷方式。

(2) 为 Microsoft Excel 创建快捷方式。

(3) 为 D:盘建立快捷方式。

【提示】利用桌面快捷菜单中的“新建”命令。

4. 查看并记录有关系统信息。

(1) Windows 版本：__________________________；

(2) CPU 型号：__________________________；

(3) 内存容量：__________________________；

(4) 计算机名称：__________________________；

(5) 工作组：__________________________。

【提示】使用“控制面板”中的“系统”工具或者通过“我的电脑”属性窗口查看。

5. 练习金山打字通。

【实验 2—2】假定 Windows 安装在 C:盘。

1. 设置文件夹选项。

(1) 显示隐藏的文件、文件夹或驱动器。

(2) 隐藏受保护的操作系统文件。

(3) 隐藏已知文件类型的扩展名。

(4) 在同一个窗口中打开每个文件夹或在不同窗口中打开不同的文件夹。

【提示】在“工具”菜单中选择“文件夹选项”命令。

2. 浏览 Windows 主目录。

(1) 分别选用小图标、列表、详细信息、内容等方式浏览 C:盘根目录下的 Windows 主目录，观察各种显示方式之间的区别。

【提示】在“查看”菜单中选择相关命令。

(2) 分别按名称、大小、文件类型和修改时间对 Windows 主目录进行排序，观察四种排序方式的区别。

【提示】在“查看”菜单中选择“排序方式”命令。

3. 浏览硬盘，记录有关 C:盘的信息。

项目	信息
文件系统类型	
可用空间	
已用空间	
容量(总的空间)	

4. 每一个用户都有自己独立的“我的文档”和桌面，而且都对应一个文件夹，请记录下当前用户的“我的文档”和桌面对应的位置。

① 桌面：______________________；

② 我的文档：______________________。

5. 在 C:盘根目录下创建如下图所示的文件夹和子文件夹。

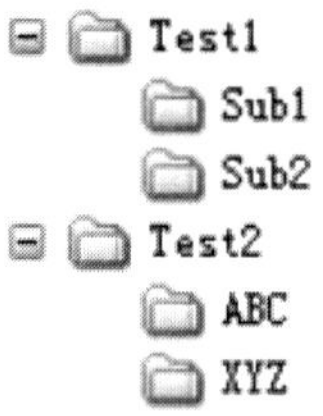

6. 文件的创建、移动和复制。

(1) 在桌面上，用记事本建立文本文件 T1.txt，然后在桌面的快捷菜单中选择“新建”|“文本文档”命令创建文本文件 T2.txt。两个文件的内容任意输入。

(2) 将桌面上的 T1.txt 复制到 C:\Test1。

(3) 将桌面上的 T1.txt 复制到 C:\Test1\Sub1。

(4) 将桌面上的 T1.txt 复制到 C:\Test1\Sub2。

(5) 将桌面上的 T2.txt 移动到 C:\Test2\ABC。

(6) 将 C:\Test1\Sub2 文件夹移动到 C:\Test2\XYZ 中。要求移动整个文件夹，而不是仅仅移动其中的文件，即 Sub2 成为 XYZ 的子文件夹。

(7) 将 C:\Test1\Sub1 用其快捷菜单中的“发送”命令发送到桌面上，观察在桌面上创建了文件夹还是文件夹快捷方式。

7. 文件的删除、回收站的使用。

(1) 删除桌面上的文件 T1.txt。

(2) 恢复刚刚被删除的文件。

(3) 用“Shift+Del”组合键删除桌面上的文件 T1.txt，观察文件是否送到回收站。

8. 查看 C:\Test1\T1.txt 文件属性，并把它设置为“只读”和“隐藏”。

9. 搜索文件或文件夹，要求如下：

（1）查找 C:盘上所有扩展名为.txt 的文件。

【提示】搜索时，可以使用“?”和“ * ”。“?”表示任一个字符，“ * ”表示任一个字符串。在该题中应输入“ * .txt”作为文件名。

（2）查找 C:盘上文件名中第三个字符为 a，扩展名为.bmp 的文件。

【提示】搜索时输入“?? a * .bmp”作为文件名。

（3）查找文件中含有文字“Windows”的所有文件，并把第 1、3、5 文件或文件夹复制到 C:\Test2 中。

（4）查找 C:盘上在上星期修改过的所有.bmp 文件。

（5）查找计算机中所有 1～16 MB 的文件。

10. 观察并记录当前系统中磁盘的分区信息。

<table>
<tr><th colspan="2">存储器</th><th>盘符</th><th>文件系统类型</th><th>容量</th></tr>
<tr><td rowspan="4">磁盘 0</td><td>主分区 1</td><td></td><td></td><td></td></tr>
<tr><td rowspan="3">扩展分区</td><td></td><td></td><td></td></tr>
<tr><td></td><td></td><td></td></tr>
<tr><td></td><td></td><td></td></tr>
<tr><td colspan="2"></td><td></td><td></td><td></td></tr>
</table>

【提示】选择“控制面板”|“系统和安全”|“管理工具”|“计算机管理”，在弹出的“计算机管理”窗口中选择“磁盘管理”选项。

11. 进入“设备管理器”，记录下列信息。

（1）显示适配器的型号：________________________。

（2）是否有设备存在问题？ ____________（有或没有）。

12. 启动“磁盘清理”程序，尝试对 C:盘进行清理，查看下列可释放的文件大小。

（1）已下载的程序文件：____________。

（2）Internet 临时文件：____________。

（3）回收站：____________。

注意：一般来说，大学公共机房中计算机安装了写保护卡，不必进行清理。

13. 启动或取消 Windows 防火墙。

【提示】通过“控制面板”|“系统和安全”|“Windows 防火墙”进行设置。

14. 利用 Word 以军训生活或者家乡为主题做一份图文并茂的 Word 作品。

第3章 Word 2016

学习目标：

1. 掌握创建和保存 Word 2016 文档的方法。
2. 掌握 Word 2016 的基本操作。
3. 掌握 Word 2016 文档编辑的基本方法。
4. 掌握 Word 2016 格式设置的方法。
5. 掌握 Word 2016 页面排版的方法。
6. 掌握在 Word 2016 中插入、编辑表格的方法。
7. 掌握在 Word 2016 中插入图形、公式等对象的方法。

Word 2016 是 Microsoft 公司推出的文字处理软件，用户可以方便地创建各种类型的文档，如报刊、信件、论文排版、书籍等。本章将介绍 Word 2016 处理文档的方法，包括文档操作、文本编辑、表格制作、图文混排以及页面设置与打印等操作。

§ 3.1 Word 2016 概述

Word 2016 是一款功能强大的文字处理工具，主要用于各种文档的制作。在使用 Word 2016 之前，我们先了解 Word 2016 与以前版本的区别及启动和退出的方法。Word 2016 相较于以前的版本使用起来更加方便、智能，新增功能包括以下几个方面。

① 搜索功能。打开 Word 2016，在文档的上方，可以看到一个“告诉我你想要做什么”的搜索框，在搜索框中输入对象，就会返回对应结果。例如，在搜索框中输入“字体”，如图 3-1 所示，将弹出下拉菜单，可以选择字体相关的设置，获取有关的帮助。

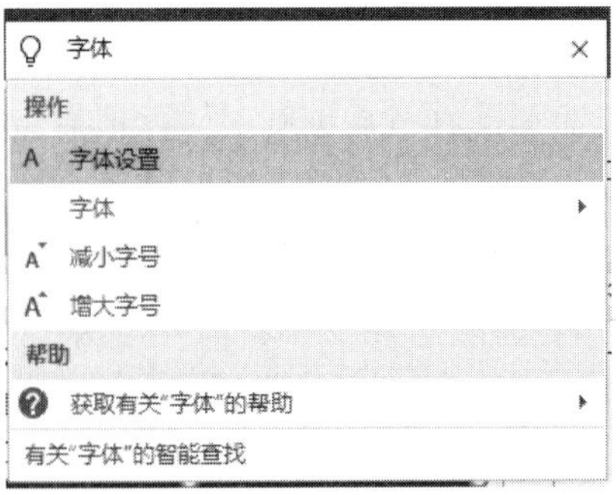

图 3-1 输入“字体”的搜索结果

② 合作编辑。合作编辑功能允许多人同时处理文档。每个用户编辑过的地方会实时

显示，对于需要合作编辑的文档，这项功能非常方便。用户可以打开“文件”选项卡的“选项”对话框，在“常规”选项的最下面，对“实时协作选项”进行设置，如图 3-2 所示。

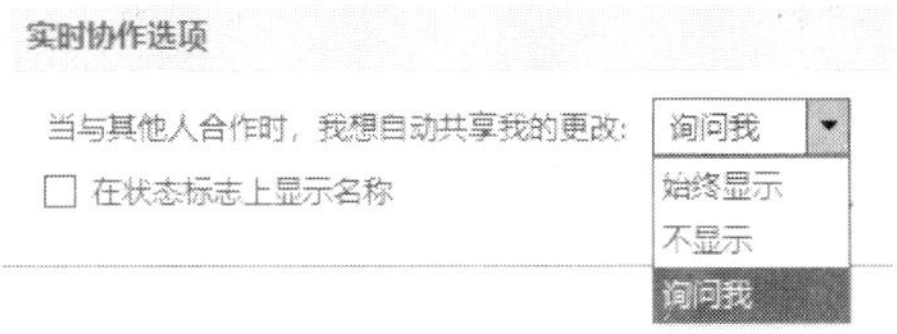

图 3-2　设置协作选项

③ 云模块功能。在各种“云”盛行的当下，Word 2016 也引入了“云操作”，用户可以打开 OneDrive 中的文档，或者将文档保存到 OneDrive 中。打开“文件”选项卡单击“共享”选项，就可以对 Word 云进行设置，如图 3-3 所示。

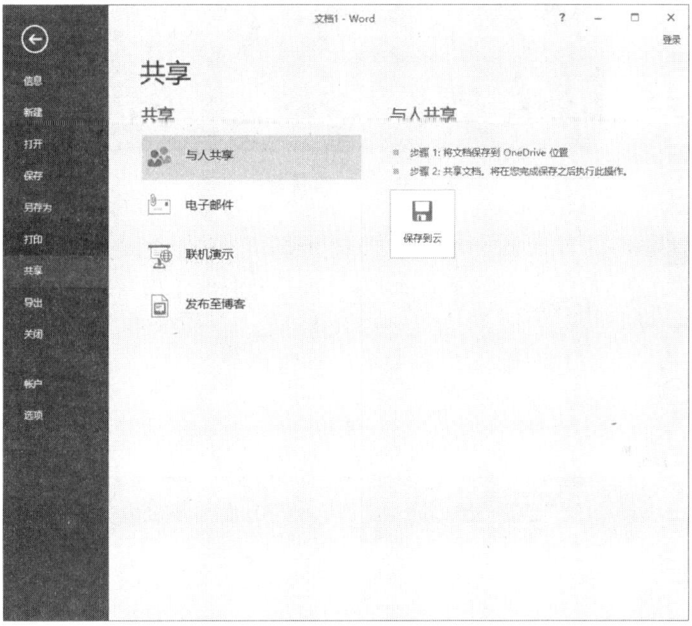

图 3-3　云共享

④ 智能查找功能。联网状态下，当用户选中了文档中的字、词或短语时，单击鼠标右键，然后选择“智能查找”命令，就可以看到来自 Web 浏览器的定义、百科的相关文章等。

3.1.1　Word 2016 的启动和关闭

使用 Word 2016 之前，首先掌握其启动和关闭的方法。

1. 启动

Word 2016 常用的启动方法有以下三种。

① 开始菜单启动。单击桌面任务栏左边的“开始”按钮或键盘上的“Windows”键，在弹出的菜单中选择 Word 2016 命令，即可启动 Word 2016。

② 桌面快捷方式启动。安装 Word 2016 之后，可以在桌面上创建 Word 2016 快捷方式

图标，双击该图标就可以启动 Word 2016。

③ 通过 Word 文档直接启动。在磁盘中找到后缀名为.docx 的文档，双击该文档即可启动 Word 2016。

2. 关闭

关闭 Word 2016 的方法有很多，常用的方法有以下几种。

① 在 Word 工作窗口中，单击右上角的“关闭”按钮 ×，即可关闭 Word 文档。

② 在 Word 工作窗口中，按“Alt+F4”组合键，即可关闭 Word 文档。

③ 在桌面的任务栏中，选中要关闭的 Word 文档，右键单击，在弹出的菜单中左键单击“关闭窗口”，即可关闭文档，如图 3-4 所示。

图 3-4　右键菜单

3.1.2　工作界面

Word 2016 启动后，用户可以看到如图 3-5 所示的工作界面，该界面主要包括标题栏、快速访问工具栏、功能区、导航窗格、文档编辑区和状态栏等。

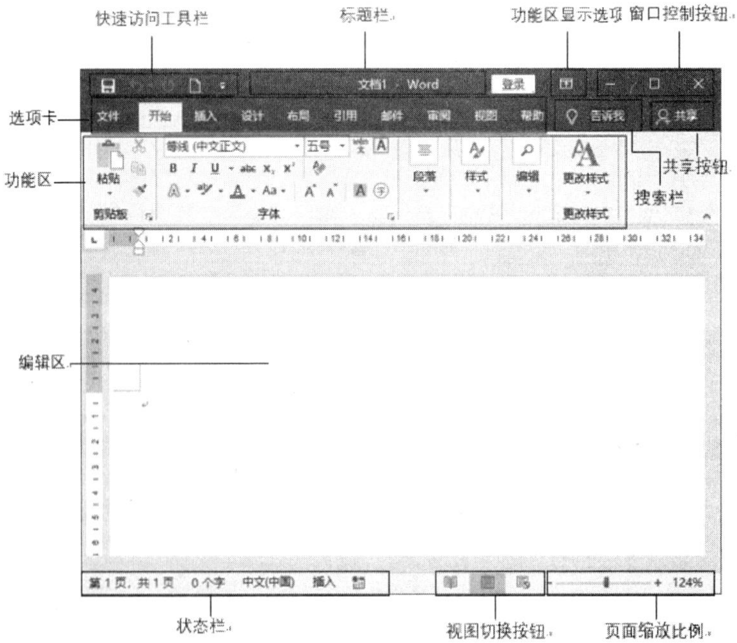

图 3-5　Word 2016 工作界面

1. 标题栏

标题栏位于 Word 2016 工作界面的顶端，用来显示正在编辑文档的文件名称等信息，并且通过鼠标操作可控制 Word 窗口。文件名称后面依次为“功能区显示选项”按钮以及最小化、最大化和关闭按钮。

2. 快速访问工具栏 

快速访问工具栏位于标题栏的左侧，包含了用户频繁使用的操作按钮，快速访问工具栏在默认状态下包含“保存”“撤销键入”“重复键入”。左键单击“自定义快速访问工具栏”下拉按钮，在弹出的菜单中选择或取消选项，可以自定义快速访问工具栏，如图 3-6 所示。

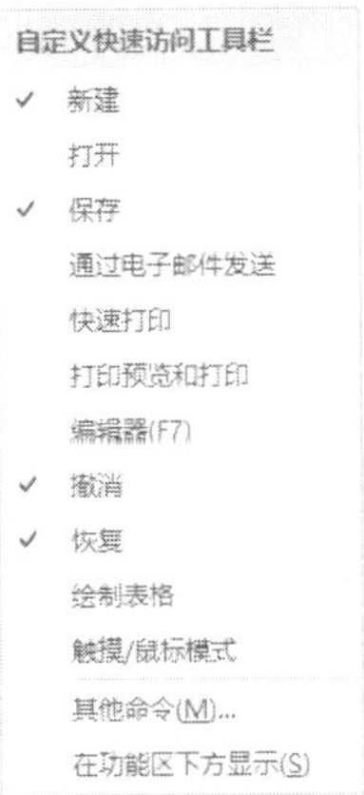

图 3-6　快速访问工具栏

3. 功能区

Word 2016 功能区由完成文档格式设置的各种选项卡和包含在各种选项卡中的按钮组成。默认状态下，功能区包含了“文件”“开始”“插入”“设计”“布局”“引用”“邮件”“审阅”和“视图”九个选项卡。每个选项卡又包含多个组，例如，“开始”选项卡中包含“剪贴板”“字体”“段落”“样式”和“编辑”组；每个组中又包含了若干相关按钮，选择按钮可以对文档进行设置。

在组的右下角有个图标按钮，单击左键可以打开相关对话框，如单击“开始”选项卡“段落”组右下角的按钮，就可打开“段落”对话框。

4. 编辑区

编辑区用于编辑文档，显示文档内容，在编辑区内闪动的竖线为文本的编辑点，用于定位文本的操作位置。

5. 状态栏

状态栏位于 Word 2016 文档的底部，主要用于显示文档的信息，如第×页，共×页，字数统计、修改、语言等。在状态栏上右击，在弹出的菜单栏中选择需要的选项，可以自定义状态栏。

状态栏的右边是页面显示方式和页面缩放比例。状态栏中默认显示页面视图、阅读视图、Web 版式视图，单击按钮可在不同视图模式下切换。若需更多的“视图”模式设置，可以选择“视图”选项卡“视图”组，查看更多视图并切换。状态栏的最右边是页面缩放比例，通过单击⊖按钮可缩小编辑区，单击⊕按钮可放大编辑区，拖动滑块也可以改变编辑区的大小，如图 3-7 所示。

图 3-7　显示比例

6. 搜索栏

Word 2016 新增了“请告诉我功能”，在此输入你想要完成的命令，Word 会引导你完成该操作。

§ 3.2　Word 2016 基本操作

在使用 Word 2016 应用软件创建文档前，需要掌握文档的新建、保存、打开和关闭等操作。

3.2.1　文档的新建

新建文档是对文档操作的基石，在 Word 2016 中新建文档有两种方法：空白文档新建和基于文档模板新建。

1. 空白文档新建

启动 Word 2016 后，会自动新建一个名为“文档 1”的空白文档。此外，通过以下几种方法也可以新建空白文档。

① 启动 Word 2016，单击功能区“文件”选项卡中的“新建”功能，在右边的选项中选择“空白文档”，即可创建一个空白文档，如图 3-8 所示。

② 在快速访问工具栏中单击“新建”按钮即可创建一个空白文档。

③ 在 Word 2016 窗口中按下键盘上的“Ctrl＋N”组合键也可创建一个空白文档。

图 3-8　空白文档新建

2. 基于文档模板新建

Word 2016 中自带有统一规格、统一架构的文档模板，如书法字帖、传真、信函或简历等。用户可以基于实际需要进行对应模板的文档新建。具体操作方法如下：单击功能区“文件”选项卡，然后在下拉列表中选择“新建”，在打开的“新建”区域单击需要的模板，最后单击“创建”按钮即可完成文档的创建，如图 3-9 所示。

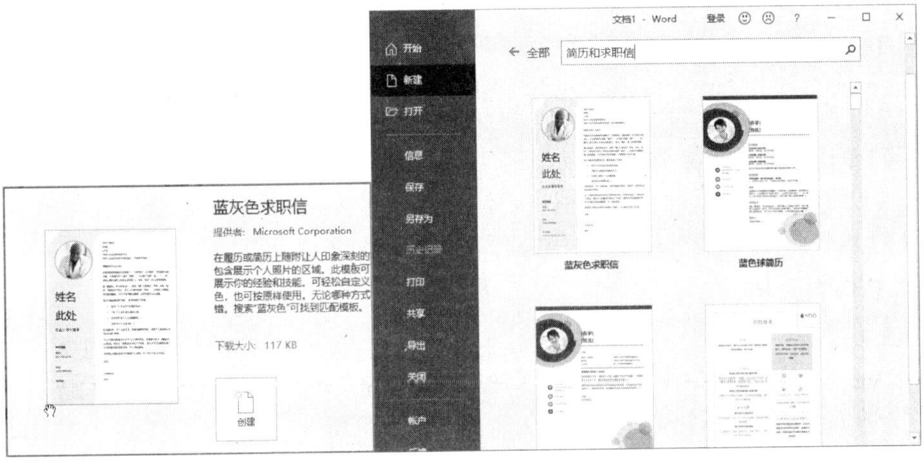

图 3-9　基于文档模板新建

3.2.2　文档的保存

在编辑文档时应及时保存，以避免因停电或死机造成文档数据的丢失。Word 2016 提供了新建文档的保存、已有文档的保存、另存 Word 文档和自动保存文档的功能。

1. 新建文档的保存

对于新建的文档，Word 2016 用“文档 1”“文档 2”等临时文件命名，在保存这类文档时，需要指定文件名、文件的保存位置和保存类型等信息。保存新建文档的操作步骤如下：

① 单击“快速访问工具栏”上的保存按钮或单击功能区“文件”选项卡，从弹出的下拉列表中选择“保存”命令，弹出“另存为”对话框，如图 3-10 所示。

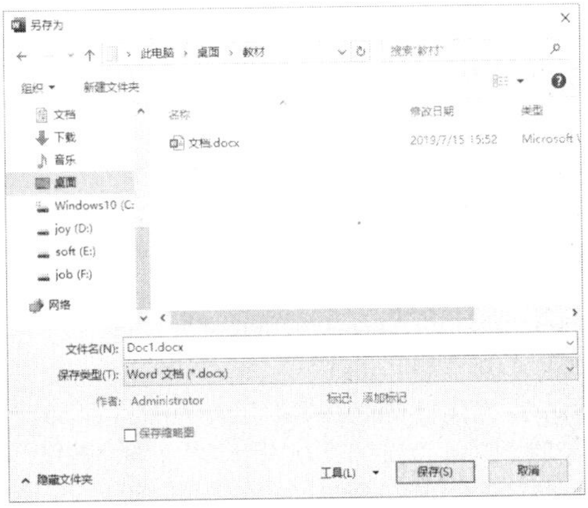

图 3-10　“另存为”对话框

② 在“地址栏”选择文档的保存位置，在“文件名”文本框中输入名称，在“保存类型”下拉列表框中选择保存文件的格式，最后单击“保存”按钮，即可实现文件的保存。

2. 已有文档的保存

要保存已经存在的文档，可单击“文件”选项卡中的“保存”按钮或者单击快速访问工具栏上的保存按钮，此时系统不会打开“另存为”对话框，而是用修改的文档覆盖掉原来的文档。

3. 另存为 Word 文档

对已经存在的文档经过修改后，如果改变文件的保存路径、文件名或保存类型，可以进行“另存为”操作。操作方法为：单击功能区“文件”选项卡，在下拉列表中选择 另存为 命令，进入“另存为”界面，双击“这台电脑”选项，在弹出的“另存为”对话框中重新设置文档的路径、名称和保存类型，单击“保存”按钮，将重新保存为另一个文档，原来的文档不受影响。

4. 自动保存文档

用户可以设置经过一定的时间间隔自动保存文档，以减少因为死机或停电无法及时保存文档所造成的损失，Word 2016 设置自动保存的方法如下：

① 单击功能区“文件”选项卡，在下拉菜单中选择 选项 命令，弹出“Word 选项”对话框，如图 3-11 所示。

图 3-11 “Word 选项”对话框

② 在对话框左侧的选项中选择“保存”，在对话框右侧选择复选框☑ 保存自动恢复信息时间间隔(A)，并在其后设置保存时间间隔，单击“确定”按钮。

3.2.3 文档的打开

打开 Word 文档的方法有以下几种。

1. 利用“打开”对话框打开文档

① 启动 Word 2016，单击功能区中“文件”选项卡下的“打开”选项或按“Ctrl＋O”组合键。

② 在打开的选项区域中双击“这台电脑”或单击“浏览”按钮都可以打开“打开”对话框，如图 3-12 所示。

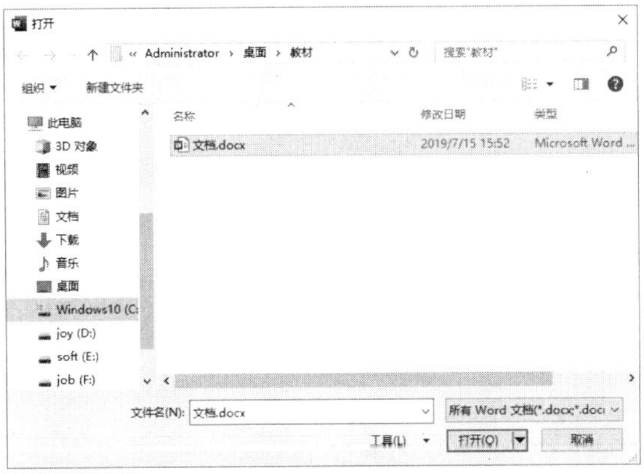

图 3-12　“打开”对话框

③ 在“打开”对话框中选择文档存储的位置，并选择要打开的文档，单击“打开”按钮，即可打开选中的文档。

2. 双击已有文件打开文档

在要打开的文档图标上双击即可启动 Word 2016 并打开该文档。

3. 打开最近使用的文档

启动 Word 2016 后，单击“文件”选项卡，在其下拉列表中选择“打开”，在右侧的“最近”区域罗列出了最近使用的文档名称和路径，选择将要打开的文档，可快速打开文档。

> 提示：如若不知道保存过文档的位置，也可以在【最近】窗格中找到其保存路径。

3.2.4 文档的关闭

Word 2016 提供了以下几种关闭文档的方法。

① 单击标题栏右侧的“关闭”按钮 ✕。

② 单击“文件”选项卡，从弹出的下拉列表中选择“关闭”命令，关闭当前文档。

③ 在任务栏中选择需关闭的文档，单击鼠标右键，从弹出的菜单中选择“关闭窗口”。

④ 按“Alt＋F4”组合键关闭文档。

⑤ 在标题栏中单击右键，从弹出的菜单中选择“关闭”命令。

3.2.5 文本输入

Word 2016 文档在编辑区会出现一个闪烁光标，叫作“插入点”，用户可在“插入点”位置输入文本。

1. 输入文本

输入文本时，当文字到达编辑区的最右端时，输入的文本将自动换行，移动至下一行继续输入。输入完成后按“Enter”键可将段落结束，在段落的末尾会出现一个段落标记。如果只是换行输入，按“Shift＋Enter”组合键可插入一个换行符，光标移动到下一行开始输入。用户想删除多余的空行，根据插入点的位置，可以利用键盘上的“Delete”键或者“Backspace”键删除多余的空行。

Word 2016 还提供了文件导入功能，可将其他文件中的文字导入到正在编辑的文档中，步骤如下：

① 单击“插入”选项卡“文本”组的“对象”按钮，在弹出的下拉列表中选择“文件中的文字”命令，如图 3-13 所示。

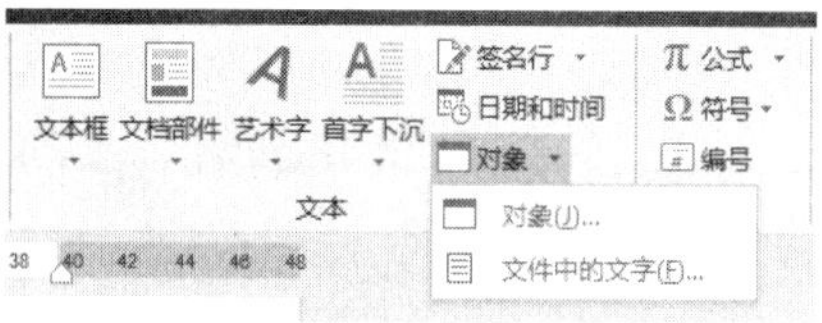

图 3-13　插入文件中的文字

② 打开“插入文件”对话框，选择需要导入的文件，单击“插入”按钮，即可将文件中的文字导入到正在编辑的文档中，如图 3-14 所示。

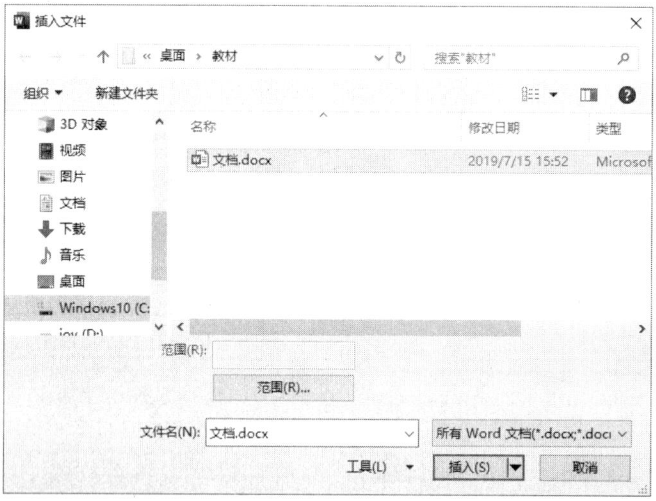

图 3-14　“插入文件”对话框

2. 输入日期和时间

在编辑 Word 文档的时候，用户可以自行输入日期和时间，但有时需要输入的日期与时间具有自动更新功能，则需要通过功能区中命令完成。具体操作步骤如下：

① 选择功能区的“插入”选项卡，单击“文本”组按钮，弹出“日期和时间”对话框，如图 3-15所示。

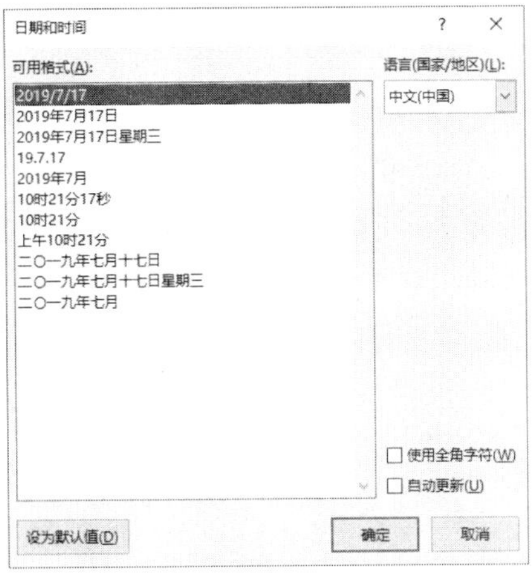

图 3-15　“日期和时间”对话框

② 在“可用格式”中选择相应日期或时间格式，在“语言（国家/地区）”栏中选择语言。若在输入日期时，选中“自动更新”复选框，插入文档的日期会根据系统时间自动更新。

③ 点击 确定 按钮即可实现插入日期和时间的功能。

3. 输入符号和生僻字

在编辑文本时，除了输入常用的符号外，还可通过 Word 2016 的插入符号功能输入诸如♫、☺、♠等特殊字符和生僻字。

（1）输入符号

具体步骤如下：

单击“插入”选项卡“符号”组的符号按钮，在弹出的下拉菜单中会显示一些常用的符号，直接单击符号即可完成插入。或者单击“其他符号”选项，打开“符号”对话框，在“符号”选项卡下“字体”下拉列表中选择所需字体，“子集”下拉列表中选择所需子集，选择对应符号，单击“插入”按钮即可将符号插入光标所在位置，如图 3-16 所示。

图 3-16　“符号”对话框

（2）插入生僻字

在此以生僻字“赑”为例。

方法 1：

① 在插入点输入与生僻字具有相同偏旁部首的字，如“贝”字，选中“贝”字，选中“插入”选项卡“符号”组的“其他符号”选项。

② 在弹出的“符号”对话框的“符号”选项卡下就可看到以“贝”字为偏旁的生僻字。

③ 找到“赑”字，单击“插入”按钮即可将此字插入光标所在位置，如图 3-17 所示。

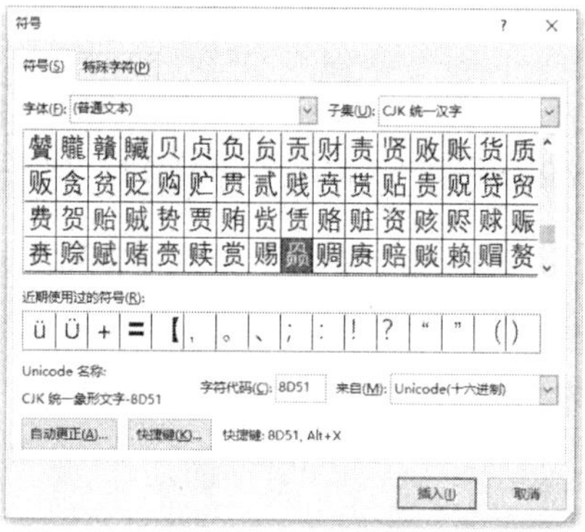

图 3-17 “赑”字符号输入

方法 2：搜狗拼音输入法提供的“U 模式”输入法，“U 模式”输入文本的方法有两种。

一是“U 拼”输入法。“U 拼”输入法首先需输入英文字母“u”，拆分字的构成，输入每个部分的拼音即可，如图 3-18 所示。

图 3-18 “赑”字 U 字输入法

二是“u 笔画”输入法。仅通过输入文字构成笔画的拼音首字母来打出想要的字。例如，“朩”字由横（h）、竖（s）、撇（p）、捺（n）构成，如图 3-19 所示。

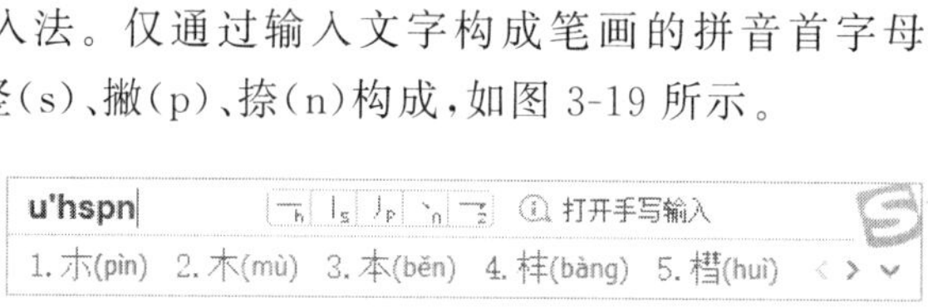

图 3-19 搜狗笔画输入法

4. 选择编辑方式

Word 2016 文本的编辑方式有两种：“插入”和“改写”。在状态栏中可以看到当前文档的编辑状态。在“插入”状态下输入文本其后的文本向右移动，在“改写”状态下输入文本将覆盖其后的文本，如图3-20所示。Word 文档的编辑方式默认是“插入”状态，按“Insert”键，可切换“插入”和“改写”状态。

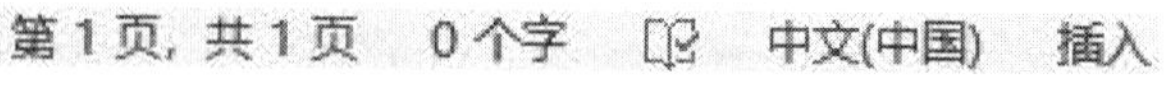

图 3-20 “插入”状态

3.2.6　文本编辑

进行文本编辑前，必须选取文本，Word 2016 可以通过鼠标或键盘两种方式进行文本选取。

1. 选择文本

使用鼠标选取文本是最基本、最常用的方法，在 Word 2016 中常用的有以下几种方式。

① 拖动选取任意文本。将鼠标指针定位在需要选择的文本的起始位置，按住鼠标左键不放，向目的位置拖动鼠标以选取文本，且选定后的文本以反白显示。

② 单击选取。将鼠标光标移动到要选定行的左侧空白处，当鼠标光标变成形状时，单击鼠标左键选择该行文本内容。另外，按下键盘上的“Ctrl”键，同时按下鼠标左键可选择整句文本。

③ 双击选取。将鼠标光标移动到需要选择的词组中间或左侧，双击选择该单字或词；将鼠标光标移到文本编辑区的左侧，当鼠标光标变成形状时双击，即可选择该段的文本内容。

④ 三击选取。将鼠标光标移动到需要选择的段落，三击选取该段的所有文本；将光标移动到文档左侧的空白区域，当鼠标光标变成形状时，三击，即可选择整篇文档。

2. 移动、复制和删除文本

(1) 移动文本

移动文本是指将当前位置的文本移到另外的位置，在移动的同时，会删除原来位置上的文本。移动文本有以下几种方法。

① 使用鼠标。选择需要移动的文本后，按下左键不放，此时鼠标光标变为形状，并出现一条虚线，移动鼠标光标，当虚线移动到目标位置时，释放鼠标，即可将文本移动到目标位置。

② 使用组合键。选定需要移动的文本，按“Ctrl＋X”组合键，在目标位置按“Ctrl＋V”组合键来实现。

③ 使用右键菜单。选定需要移动的文本，然后单击鼠标右键弹出右键菜单，选择“剪切”命令，在目标位置处右击，在弹出的快捷菜单中选择“粘贴”选项命令。

④ 使用功能区。选择需要移动的文本，在“开始”选项卡的“剪贴板”组中，单击“剪切”按钮 剪切，在目标位置处，单击“粘贴”按钮，出现如图 3-21 所示的菜单，可选择粘贴文本需要采用的格式，从左至右依次为保留源格式、合并格式(和当前文档中的格式一致，包括字体、大小等)、只保留文本。

图 3-21　“粘贴选项”菜单

（2）复制文本

所谓复制文本，是指将需要复制的文本移动到其他位置，而原文本仍保留在原来的位置。方法与移动类似，复制文本的方法如下：

① 使用功能区。选择需要复制的文本，在“开始”选项卡的“剪贴板”组中，单击“复制”按钮，移动插入点到目标位置处，单击“粘贴”按钮，文本即被复制到目标位置。

② 使用右键菜单。选择需要复制的文本，单击鼠标右键，从弹出的快捷菜单中选择“复制”命令，移动插入点至目标位置，再单击鼠标右键，从弹出的快捷菜单中选择“粘贴选项”中的命令，文本将会被复制到目标位置。

③ 使用组合键。选取需要复制的文本，按“Ctrl＋C”组合键，移动插入点到目标位置，再按“Ctrl＋V”组合键。

（3）删除文本

在编辑文档的过程中，经常需要删除一些不需要的文本，删除文本的操作方法如下：

① 选定文本，然后按下键盘上的“Delete”或“Backspace”键均可删除所选文本。

② 选择要删除的文本，在“开始”选项卡中选择“剪贴板”组中的“剪切”按钮即可。

③ 光标定位在文本前面时，按“Delete”键删除光标右侧的文本，按“Backspace”键删除光标左侧的文本。

3.2.7 撤销与恢复

1. 撤销操作

在编辑文档时，Word 2016 会自动记录最近执行的操作，因此当操作失误时，可以通过撤销功能使文档恢复至前一步或前几步的状态。其方法主要有以下两种。

① 单击快速访问工具栏里的“撤销”按钮，撤销上一次的操作。单击右侧的下拉按钮，可以弹出如图 3-22 所示的下拉列表，在列表中选择要撤销的操作，撤销最近执行的多次操作。

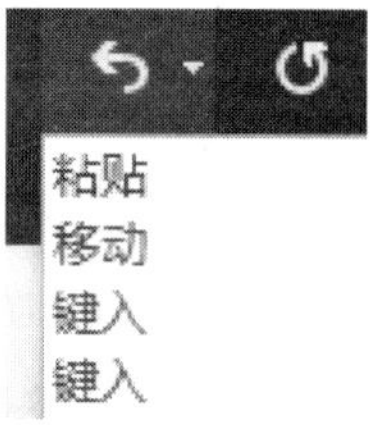

图 3-22　撤销列表

提示：连续单击“撤销”钮，同样可以执行多次操作。

② 按“Ctrl＋Z”组合键，也可实现撤销功能。

2. 恢复操作

恢复操作用来还原撤销操作，恢复撤销以前的文档。常用的恢复操作有单击快速访问工具栏里的“恢复”按钮，或者按“Ctrl＋Y”组合键。

3.2.8 拼写和语法检查

Word 2016 提供了拼写和语法检查功能，使用该功能，可以减少文档中的单词拼写错误以及中文语法错误。文档中有时候看到错误位置提示的波浪线，红色波浪线代表拼写错误，蓝色波浪线代表语法错误。Word 2016 检查出错误后，用户可以单击鼠标右键和使用功能区两种方式选择更正或者忽略错误。

1. 鼠标右键

如果在文档中输入如图 3-23 所示的内容，在输入空格或其他标点后，错误的位置将会被加上波浪形下划线。将插入点定位在 apply 单词中，单击鼠标右键，将弹出如图 3-24 所示的快捷菜单，在该菜单中可选择更改后的单词、全部忽略(I)、添加到词典(A)等命令。

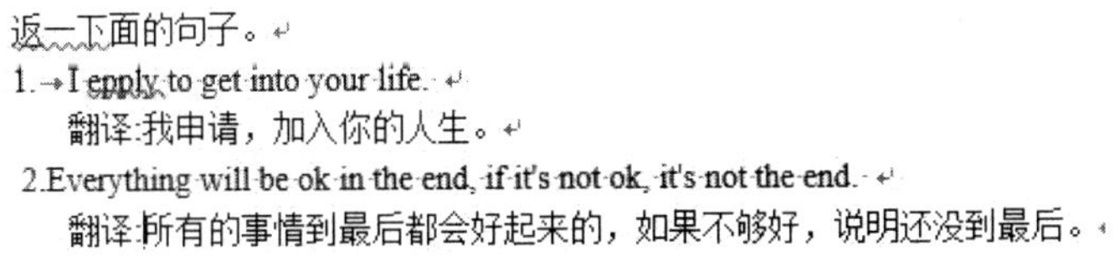

图 3-23 一段具有拼写和语法错误的文字示范

图 3-24 快捷菜单

2. 功能区

单击“审阅”选项卡下“校对”组中“拼写和语法”命令按钮，可打开“语法”窗口，如图 3-25 所示。单击“忽略”按钮，下方的蓝色波浪线将会消失。此时，“语法”窗口将会变成“拼写检查”窗口，如图 3-26 所示，显示下一个拼写错误，在列表中选择正确的单词，单击“更改”按钮。完成拼写和语法检查之后，会出现“信息提示”对话框，单击“确定”按钮即可。

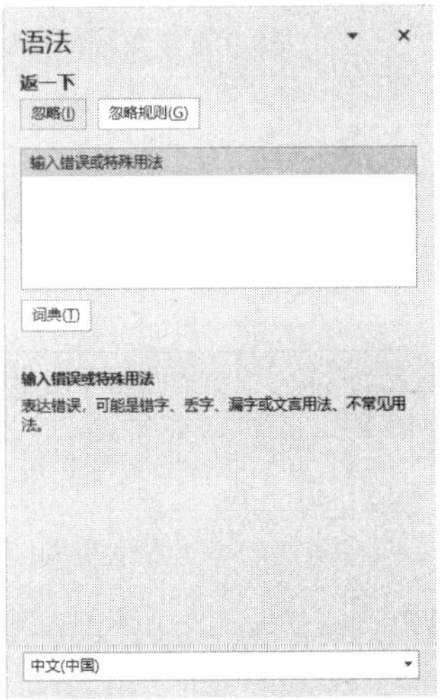

图 3-25 “语法”窗口

图 3-26 “拼写检查”窗口

3.2.9　查找和替换文本

在篇幅比较长的文档中，使用Word 2016提供的查找与替换功能可以快速地找到要查找和替换的内容，从而无须反复地查找文本，使操作变得较为简单，节约办公时间，提高工作效率。

在“开始”选项卡中单击“编辑”组中的“查找”下拉列表中“高级查找”或“替换”按钮，如图3-27所示，在“查找内容(N)”下拉列表中输入查找的文本内容，在“替换为(I)”下拉列表中输入需要替换的内容，单击替换按钮

，即可将文档中的文本内容进行替换，或者单击全部替换按钮

，可实现一次性替换文档中需要替换的全部文本内容。

使用“更多”功能不仅可以在文档中查找普通文本，还可以对特殊格式的文本、符号等进行查找和替换。在“查找”或“替换”选项卡中单击“更多”按钮，可展开对话框用来设置搜索选项，如图3-28所示。

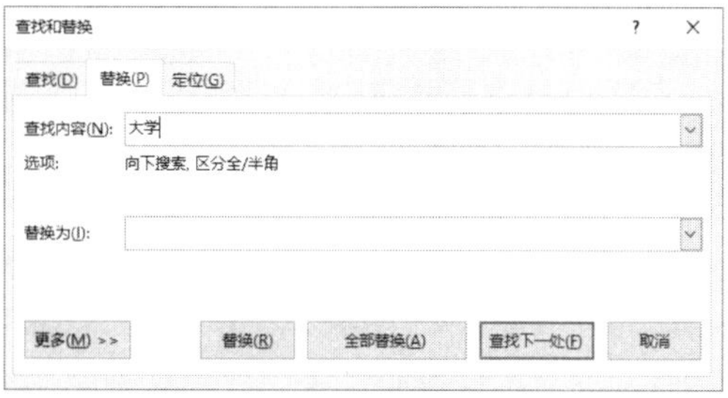

图3-27　查找选项卡

图3-28　设置查找的高级选项

【例3－1】使用查找和替换功能，查找当前文档中所有的灰色字体内容。查询结果和设置如图3-29所示。

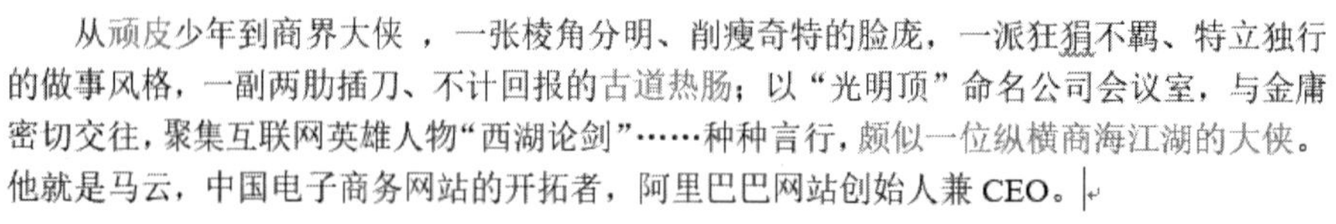
从顽皮少年到商界大侠，一张棱角分明、削瘦奇特的脸庞，一派狂狷不羁、特立独行的做事风格，一副两肋插刀、不计回报的古道热肠；以“光明顶”命名公司会议室，与金庸密切交往，聚集互联网英雄人物“西湖论剑”……种种言行，颇似一位纵横商海江湖的大侠。他就是马云，中国电子商务网站的开拓者，阿里巴巴网站创始人兼CEO。

图3-29　查找格式文本

【例3－2】查找并删除文档中所有的西文空格。

① 打开文档如图3-30所示，在功能区选择“开始”选项卡，在“编辑”区中单击“替换”按钮，即可弹出“查找和替换”对话框。

从顽皮　少年到商界大侠，一张棱角　分明、削瘦奇特　的脸庞，一派狂狷不羁、特立独行的做事风格，一副　两肋插　刀、不计回报的古道热肠；以“光明顶”命名公司会议室，与金庸密切交往，聚集互联网英雄人物“西湖论剑”……种种言行，颇似一位纵横商海江湖的大侠。他就是马云，中国电子商务网站的开拓者，阿里巴巴网站创始人兼 CEO。

图 3-30　删除空格前

② 在对话框的“查找内容”下拉列表中输入西文空格，“替换为”设置为空。

③ 单击 替换(R) 按钮，即可将文档中遇到的第一个西文空格删除。

④ 单击 全部替换(A) 按钮，将一次性删除文档中所有需要替换的西文空格。

§3.3　文档格式设置

在 Word 文档中输入文本内容之后，就可以对文本进行格式化设置，从而使文档结构更加清晰、层次更加分明，便于阅读和理解。

3.3.1　字体格式设置

字体格式设置包括字体、字号、字形、字体效果和字符间距等设置，设置字体格式有以下几种方法。

1. 使用功能区设置字体格式

打开功能区的“开始”选项卡，使用“字体”组提供的按钮即可设置文本格式，如文本的字体、字号、边框、底纹等，如图 3-31 所示。

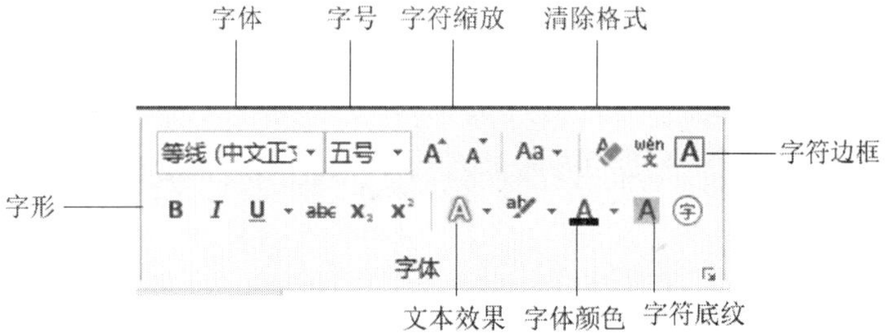

图 3-31　功能区的“字体”组

“字体”组中各个按钮的功能如下：

字体：设置文字的外观，Word 2016 提供了多种字体，默认字体为等线。

字号：设置文字的大小，Word 2016 提供了多种字号，不仅可以选择还可手动输入。

字符缩放：用来增大或缩小字号。

清除格式：清除所选文本的格式，只留下纯文本。

字符边框：在一组字符或句子周围应用边框。

字形：用来设置文本的一些特殊外观，如倾斜、加粗、上下标等，单击“删除线”按钮 abc，可为文本应用删除线效果。

文本效果：为文本添加特殊效果，单击“文本效果”右侧的下拉箭头，弹出下拉菜单，在此菜单中,Word 2016 提供了一些内置的文本效果,也可分别设置文本的阴影、轮廓和发光等效果。

字体颜色:设置文字的颜色。

字符底纹:为文本添加底纹效果。

2. 使用浮动工具栏设置字体格式

为了方便用户设置字体格式,Word 2016 提供了浮动工具栏对字体进行快捷设置。选中要设置格式的文本,浮动工具栏会自动出现,开始显示时为半透明状态,用鼠标接近可使其正常显示,如图 3-32 所示。

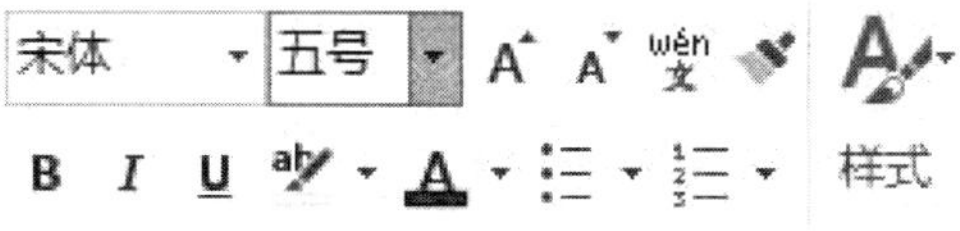

图 3-32 浮动工具栏

3. 使用"字体"对话框设置字体格式

利用"字体"对话框不仅可完成"字体"基本设置,还可为文本添加其他特殊效果和字符间距等高级功能。

单击"开始"选项卡"字体"组右侧的对话框启动按钮即可打开"字体"对话框。该对话框包含"字体"和"高级"两个选项卡,其中"字体"选项卡的作用与功能区"开始"选项卡"字体"组功能相似。"高级"选项卡包含字符间距等选项,可用于设置选定文本的缩放比例、字符间距和位置等,如图 3-33 所示。

图 3-33 高级选项卡

4. 使用格式刷设置字体格式

使用格式刷可快速复制文本格式，并将其应用到其他文本中。使用格式刷复制文本格式的步骤如下：

① 选定需要复制格式的文本或将光标定位在文本中，单击“开始”选项卡下“剪贴板”组中的“格式刷”按钮 格式刷，即可复制文本格式，此时鼠标指针变成刷子样式。

② 将鼠标移动到需要应用格式的文本处，按下鼠标左键拖动，即可将复制的格式应用到该文本中，鼠标松开后格式刷的使用结束。

③ 如果需要重复使用格式刷工具，需双击格式刷按钮，复制完成后按“ESC”键或再次单击格式刷按钮就可取消格式刷工具。

5. 清除文本格式

文本格式清除方法有以下两种，首先将光标定位在需要清除格式的文本中。

① 单击“开始”选项卡“字体”组的“清除格式”按钮，即可清除文本格式。

② 单击“开始”选项卡“样式”组的“其他”按钮，在打开的下拉列表中选择“清除格式”按钮，也可清除文本格式。

【例 3－3】启动 Word 2016，新建一个空白文档，将其以“素材 1”为名保存，并在其中输入如图 3-34 所示的文本内容。

华为而立之年震撼世界

2018 年，华为成立 30 周年，而立之年的华为用了一份惊艳的成绩单再次震撼全世界！4 月 4 日，华为正式公布了 2017 年全年财报，据报告显示：华为 2017 年全年度全球销售总收入为 6036 亿元人民币！沸腾！震撼！华为的这份成惊艳的成绩单，让这个世界不再平静，更让巨头们彻夜无眠！

华为 2017 年的 6036 亿收入，是阿里 4 倍，是中兴 5 倍，是小米 6 倍！华为 2017 年的 6036 亿收入，不是靠搞金融，不是炒房地产，也不用上市，更重要的是还有超过一半以上的收入来自国外！是的你没看错，有一半以上的收入来自国外！近三年华为收入数据呈现递增式增长，如下所示。

2015 年　销售收入 3950 亿元

2016 年　销售收入 5200 亿元

2017 年　销售收入 6036 亿元

图 3-34　样文

设置要求如下：

① 标题文本“华为而立之年震撼世界”，字体“华文中宋”、字号“小一”、红色、加粗、字符间距缩放 120%，间距加宽 3.5 磅，位置标准。

② 正文中的字体设置为“幼圆”、字号“小四”、加粗、倾斜。

设置后效果如图 3-35 所示。

华为而立之年震撼世界

2018 年，华为成立 30 周年，而立之年的华为用了一份惊艳的成绩单再次震撼全世界！4 月 4 日，华为正式公布了 2017 年全年财报，据报告显示：华为 2017 年全年度全球销售总收入为 6036 亿元人民币！沸腾！震撼！华为的这份惊艳的成绩单，让这个世界不再平静，更让巨头们彻夜无眠！

图 3-35　字体设置效果

3.3.2 段落格式设置

为使文档更加美观、结构清晰，仅设置字符格式是不够的，还需设置段落格式。Word 2016 提供了三种段落格式设置方法，分别是功能区、段落对话框和格式刷。

1. 利用功能区设置段落格式

使用功能区“开始”选项卡的“段落”组可以快速地对段落格式进行设置。功能区“段落”组按钮的具体作用如下：

① 段落对齐按钮：指文档边缘的对齐方式，从左至右分别是左对齐、居中对齐、右对齐、两段对齐和分散对齐，如图 3-36 所示。其中两端对齐是默认设置，用于使段落文本沿左边距和右边距均对齐，若段落最后一行不满一行时文字左对齐；分散对齐用于使段落的左、右边缘同时与页面左、右边距对齐，若段落最后一行不满一行时将拉开字符间距使该行均匀分布。

② 行距按钮：包括文档行间距与段间距的设置，行间距指段落中行与行之间的垂直距离，而段间距是指前后相邻段落之间的空白距离。单击该按钮，弹出行距选择菜单，如图 3-37所示，选择相应的命令即可调整行距。

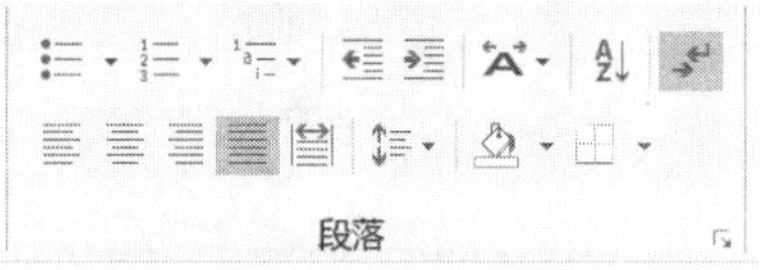

图 3-36 “段落”组

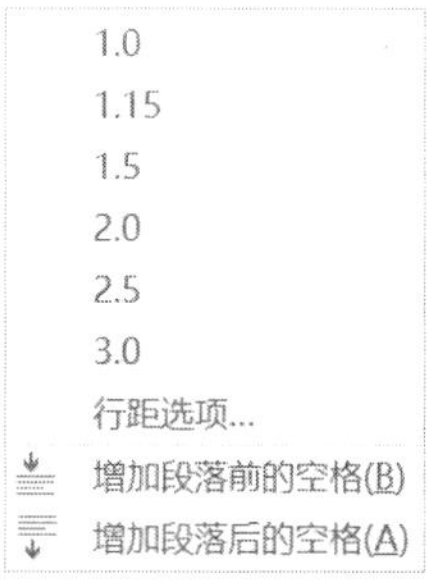

图 3-37 行距下拉菜单

③ 段落缩进按钮：段落缩进是指设置段落中的文本与左右页边距的距离，按钮从左至右分别是左缩进和右缩进。其中左缩进是设置整个段落左边界的缩进位置，右缩进是设置整个段落右边界的缩进位置。

④ “中文版式”按钮：用于自定义中文或混合文字的版式，可以设置“双行合一”和“调整宽度”，如图 3-38 所示。

图 3-38 双行合一效果

⑤ “排序”按钮：用于按字母顺序排列所选文字或对数值进行排序。

⑥ “显示/隐藏编辑标记”按钮：用于显示/隐藏段落标记和其他格式符号。

2. 利用段落对话框设置段落格式

除了功能区的“开始”选项卡外，Word 2016 还提供了段落对话框对段落格式进行设置，如图 3-39 所示。单击功能区“开始”选项卡“段落”组右侧的对话框启动按钮即可打开段落对话框。该对话框包含“缩进和间距”“换行和分页”以及“中文版式”三个选项卡。

图 3-39　“段落”对话框

① “缩进和间距”选项卡：可以对段落的对齐方式、左右缩进量、段间距以及行间距进行设置，其中“特殊格式”选项中可以设置悬挂缩进和首行缩进。

② “换行和分页”选项卡：可以对分页、行号和断字进行设置。

③ “中文版式”选项卡：可以对中文文档的特殊版式进行设置，如中文习惯控制首尾字符、允许标点溢出边界等，设置完毕后，单击确定按钮即可。

3. 利用格式刷设置段落格式

“格式刷”可以快速复制段落格式，并将其应用到其他段落中。使用“格式刷”复制段落格式需要将鼠标停留在被复制格式的段落中，接下来的方法和上面介绍的“格式刷”设置字体格式类似，在此不再累述。

3.3.3　项目符号和编号设置

Word 2016 提供了添加项目符号和编号的功能，如图 3-40 所示，这样可自动添加编号，不必手动输入，使文档中内容条理清晰、层次分明。可以先输入内容，再给文本添加符号或编号；也可以先添加项目符号或编号，再输入文本内容。Word 2016 中提供两种添加项目符号和编号的方法，分别是功能区的“开始”选项卡和“段落”组的浮动工具栏。

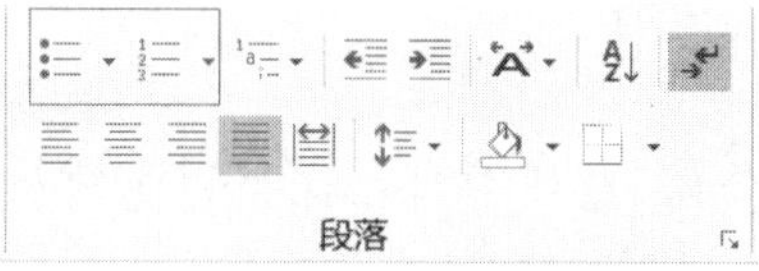

图 3-40 “段落”组的项目符号和编号按钮

1. 项目符号设置

添加项目符号就是在几个段落前加上完全相同的符号，添加符号的步骤如下：

① 选中需要添加项目符号的内容。

② 单击“项目符号”右侧的下拉按钮，在弹出的项目符号列表中进行样式选择。

此外，还可以定义项目符号，在弹出的项目符号列表中选择“定义新项目符号”选项，可打开“定义项目符号”对话框，实现自定义项目符号的功能，如图 3-41 所示。

单击“定义新项目符号”对话框的“符号”按钮，打开“符号”对话框，可从中选择合适的符号作为项目符号。

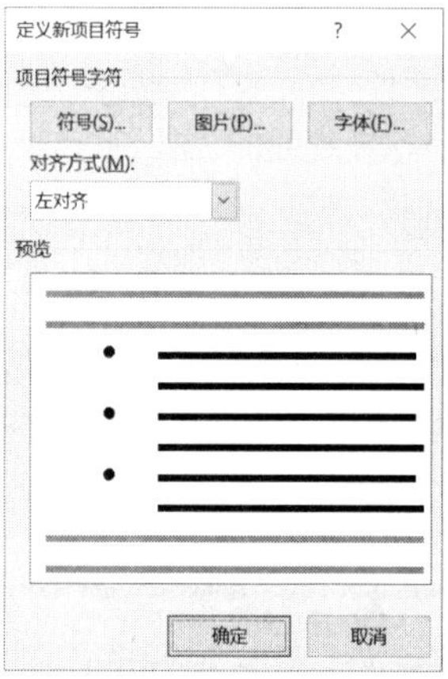

图 3-41 “定义新项目符号”对话框

单击“图片”按钮，打开“插入图片”窗口，可从计算机中导入或者联网搜索合适的图片作为项目符号。

单击“字体”按钮，打开“字体”对话框，可设置项目符号的字体格式。“定义新项目符号”对话框最下面的“预览”框，可预览设置效果。

【例 3－4】打开“素材 1”文档，为其自定义图片项目符号，完成后效果如图 3-42 所示。

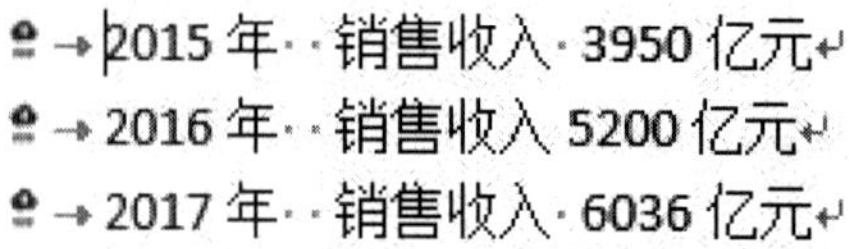

图 3-42 效果图

2. 项目编号设置

在文档中添加编号的具体步骤如下：

① 选中需添加编号的段落。

② 选中“项目符号”按钮 ，默认情况下编号为数字。

③ 单击“编号”右侧的下拉按钮，在弹出的编号列表中选择样式。

此外，还可以定义新编号格式，在弹出的编号列表中选择“定义新编号格式”选项，可打开“定义新编号格式”对话框，可实现自定义编号的功能。在“编号样式”下拉列表中选择合适的编号样式；单击“字体”按钮，可在打开的“字体”对话框中设置编号的字体；在“对齐方式”下列列表中设置编号的对齐方式。

3. 删除项目符号和编号

单击功能区“开始”选项卡下“段落”组的“项目符号”下拉按钮，在弹出的“项目符号库”列表中选择“无”即可，如图 3-43 所示。

图 3-43　删除定义的符号和编号

3.3.4　设置边框与底纹

在用 Word 2016 进行文档编辑时，可根据需求给文字或段落添加各种各样的边框和底纹，以增加文档的生动性和实用性。

1. 设置边框

(1) 为文字或段落设置边框

添加边框的具体操作步骤如下：

① 选定要添加边框的文字或段落。

② 单击功能区“开始”选项卡中段落组的下框线按钮右侧下拉按钮，弹出框线样式菜单，如图 3-44 所示，从弹出的菜单中选择框线样式(外侧框线等)即可设置文字或段落边框。

图 3-44　边框样式菜单

> 打开【开始】选项卡，在【字体】组中单击字符边框按钮 A ，可以快速为文字添加简单的边框。

利用上述方法设置的边框是黑色框线，若设置的框线需要其他颜色，则可以通过“边框和底纹”对话框设置。在图 3-44 中选择“边框和底纹(O)”对话框，如图 3-45 所示，对话框共有三个选项卡，即边框、页面边框和底纹，默认为“边框”选项卡。

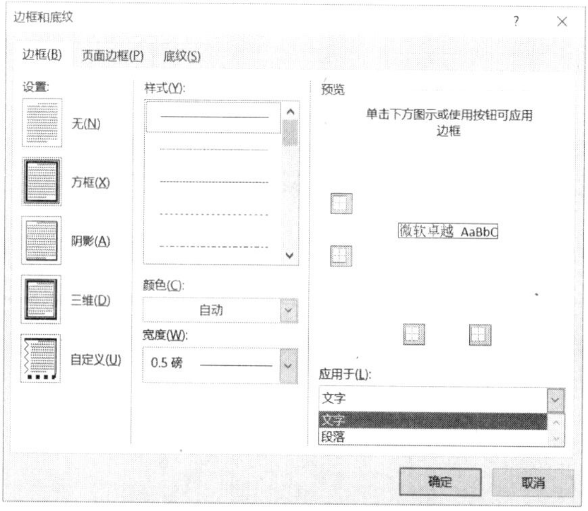

图 3-45　“边框”选项卡

在“边框和底纹”对话框中选择“边框”选项卡，在“设置”栏中选择边框的样式；在“样式”栏中选择边框线形状、颜色以及宽度；在“应用于”下拉列表中可以设置边框应用于文字还是段落，且在预览区可以查看效果，如图 3-46 和图 3-47 所示。

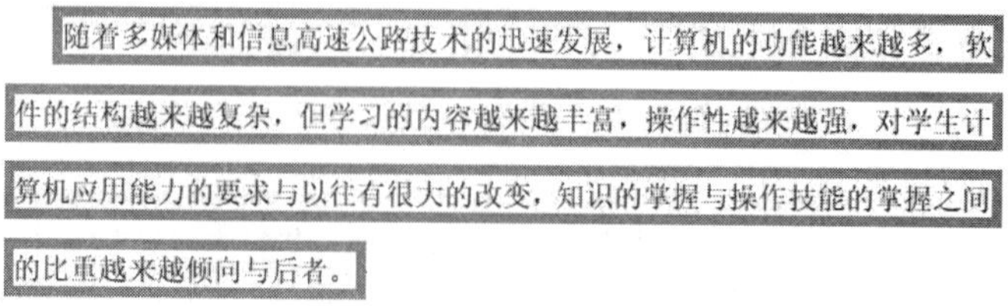

图 3-46　应用于文字的边框

有个男孩儿跟着妈妈到杂货店去买东西，老板看他很可爱，就打开一罐糖果，要他自己拿一把。但是男孩却没有拿，老板就亲自抓了一大把糖放进男孩的口袋中。回到家中，妈妈好奇的问男孩，为什么自己不去抓糖果而要老板抓呢？男孩说："因为我的手比较小呀！而老板的手比较大，所以拿的一定比我拿的多很多！"聪明的孩子知道自己的能力，更难得的是，他也知道别人比自己强。当凡事不能只靠自己的力量，也要学会适时地依靠他人的力量来达到自己想要的结果，这种谦卑其实就是一种聪明。

图 3-47　应用于段落的边框

（2）页面设置边框

在 Word 2016 中设置页面的边框可以使打印出的文档更加美观，如图 3-48 所示，具体操作步骤如下：

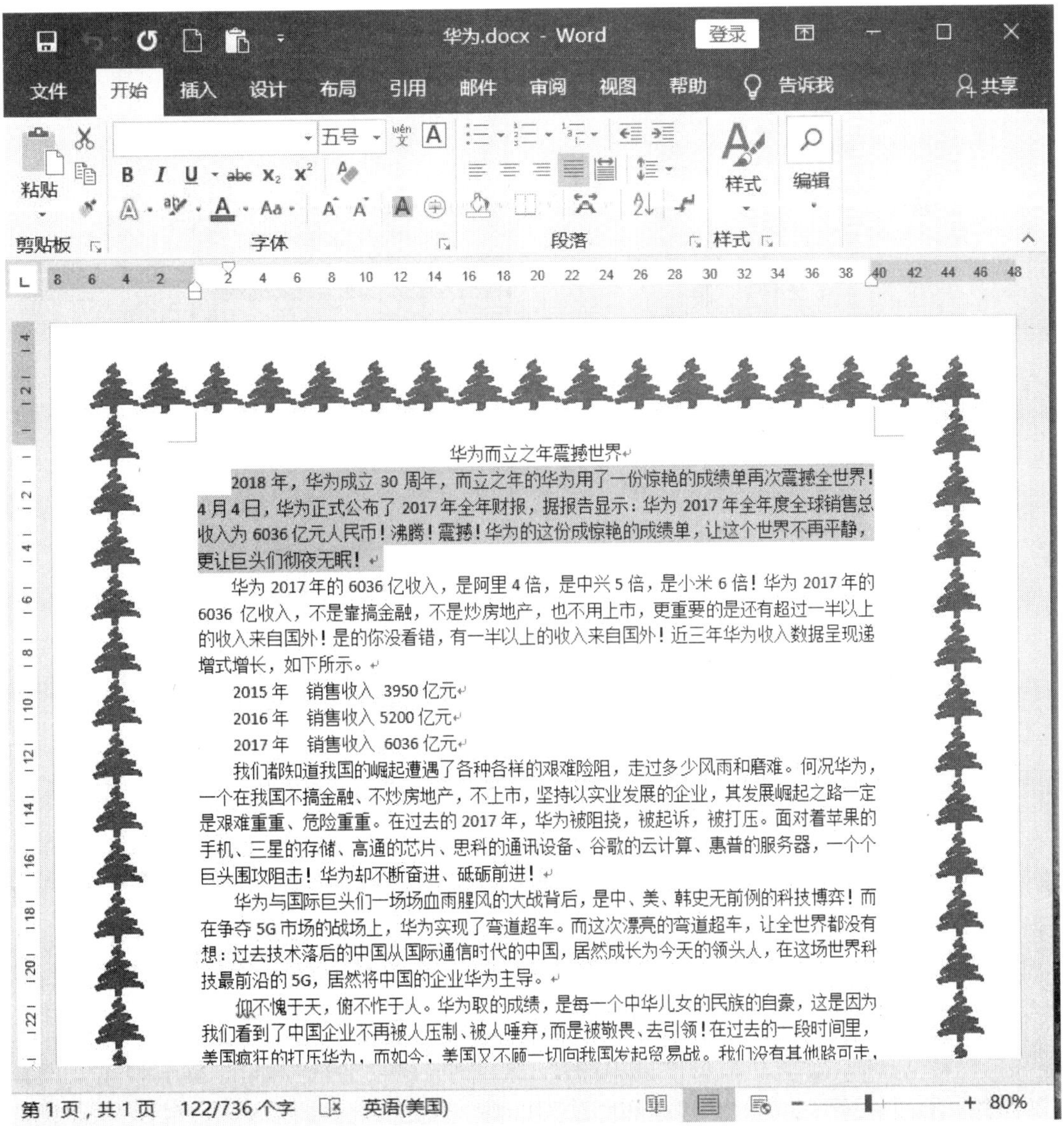

图 3-48　设置艺术性页面边框

① 选择要设置边框的页面，将光标定位在该页面任意位置即可。

② 选择功能区“设计”选项卡中“页面背景”组的页面边框按钮，弹出“边框和底纹”对话框，打开“页面边框(P)”选项卡，如图 3-49 所示。

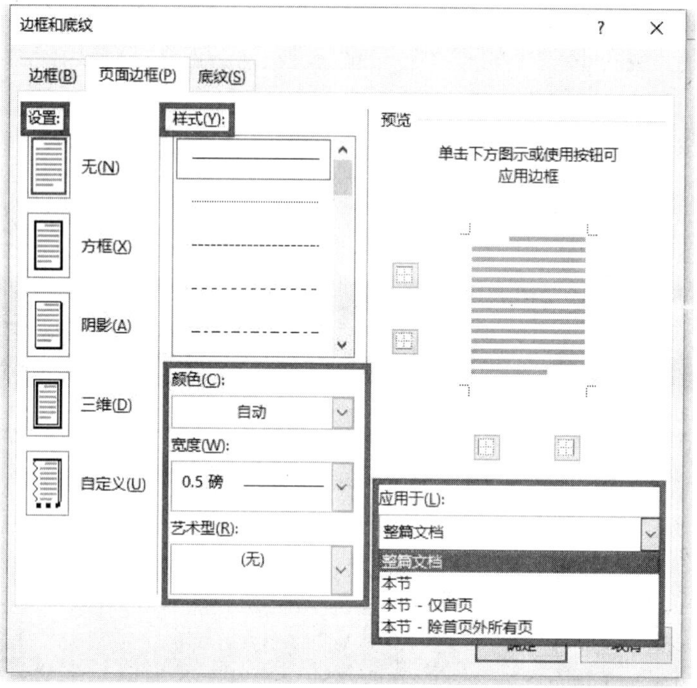

图 3-49 “页面边框”选项卡

③ 在“设置”栏中选择边框的样式；在“样式”栏中选择边框线形状、颜色以及宽度；在“艺术型”下拉列表中可以选择边框样式；在“应用于”下拉列表中可以设置边框应用于整篇文档、本节、本节－仅首页或本节－除首页外所有页，且在预览区可以查看效果。

④ 设置完毕后，单击 确定 按钮即可完成边框的添加。

(3) 边框效果的清除

文字或段落边框的清除有两种方案，方法如下：

① 选中设置边框的文字或段落，单击“开始”选项卡下“字体”组中清除所有格式按钮，即可清除边框效果。

② 选中设置边框的段落或文字，单击功能区“开始”选项卡中“段落”组的下框线按钮右侧下拉按钮，弹出框线样式菜单，在菜单中选择“边框和底纹”命令 边框和底纹(O)...，打开设置“边框和底纹”对话框，在“设置”选项下选择“无(N)”，单击 确定 按钮也可取消边框的设定。

(4) 页面边框的清除

鼠标定位于插入页面边框的文档中的任一位置，选择功能区“设计”选项卡中“页面背景”组的页面边框按钮，弹出“边框和底纹”对话框，打开“页面边框(P)”选项卡，在设置选项下选择“无(N)”，单击 确定 按钮即可取消页面边框的设定，如图 3-50 所示。

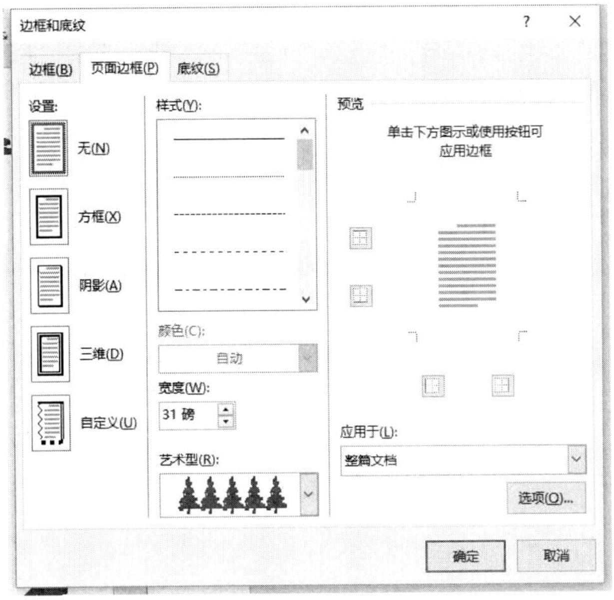

图 3-50　页面边框清除

2. 设置底纹

(1) 底纹的设置

底纹的设置不同于边框,底纹只能对文字或段落添加,不能对页面添加。选中添加底纹的文字或段落,打开"边框和底纹"对话框,选择"底纹(S)"选项卡,如图 3-51 所示,对填充的颜色和图案等进行设置。设置完毕后,单击 确定 按钮即可完成添加底纹的功能。

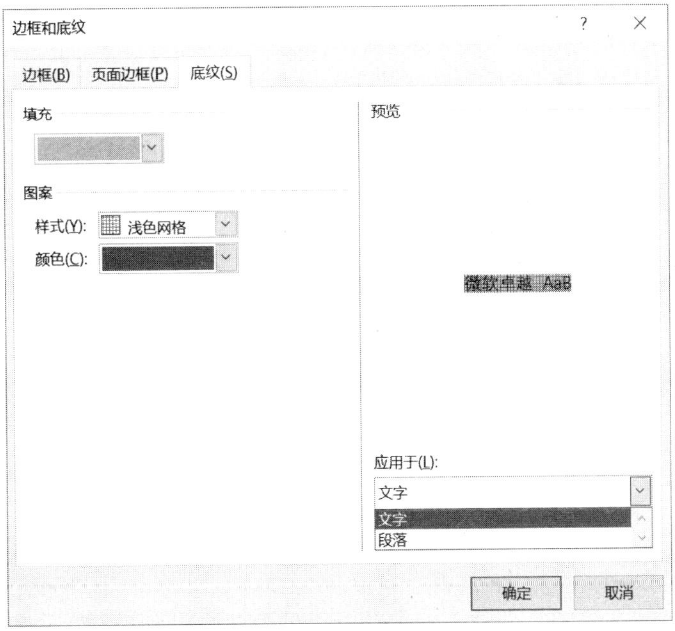

图 3-51　底纹设置

(2) 底纹的清除

选中添加底纹的文字或段落，打开“边框和底纹”对话框，填充选择“无颜色”，样式选择“清除”，即可清除底纹效果，如图 3-52 所示。

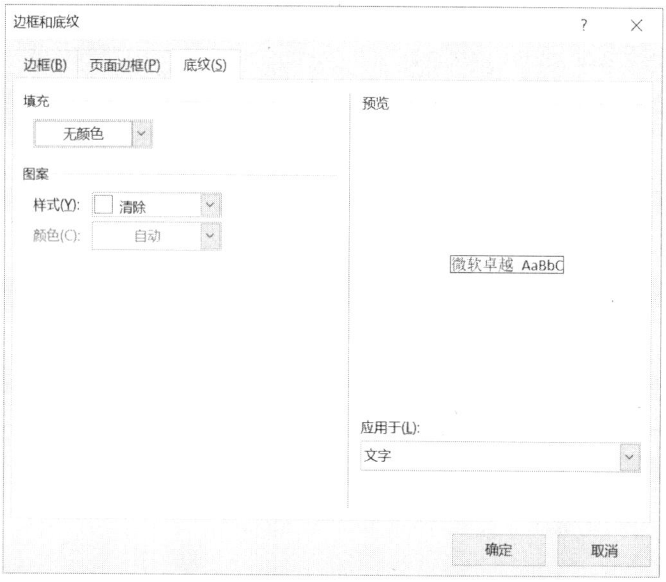

图 3-52　底纹取消

3.3.5　设置首字下沉

首字下沉是报纸、杂志中较为常用的一种文本修饰方式，使用该方式可以很好地改善文档的外观，使文档更美观、更引人注目。如图 3-53 所示，具体操作步骤如下：

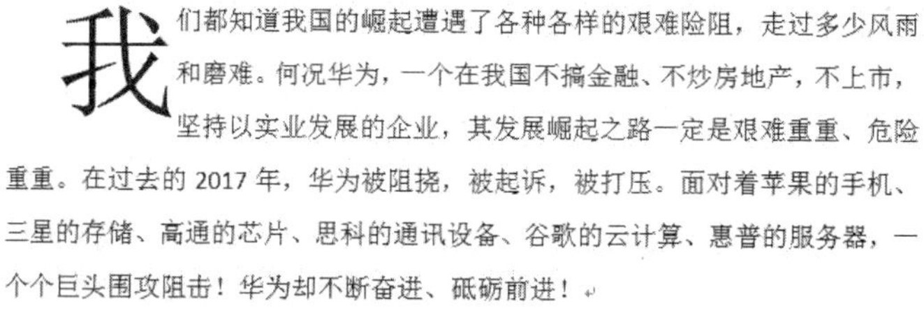
我们都知道我国的崛起遭遇了各种各样的艰难险阻，走过多少风雨和磨难。何况华为，一个在我国不搞金融、不炒房地产，不上市，坚持以实业发展的企业，其发展崛起之路一定是艰难重重、危险重重。在过去的 2017 年，华为被阻挠，被起诉，被打压。面对着苹果的手机、三星的存储、高通的芯片、思科的通讯设备、谷歌的云计算、惠普的服务器，一个个巨头围攻阻击！华为却不断奋进、砥砺前进！

图 3-53　首字下沉效果

① 将光标定位在要实现首字下沉效果的段落中。

② 单击功能区“插入”选项卡中“文本”组的“首字下沉(D)”按钮，弹出首字下沉下拉列表，如图 3-54 所示。

③ 在下拉列表中选择“下沉”或“悬挂”。其中单击“首字下沉选项”，弹出“首字下沉”对话框，可进行详细设置，如图 3-55 所示。

④ 在该对话框中的“位置”区选择首字下沉的样式；在“选项”区“字体”下拉列表设置字体，在“下沉行数”微调框中设置需要下沉的行数，在“距正文”微调框中设置距正文的距离。

⑤ 设置完毕后，单击 确定 按钮即可实现首字下沉效果。

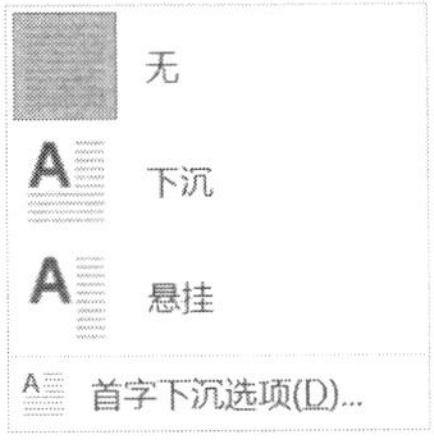

图 3-54 首字下沉下拉列表

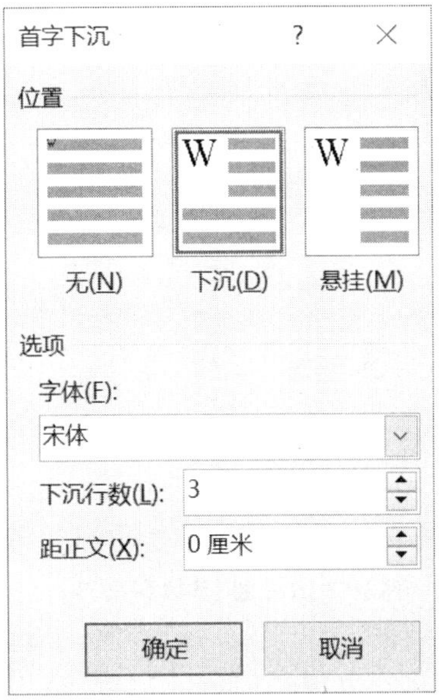

图 3-55 “首字下沉”对话框

在使用过程中,如若取消首字下沉效果,可将光标定位于首字下沉的段落中,单击功能区“插入”选项卡中“文本”组的首字下沉按钮,弹出首字下沉下拉列表,选择无,即可清除首字下沉效果。

3.3.6 分栏

一段文字,就是从上到下从左到右的顺序,但是有时候为了某种特殊目的,需要把文字从一栏显示方式变成两栏甚至更多分栏。例如,某篇文章被分成多个栏目,这些栏目有的是等宽的,有的是不等宽的,从而使整个页面布局显得错落有致,易于读者阅读。

1. 常规分栏

分栏可以使文本分为多栏显示,并加上分割线,如图 3-56 所示,分栏具体操作步骤如下:

① 选中需要分栏显示的文本内容。

② 在功能区“布局”选项卡的“页面设置”组中单击分栏按钮,弹出分栏下拉列表,如图 3-57 所示,可以选择某种分栏样式。

③ 单击“更多分栏”命令,弹出“分栏”对话框如图 3-58 所示。

从顽皮少年到商界大侠 ,一张棱角分明、削瘦奇特的脸庞,一派狂狷不羁、特立独行的做事风格,一副两肋插刀、不计回报的古道热肠;以“光明顶”命名公司会议室,与金庸密切交往,聚集互联网英雄人物“西湖论剑”……种种言行,颇似一位纵横商海江湖的大侠。他就是马云,中国电子商务网站的开拓者,阿里巴巴网站创始人兼 CEO。

图 3-56 双栏排版效果

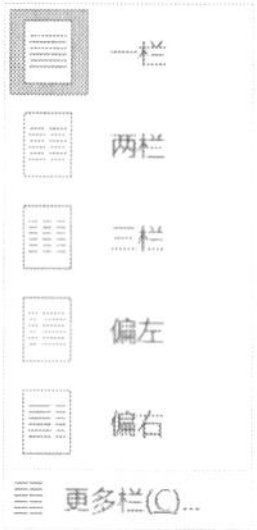

图 3-57 “分栏”下拉列表

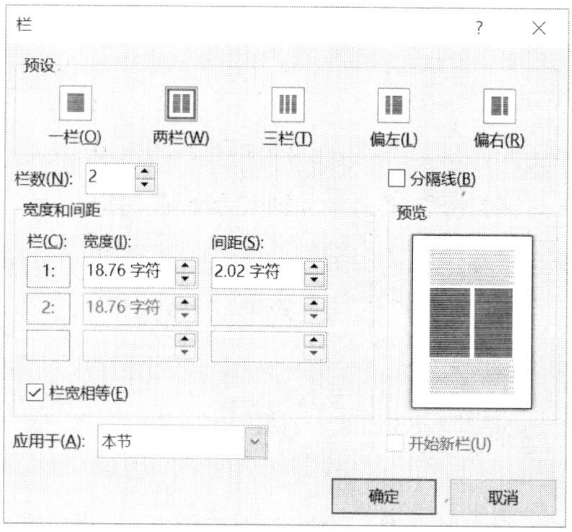

图 3-58 “分栏”对话框

④ 在“预设”区中选择分栏模式，也可在“栏数”微调框中设置分栏列数；在“宽度和间距”区中设置相应的参数，包括每栏的宽度、间距；在“应用于”下拉列表中选择分栏设置是整篇文档、所选文字或是所选节；在“预览”区中查看效果。

⑤ 设置完后，单击确定按钮  即可实现对文档的分栏功能。

2. 均匀分栏

如果分栏之后，两侧栏高不相等，或页面右侧出现大范围空白，如图 3-59 所示。为什么会出现这种情况？Word 分栏时，系统默认会以第一栏填满之后，才会排到第二栏、第三栏，如果我们当前的文字较少，即会出现当前情况。面对这样的情况，我们可以为其添加连续分节符，做到每栏内容均匀分配。

方法：将光标放在已分栏文字的结尾处，执行“布局”选项卡下“页面设置”中“分隔符”中“分节符”中的“连续”命令即可等高分栏了。

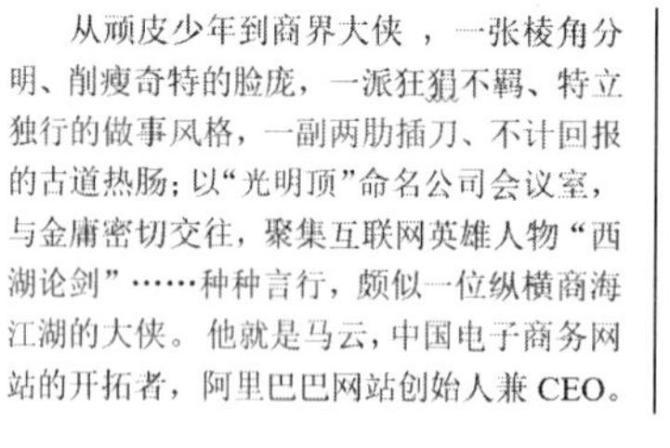
从顽皮少年到商界大侠 ，一张棱角分明、削瘦奇特的脸庞，一派狂狷不羁、特立独行的做事风格，一副两肋插刀、不计回报的古道热肠；以“光明顶”命名公司会议室，与金庸密切交往，聚集互联网英雄人物“西湖论剑”……种种言行，颇似一位纵横商海江湖的大侠。他就是马云，中国电子商务网站的开拓者，阿里巴巴网站创始人兼 CEO。

图 3-59 分栏空白效果图

§ 3.4 表格制作

文档中，除使用文字来描述问题外，使用表格来组织内容或显示信息不仅可以丰富文档的内容，还可更准确地展示数据。

3.4.1　插入和绘制表格

单元格是表格的基本单位。Word 2016 提供了四种创建表格的方法："插入表格"按钮、"插入表格"对话框、手动绘制和快速表格样式。

1. 使用"插入表格"按钮创建表格

将光标定位在需要插入表格的位置。单击功能区"插入"选项卡"表格"组的"表格"按钮，在弹出下拉菜单中会出现如图 3-60 所示的表格。拖动鼠标，选中的单元格将以橙色显示，在表格的上面的名称区域会显示"m×n 表格"，表示要创建的是 m 列 n 行的表格。此方法最多可以创建一个 8 行 10 列的表格。

图 3-60　表格快捷菜单

2. 使用"插入表格"对话框创建表格

"插入表格"对话框可以在创建表格的同时精确设置表格的大小。将光标定位在需要插入表格的位置，单击功能区"插入"选项卡"表格"组的"表格"按钮，在弹出的下拉菜单中选择"插入表格"按钮，打开"插入表格"对话框，如图 3-61 所示。在对话框的"表格尺寸"区域的"列数"和"行数"微调框中设置创建表格的行数和列数，其每个选项的功能如下：

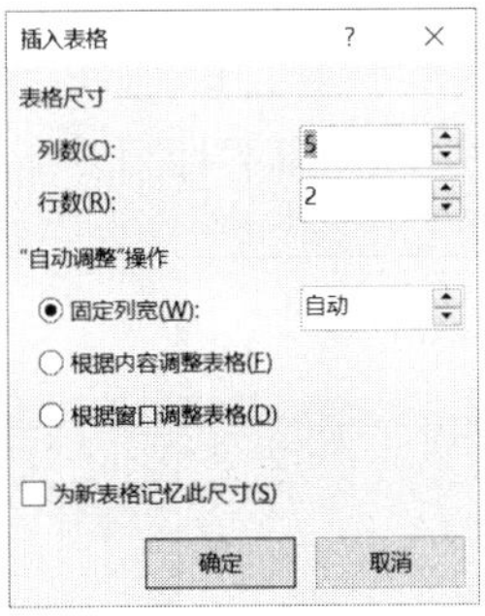

图 3-61　"插入表格"对话框

固定列宽：设定列宽的具体数值，单位为厘米。当选择为自动时，表格将自动在窗口填满整行，并平均分配各列为固定值。

根据内容调整表格：根据单元格内容自动调整表格的列宽和行高。

根据窗口调整表格:根据窗口大小自动调整表格的列宽和行高。

若需要将设置好的表格尺寸设为默认的值,则在“插入表格”对话框中选中“为新表格记忆此尺寸(S)”复选框,这样在新建表格时,“插入表格”对话框中默认显示的值就是设置好的结果。

【例 3—5】创建名为“个人简历”的文档,插入 16 行 5 列的表格,创建效果如图 3-62 所示。

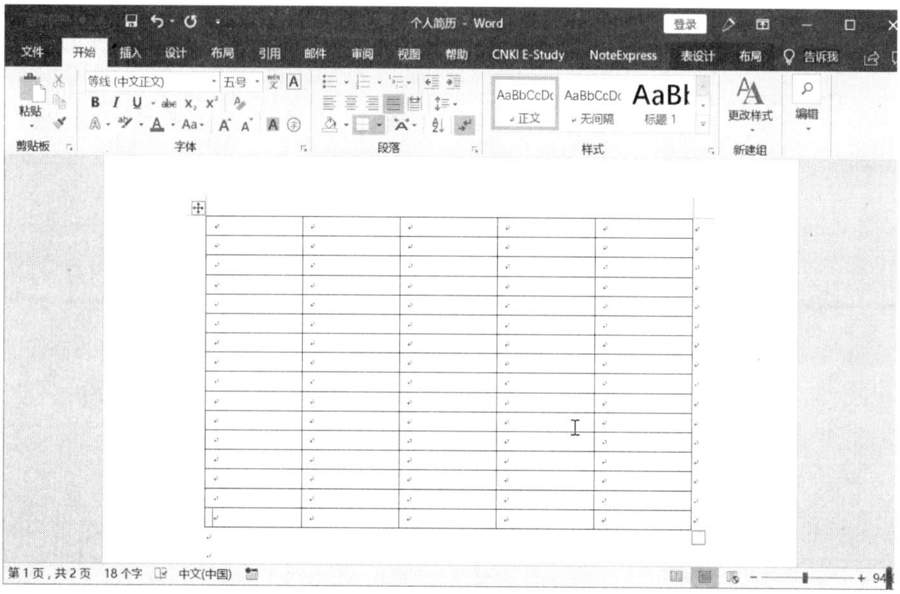

图 3-62 表格创建

3. 手动绘制表格

在实际应用的过程中,规则表格很少,当用户需要创建不规则表格时,可以使用表格绘制工具来手动绘制表格。

单击“插入”选项卡“表格”组中“表格”按钮,在弹出的下拉菜单中选择“绘制表格”命令,此时鼠标指针变为铅笔形状,在需要绘制表格的地方,单击鼠标左键不放并拖拽鼠标,会出现一个表格的虚框,待到合适大小后,松开鼠标即可生成表格的外边界,如图 3-63 所示。

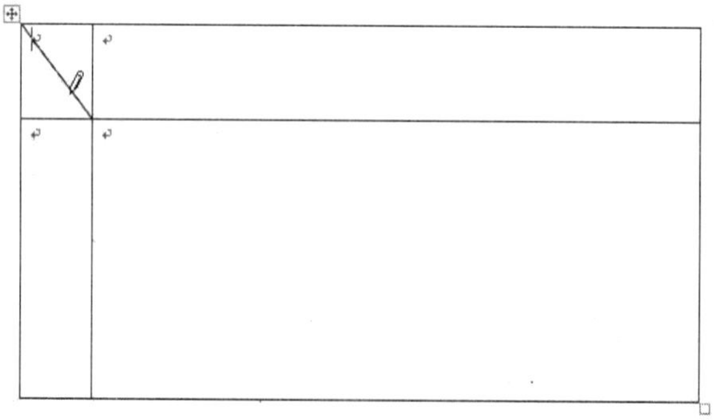

图 3-63 绘制斜线表头

在表格边框的任意位置，单击选择一个起点，按住左键不放并向右（或向下）拖动绘制表格中的横线（或竖线）。

在表格的第一个单元格中，单击选择一个起点，按住左键向右下方拖动即可绘制一个斜线表头。按“Esc”键退出表格绘制模式。

4. 使用“快速表格”创建表格

Word 2016 提供了许多内置表格模板，可以使用其快速创建表格。

将光标定位在需要插入表格的位置，单击“插入”选项卡“表格”组中“表格”按钮，在弹出的下拉菜单中选择“快速表格”命令，弹出如图 3-64 所示的子菜单列表框。在弹出的表格类型中，选择合适的表格样式，即可快速创建具有特定样式的表格，并根据需要替换模板中的数据。

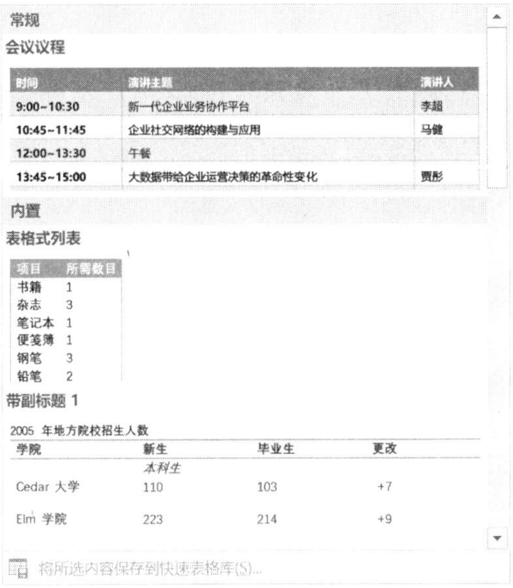

图 3-64 插入带有格式的表格

3.4.2 表格的编辑

为了满足不同的需要，还需对表格做进一步的修改，其具体操作包括对行、列、单元格的选择、插入、移动、删除等。

1. 选择表格

(1) 选择单元格

选择单元格包括选择一个单元格、选择多个连续单元格、选择不连续单元格三种。

选择一个单元格：将光标移动到需要选择单元格的左下角，当鼠标光标变为形状时，左键单击即可选取该单元格。

选择多个连续单元格：将光标移动到需要选择的第一个单元格按住鼠标左键拖动不放，拖动到最后一个单元格；或将光标定位在第一个单元格中，将光标移动到最后一个单元格，按住“Shift”键的同时，单击鼠标左键，可选择多个连续单元格。

选择不连续单元格：选择第一个单元格后，按住“Ctrl”键不放，移动鼠标单击其他需选择单元格，就可选择不连续的单元格。

（2）选择行

将鼠标移动到表格中需要选择行的左端线附近，当光标变为形状时，左键单击就可选中该行。

（3）选择列

将鼠标移动到表格中需要选择列的上端线处，当光标变为形状时，左键单击就可选中该列。

（4）选择表格

将鼠标移动到表格内时，表格的左上角会出现一个十字形的小方框图标，而右下角会出现一个小方框图标，左键单击这两个图标中任意一个，即可选择该表格。

（5）功能区选择表格

除了使用鼠标选定表格对象外，还可以使用功能区的“布局”选项卡来选择单元格、行、列和表格。操作方法是，将鼠标定位在目标单元格内，单击“布局”选项卡下“表”组的“选择”按钮，从弹出的下拉菜单中选择相应的命令即可，如图 3-65 所示。

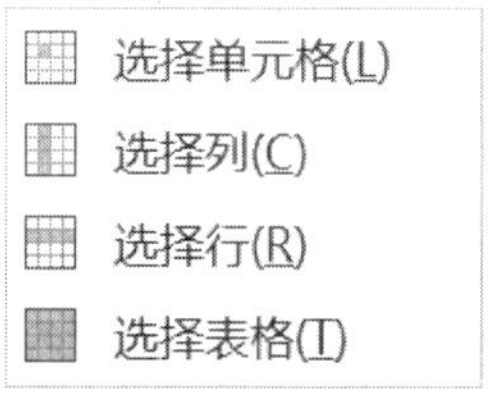

图 3-65 “选择”按钮快捷菜单

2. 表格的移动与缩放

在 Word 中创建表格后，实际应用中需要对表格移动位置或改变大小，以符合文档编排的要求。

（1）表格的移动

鼠标左键单击表格左上角的十字形的小方框图标，按住鼠标左键不放拖动表格到合适的位置松开鼠标即可实现表格的移动；或选中表格，右键“剪切”，到目标位置右键“粘贴”也可实现表格的移动。

（2）表格的缩放

将光标移动到表格右下角的图标处，当光标变成形状时，左键单击不放，向内向外移动可缩放表格。

3. 插入行、列和单元格

表格创建后，有时需要插入适当的行、列或单元格，以便于数据的输入和管理。

（1）插入行或列

插入行或列的方法有很多，下面介绍三种方法。

① 将光标定位在需要插入行或列位置的相邻行或列的任意单元格中，单击“布局”选项卡下“行和列”组的对应按钮即可，如图 3-66 所示。

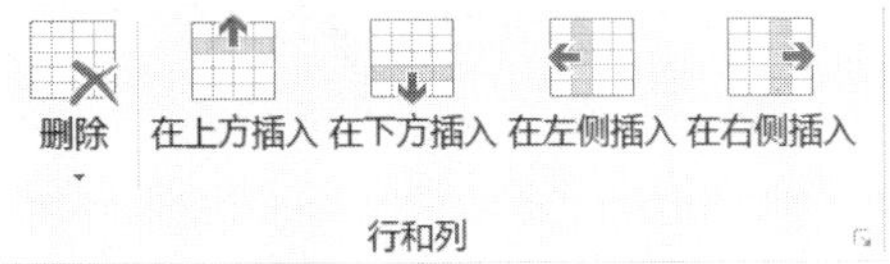

图 3-66　“行和列”组

② 将光标定位在需要插入行或列位置的相邻行或列的任意单元格中，单击鼠标右键在弹出的菜单中选择“插入”选项，在其子菜单中选择插入方式即可。

③ 将鼠标移动至需要插入行或列的左端或顶端位置处，此时在行与行（或列与列）之间会出现⊕按钮，单击此按钮就可在该位置处插入一行（或一列），如图 3-67 所示。

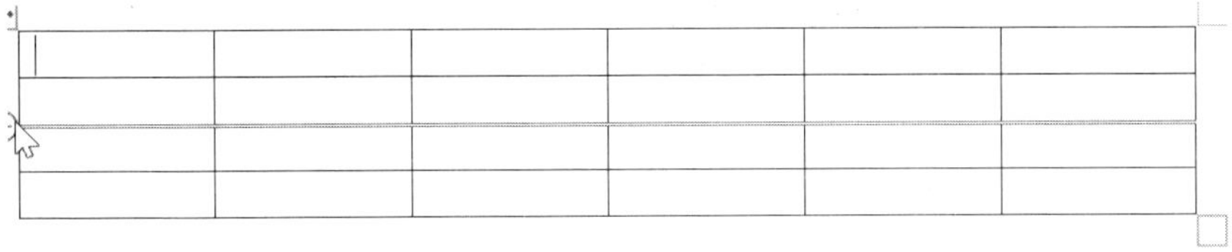

图 3-67　鼠标插入行或列

另外，若需插入多行（或多列），需先选择相邻位置的行（或列），选择的行数（或列数）与要插入的行数（或列数）相等，再进行插入行（或列）即可。若要在表格后面插入行，可将光标定位在最后一行的末尾结束的段落标记处，按“Enter”键可插入一行。

（2）插入单元格

Word 2016 提供了以下两种插入单元格的方法。

① 将光标定位在需要插入单元格附近的单元格中，单击“布局”选项卡“行和列”组的按钮，打开“插入单元格”对话框。如果要在选定单元格的左边插入单元格，就选择“活动单元格右移”按钮；如果要在选定单元格的上边添加单元格，就选择“活动单元格下移”按钮，就可实现单元格的插入。

② 将光标定位在需要插入单元格附近的单元格中，鼠标右键单击，在弹出的菜单中选择“插入”选项，在其子菜单中选择“插入单元格”选项，也可打开“插入单元格”对话框，进行单元格的插入操作。

4. 删除表格、行、列和单元格

创建表格后，经常会出现表格的行、列或单元格多余，或者插入的表格不需要等情况，Word 2016 中可以很方便地删除表格、行、列和单元格。

（1）删除表格

删除表格常用的方法有以下三种。

① 选中表格，按“Backspace”键可删除表格。

② 选中表格，右键单击，在打开的菜单中选择 删除表格(T) 选项，也可删除表格。

③ 将光标定位在表格的任意位置，单击“布局”选项卡下“行和列”组的“删除”按钮，在下拉列表中选择“删除表格(T)”选项，如图 3-68 所示。

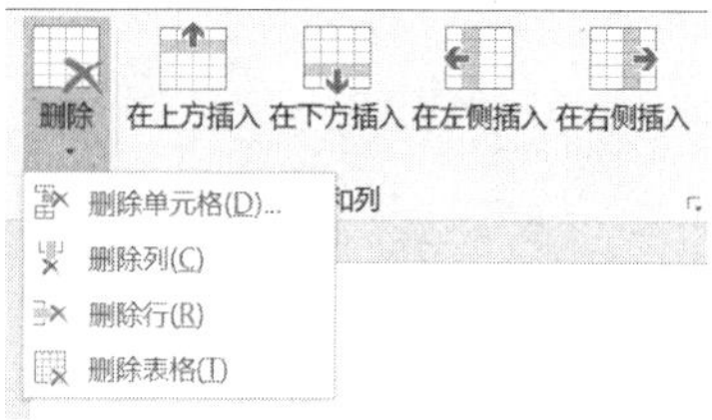

图 3-68　删除单元格

（2）删除单元格、行或列

删除表格中的行、列或单元格方法类似，具体操作步骤如下：

① 选定需要删除的行、列或单元格。

② 单击功能区布局选项卡的合并组中的删除单元格按钮，弹出删除选项菜单，在该菜单中选择需要删除的指令即可。

③ 若选择删除单元格指令，弹出“删除单元格”对话框，选择相应的选项，然后单击“确定”按钮即可。

5. 单元格的合并与拆分

在 Word 2016 中，用户可将两个或多个相邻的单元格合并为一个单元格，也可把一个单元格拆分为多个单元格，以达到更改表格布局、满足用户的需求。

（1）单元格合并

将两个或多个单元格合并为一个单元格的方法有以下三种。

① 选中要合并的单元格，单击“表格工具”的“布局”选项卡下“合并”组的“合并单元格”按钮，即可将选中的单元格合并。

② 选中要合并的单元格，右键单击，在弹出的菜单中选择“合并单元格”选项，也可将选中的单元格合并。

③ 选择“布局”选项卡“绘图”组的“橡皮擦”按钮，直接擦除相邻单元格之间的直线，即可实现单元格的合并，如图 3-69 所示。

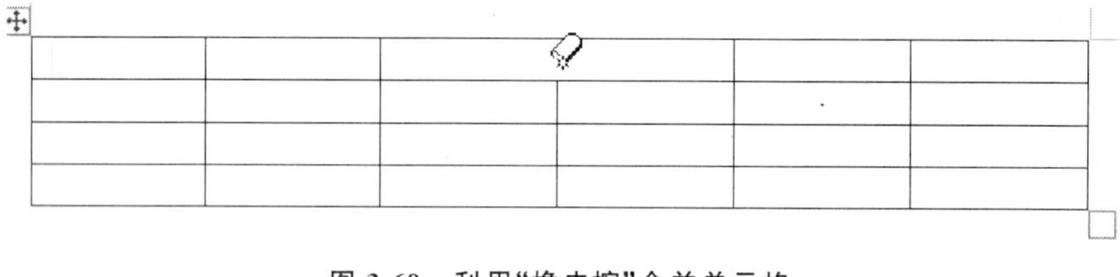

图 3-69　利用“橡皮擦”合并单元格

（2）单元格拆分

将光标定位在需拆分的单元格中，单击“表格工具”→“布局”选项卡下“合并”组的“拆分单元格”按钮，打开“拆分单元格”对话框，输入“行数”和“列数”，单击“确定”按钮，效果如图 3-70 所示。或者选择“表格工具”→“布局”选项卡“绘图”组的“绘制表格”按钮，在单元格内绘制直线。若绘制水平直线，将拆分为两行；若绘制垂直直线，将拆分为两列。

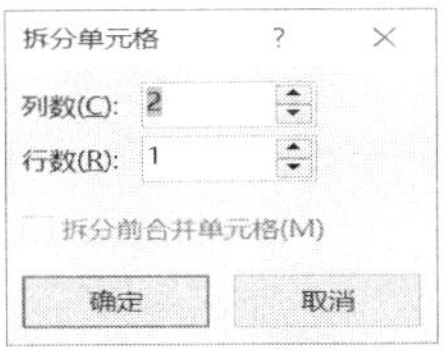

图 3-70　利用“拆分单元格”对话框拆分单元格

(3) 拆分表格

在实际应用过程中,有时需要将一个较大的表格拆分为两个或多个表格。方法为:将鼠标定位在需要拆分的单元格处,单击“表格工具”→“布局”选项卡下“合并”组的“拆分表格”按钮,就可把表格拆分为两个表格,如图 3-71 所示。

图 3-71　拆分表格

3.4.3　编辑表格文本

创建并编辑完表格后,用户就可以对表格中的文本进行编辑,包括输入表格文本,文本的选中、移动和格式设置等。

1. 输入表格文本

将光标定位在需要输入文本的单元格中,然后直接利用键盘输入文本。在输入文本的过程中 Word 2016 会根据内容的多少自动调整单元格的大小。

2. 选中表格文本

若需移动表格文本或设置文本格式,需先选中文本,选中文本的方式有以下几种。

① 全部选中:单击表格左上角的按钮,即可选中整个表格,同时选中表格内的文本。

② 选择连续文本:将光标定位在第一个需要选中的单元格中,移动鼠标到最后一个单元格中,按下“Shift”键后,鼠标左键单击,即可选中连续单元格的文本。

③ 选择不连续文本:首先选中一个单元格区域,按下“Ctrl”键,然后鼠标左键单击另一个单元格,即可同时选中不连续的单元格文本。

3. 移动表格文本

选择需要移动的单元格内容,按住鼠标左键不放,拖拽鼠标,鼠标指针即可变为形状,移动鼠标到指定位置,松开鼠标左键,即可移动表格中的内容,也可使用剪切、粘贴的方式移动表格内容。

4. 设置文本格式

输入内容后，用户可以使用“开始”选项卡下的“字体”组设置文本的格式，如字号、字体颜色等，让表格内容丰富起来。

3.4.4 表格的格式化

在表格中输入文本以后，还需对其进行格式设置，如调整表格的行高和列宽、设置表格属性、设置表格边框和底纹等，使表格更加美观。

1. 调整行高和列宽

在创建表格时，表格的行高和列宽都是默认值，但在实际工作中，可能会觉得插入的表格尺寸并不符合要求，需要调整表格的行高和列宽。在 Word 2016 中，可采用多种方法调整表格的行高和列宽。

（1）自动调整

将光标定位在表格中的任意位置，打开“表格工具”的“布局”选项卡，单击“单元格大小”组的“自动调整”按钮，弹出如图 3-72 所示的菜单，从中选择相应的命令，即可方便地自动调整行高和列宽。

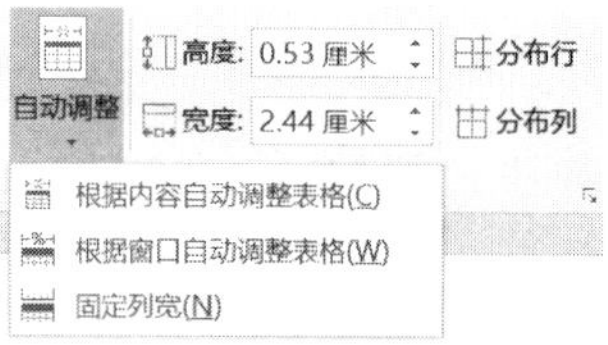

图 3-72　调整行高、列宽

在“单元格大小组”中，有“分布行”和“分布列”两个按钮。“分布行”的功能是在所选行之间平均分布高度，“分布列”的功能是在所选列之间平均分布宽度。

（2）使用鼠标拖动调整

若要调整表格的行高，将鼠标指向需要调整行的下边框，当鼠标变成双向箭头÷时，左键单击不松开，拖动鼠标，就可改变表格的行高。若要调整列宽，将鼠标移动到需要调整列宽的边框处，当鼠标变成双向箭头⇹时，左键单击不松开拖动鼠标，就可改变表格的列宽。

2. 设置边框和底纹

在 Word 2016 中插入表格时，默认表格设置为 0.5 磅的黑色单线边框，若用户对表格的样式不满意，可以重新设置表格的边框和底纹，从而使表格的结构更加合理美观。

（1）设置表格边框

表格的边框指的是表格的外边框和表格内部各单元格的边框线，对表格的内外边框线设置不同的样式和颜色可让表格中的内容一目了然。

选择要设置的表格或表格中的部分单元格，打开“表格工具”的“设计”选项卡，在“边框”组中单击“边框样式”下拉列表可设置好边框样式；单击 0.5 磅 可设置边框宽度，单击“笔颜色”下拉列表可设置边框颜色，然后单击“边框”下拉按钮，在弹出的下拉菜单中可为表格的不同边框设置样式，如图 3-73 所示。

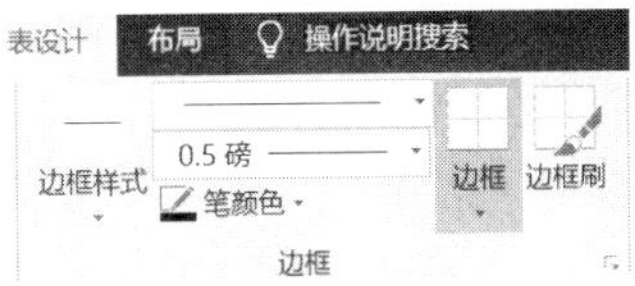

图 3-73 功能区设置边框样式

(2) 设置表格底纹

设置表格底纹就是为表格填充颜色,起到美化表格及强调内容的效果。

① 选择要设置的表格或表格中的部分单元格,打开"表格工具"的"设计"选项卡,单击"表格样式"组的"底纹"的下拉列表按钮,在弹出的下拉列表中选择一种底纹颜色进行填充。

② 选择"边框和底纹"对话框的"底纹"选项卡,在"填充"区域的下拉列表框中可设置底纹的填充颜色,在"图案"区域中的"样式"下拉列表中可设置底纹填充的其他样式。

③ 设置完填充样式后,还可在"颜色"下拉列表中设置填充样式的颜色,在"应用于"下拉列表中可设置底纹应用的范围。

3. 设置表格属性

在 Word 2016 中,用户还可以通过"表格属性"对话框对行、列、单元格、可选文字等进行更加精确的设置。打开"表格属性"对话框的方法有以下两种。

① 将光标定位在表格中,打开"表格工具"的"布局"选项卡,单击"单元格"组右下角的对话框启动器按钮,即可打开"表格属性"对话框。

② 将光标定位在表格中,右键单击,在弹出的快捷菜单中选择 表格属性(R)... 按钮,也可打开"表格属性"对话框。

打开"表格属性"对话框后,默认显示的是"表格"选项卡,在"对齐方式"区域可设置表格的对齐方式,包括左对齐、居中和右对齐,也可设置表格的"左缩进"以便更加精确地定位表格。在"文字环绕"区域可设置表格与文字的排列方式,包括"无(N)"和"环绕(A)"两种方式,如图3-74所示。

图 3-74 "表格"选项卡

① 选择“行”选项卡，可精确地设置行高。选中“指定高度”复选框，在其后的微调框中输入行高数值。单击“下一行”按钮，鼠标跳转到表格的下一行，进行相同的设置即可。

② 选择“列”选项卡，可精确地设置列宽。选中“指定宽度”复选框，在其后的微调框中输入列宽数值。单击“后一列”按钮，鼠标跳转到表格的下一列，进行相同的设置即可。

③ 选择“单元格”选项卡，在“字号”区域设置选中单元格的宽度，在“垂直对齐方式”区域设置单元格中文字的垂直对齐方式，包括靠上、居中和靠下三种对齐方式。

【例 3—6】打开“个人简历”文档，按下列要求完成表格：

① 指定行高度为“固定值”1.2 厘米。

② 设置“个人简历”“教育背景”“求职意向”和“工作经验”单元格高度为 1.5 厘米，“技能水平”单元格高度为 3 厘米。

③ 设置“个人简历”“教育背景”“求职意向”和“工作经验”单元格底纹为浅绿色。

④ 设置整个表格外边框样式：双线边框、1.5 磅宽；内边框样式：单线边框、0.5 磅宽。

⑤ 设置表格文本样式，字体为“黑体、四号”。“个人简历”“教育背景”“求职意向”“技能水平”和“工作经验”单元格，设置文本样式，字体为“微软雅黑、小二号字”。最终效果如图 3-75所示。

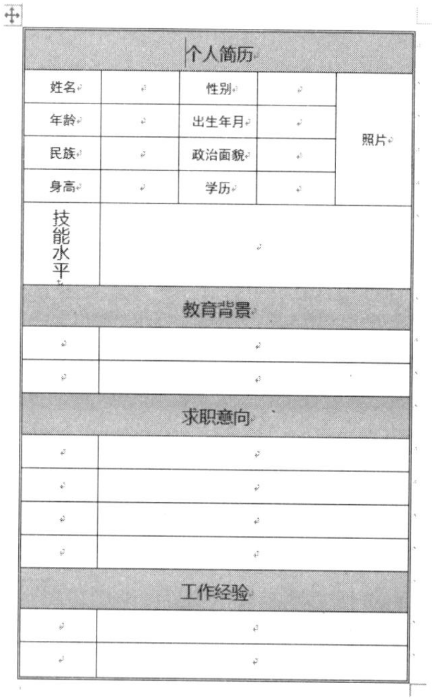

图 3-75　个人简历最终效果

4. 自动套用表格样式

Word 2016 内置了 100 多种表格样式，这些内置的表格样式提供了各种各样现成的边框和底纹设置，用户可以根据自己的需要选择表格样式。

打开“表格工具”的“设计”选项卡，在“表格样式”组中，单击“其他”按钮，在弹出的菜单中选择需要的表格样式，就可为表格套用样式，如图 3-76 所示。

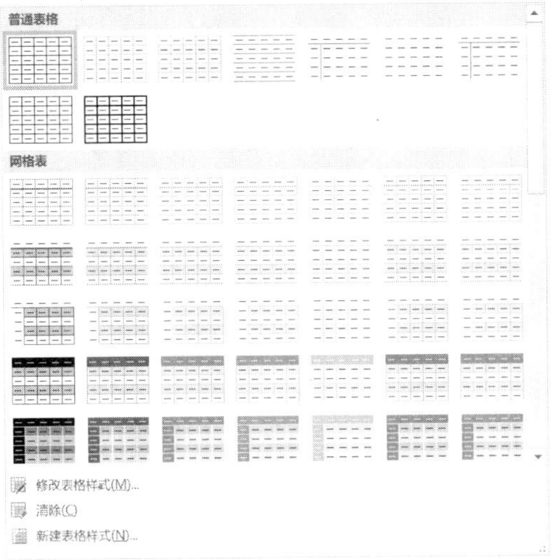

图 3-76　表格样式

在图 3-76 所示的菜单中，选择"新建表格样式(N)"命令，打开"根据格式化创建新样式"对话框，在该对话框中用户可以自定义表格样式。在"属性"区域可设置样式的名称、类型和样式基准，在"格式"区域可设置表格的字体、字号、加粗、倾斜、下划线和颜色等格式，也可设置表格的边框和底纹样式。

在"根据格式化创建新样式"对话框的最下面，若选择"仅限此文档"按钮，则所创建的样式只能用于当前的文档；若选择"基于该模板的新文档"按钮，则所创建的样式不仅可以应用于当前文档，还可应用于新建的文档。

若设置的表格样式不满意，也可取消设置好的表格样式，方法是单击"表格样式"组"其他"按钮，打开"表格样式"菜单，选择"普通表格"组的"网格型"，即可取消设置的表格样式。

5. 表格的跨页操作

若 Word 中制作的表格太大，则会多页显示，为了方便浏览和编辑表格，通常需要在每页的开始位置都显示与第一页相同的标题行，如图 3-77 所示。

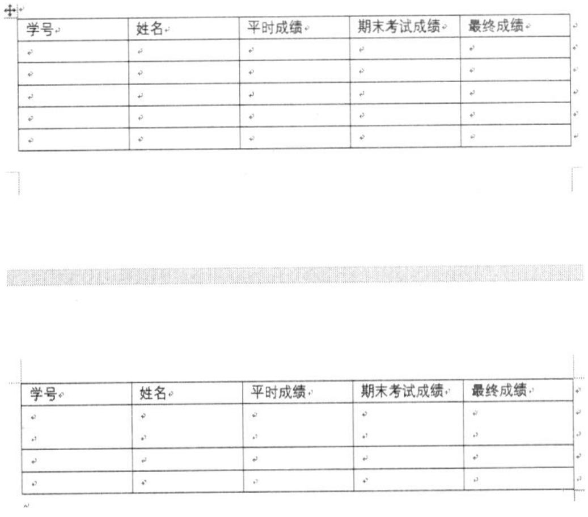

学号	姓名	平时成绩	期末考试成绩	最终成绩

学号	姓名	平时成绩	期末考试成绩	最终成绩

图 3-77　表格的跨页设置

设置方法如下：选中第一页的标题行，单击“表格工具”→“布局”选项卡“数据”组的按钮可实现此功能，如图 3-78 所示，或选中第一页的标题行，右键单击，在打开的菜单中选择“表格属性”选项，打开“表格属性”对话框，选择对话框中的“行”选项卡，将“选项”区的“在各页顶端以标题行形式重复出现”前的复选框选中，单击“确定”按钮，就可在每页的开始位置显示标题行。

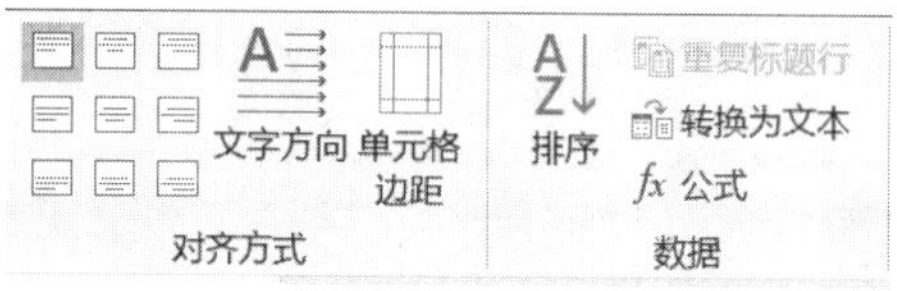

图 3-78 “布局”选项卡中“重复标题行”命令

3.4.5 表格的统计和排序

在表格中输入数据后，还可以对表格中的数据进行计算和排序。

1. 表格中数据的计算

通常情况下，可以通过输入带有加、减、乘、除等运算符的公式进行计算，也可使用内置的函数进行较为复杂的计算。

Word 中表格单元格中值的引用需用行号和列字母表示，例如，第一行第一列的单元格为 A1，第二行第二列单元格为 B2。

在 Word 表格中使用函数时，函数中默认的参数为英文字符 LEFT、RIGHT、ABOVE，可对单元格进行计算。如果对应的左侧、右侧、上面的单元格中有空白单元格时，函数将从最后一个不为空且是数字的单元格开始计算；如果要计算的单元格内存在非数字对象如文本时，函数在计算时会忽略这些单元格。

2. 表格中数据的排序

Word 2016 中可方便地对表格中的数字、文本和日期等数据按递增或递减的顺序排序。在对表格数据进行排序时，表格中不能有合并过的单元格。

将光标定位在表格的任意位置，打开“表格工具”下的“布局”选项卡，单击“数据”组的“排序”按钮，打开“排序”对话框。

在“排序”对话框中有三种关键字，在排序过程中，将优先按照“主要关键字”排序；当“主要关键字”无法区分先后顺序时，则按照“次要关键字”排序；当“次要关键字”也无法区分先后顺序时，则依据“第三关键字”进行排序。

在“排序”对话框的“列表”区域有两个按钮，当选择“无标题行”时，在关键字处显示的是“列 1、列 2、……”形式；若选择“有标题行”按钮，则显示的是表格中的列标题。

【例 3－7】在“课程安排分析表”中，计算每个专业一周课程的平均课程数和总课程数，并按照平均课程数降序排列，平均课程数相同的按照总课程数降序排列。

将光标定位在 I2 单元格中，打开“表格工具”下的“布局”选项卡，单击“数据”组中的“公式”按钮，打开“公式”对话框。注意：单元格的名称是由列号和行号组成，列号从左到右是 A、B、C、……，行号是从上到下为 1、2、3、……。例如，在图 3-79 中，灰色填充的单元格的地址就是 I2。

2018 级课程安排分析表

专业	星期一	星期二	星期三	星期四	星期五	星期六	星期日	平均课程数	总课程数
书法	8	4	6	6	6	0	0		
通信工程	6	6	6	2	4	0	2		
动画	4	2	8	6	4	2	0		
视觉传达	4	6	8	2	2	2	0		
环境设计	4	6	6	4	2	2	0		
国贸	2	6	8	2	4	2	0		

图 3-79 插入公式

① 在“公式”对话框的“公式”文本框中输入“＝AVERAGE(LEFT)”，单击“确定”按钮，即可计算出“通信工程”专业平均课程数，如图 3-80 所示左边部分。使用相同的方法，计算其他专业的平均课程数。

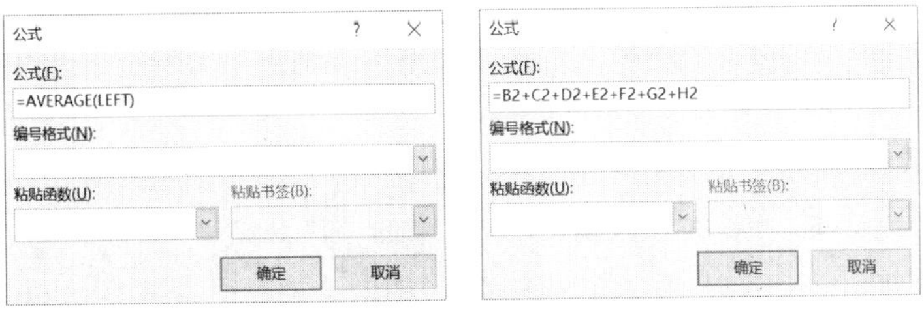

图 3-80 公式计算

② 将光标定位在 J2 单元格中，打开“公式”对话框，在其“公式”文本框中输入“＝B2＋C2＋D2＋E2＋F2＋G2＋H2”，单击“确定”按钮，即可计算出“通信工程”专业一周上课的课程数，如图 3-80 所示右边部分。使用相同的方法，计算其他专业的课程总数。

③ 将光标定位在表格的任意位置，打开“表格工具”下的“布局”选项卡，单击“数据”组中的“排序”按钮，打开“排序”对话框，如图 3-81 所示，在主要关键字下拉列表中选择“平均课程数”选项，在“类型”下拉列表中选择“数字”选项，选中“降序”按钮；在次要关键字下拉列表中选择“总课程数”选项，在“类型”下拉列表中选择“数字”选项，选中“降序”按钮。

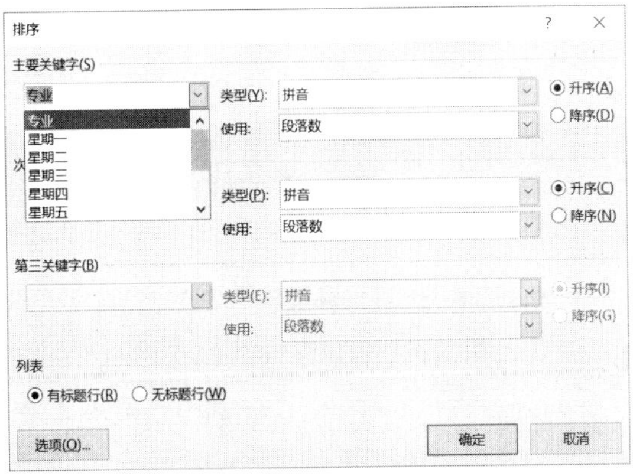

图 3-81 “排序”对话框

此时表格中的数据按平均课程和总课程数降序排列，最终效果如图 3-82 所示。

2018 级课程安排分析表

专业	星期一	星期二	星期三	星期四	星期五	星期六	星期日	平均课程数	总课程数
书法	8	4	6	6	6	0	0	4.29	30
通信工程	6	6	6	2	4	0	2	3.71	26
动画	4	2	8	6	4	2	0	3.71	26
视觉传达	4	6	8	2	2	2	0	3.43	24
环境设计	4	6	6	4	2	2	0	3.43	24
国贸	2	6	8	2	4	2	0	3.43	24

图 3-82 课程排序结果

3.4.6 表格和文字的转换

在 Word 2016 中，可将已有的文本转换成表格，也可将表格转换成普通文本。若要将文本转换成表格，需先将要转换的文本格式化，即把文本中的每一行用段落标记隔开，每一列用分隔符分开，如空格、逗号、制表符等，否则 Word 将不能正确识别表格的行和列分隔符，从而导致不能正确转换。

1. 将表格转换成文本

将表格转换成文本，可以去除表格，仅按原来的顺序保留表格的文本内容，方便用户对文本进行保存操作。

选择要转换成文本的表格，打开“表格工具”的“布局”选项卡，在“数据”组中单击“转换成文本”按钮，打开“表格转换成文本”对话框，如图 3-83 所示。在该对话框的“文字分隔符”区域可设置将原表格中的文本内容转换成普通文本后的分隔符类型，设置完成后，单击“确定”按钮，即可将表格转换成文本。

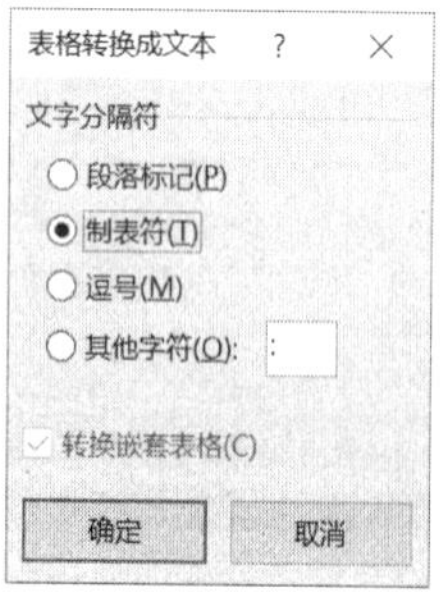

2018 级课程安排分析表

专业 → 星期一 → 星期二 → 星期三 → 星期四 → 星期五 → 星期六 → 星期日 → 平均课程数 → 总课程数
书法 → 8 → 4 → 6 → 6 → 6 → 0 → 0 → 4.29 → 30
通信工程 → 6 → 6 → 6 → 2 → 4 → 0 → 2 → 3.71 → 26
动画 → 4 → 2 → 8 → 6 → 4 → 2 → 0 → 3.71 → 26
视觉传达 → 4 → 6 → 8 → 2 → 2 → 2 → 0 → 3.43 → 24
环境设计 → 4 → 6 → 6 → 4 → 2 → 2 → 0 → 3.43 → 24
国贸 → 2 → 6 → 8 → 2 → 4 → 2 → 0 → 3.43 → 24

图 3-83 将表格转换成文本

2. 将文字转换成表格

选择要转换的文本，打开“插入”选项卡，在“表格”组中单击“表格”下拉按钮，在弹出的菜单中选择“文本转换成表格”命令，打开“将文字转换成表格”对话框，如图 3-84 所示。

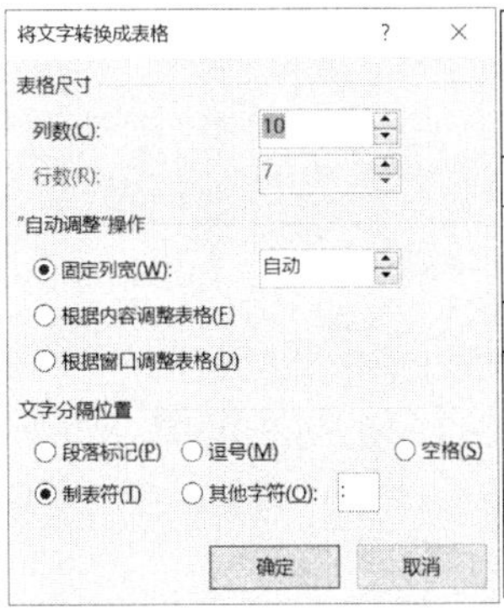

2018 级课程安排分析表

专业	星期一	星期二	星期三	星期四	星期五	星期六	星期日	平均课程数	总课程数
书法	8	4	6	6	6	0	0	4.29	30
通信工程	6	6	6	2	4	0	2	3.71	26
动画	4	2	8	6	4	2	0	3.71	26
视觉传达	4	6	8	2	2	2	0	3.43	24
环境设计	4	6	6	4	2	2	0	3.43	24
国贸	2	6	8	2	4	2	0	3.43	24

图 3-84 将文字转换成表格

在"将文字转换成表格"对话框中,"表格尺寸"区域的"行数"和"列数"文本框中的值是根据段落标记和文字之间的分隔符来确定的,用户也可自己修改。

3.4.7 插入图表

插入图表功能,可以清楚表达数据的变化关系,分析数据规律使文本更加生动、形象,如图 3-85 所示是课程安排分析折线图。

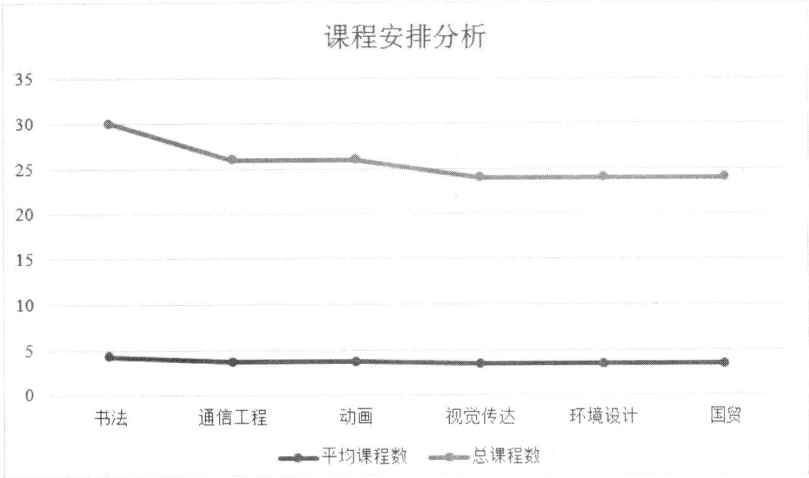

图 3-85 插入图表

具体操作步骤:

① 打开"课程安排分析表",将光标定位在需要插入图表的位置,打开"插入"选项卡,在"插图"组中单击按钮,打开"插入图表"对话框,如图 3-86 所示。

② 在该对话框中选择一种图表类型,这里选择"折线图"下的"带数据标记的折线图",单击"确定"按钮,将会在文档中插入图表,同时会打开"Microsoft Word 中的图表"工作表,用于编辑图表中的数据。在该工作表中默认有三个系列的数据,可左键拖动工作表右下角蓝色图标,改变系列个数。

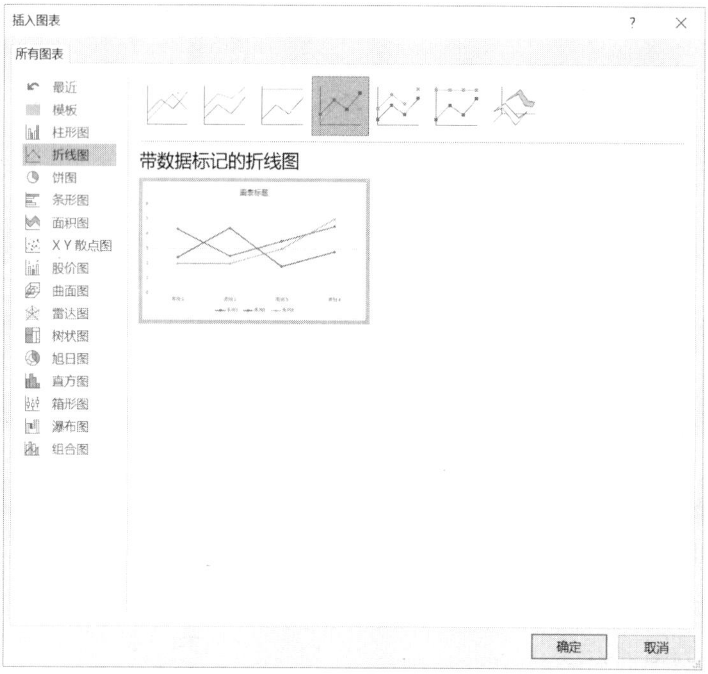

图 3-86 “插入图表”对话框

③ 将“课程安排分析表”文档中表格的“平均课程数”“总课程数”两列数据输入到“Microsoft Word 中的图表”工作表中，然后关闭工作表，即可完成创建图表的操作。

选中图表，功能区将会出现“图表工具”组，在其下有“设计”和“格式”选项卡，可对图表各区域的格式进行设置。

§ 3.5 图文混排

在 Word 2016 中，用户可以插入图片、艺术字、自选图形以及组织结构图等展示文本或数据内容，达到图文混排的效果。这样不仅可使文档看起来生动、形象、充满活力，还可以增加文档的可读性和丰富性。本节将介绍如何在 Word 2016 中使用图文混排功能，制作图文并茂的文档。

3.5.1 插入图片

Word 2016 中，用户不仅可以插入联机图片，还可从其他位置导入图片，甚至使用 Word 提供的“屏幕截图”功能直接从屏幕中截取图片。

1. 插入联机图片

用户可以从联机来源中查找和插入图片，Office 提供的联机图片不仅内容丰富，而且设计精美、构思巧妙，可表达不同的主题，适合制作各种文档。

打开文档，将光标定位在需要插入图片的位置，单击“插入”选项卡下“插图”中的“联机图片”按钮，打开“插入图片”对话框，如图 3-87 所示。

图 3-87　“联机图片”按钮

“必应图像搜索”中输入要搜索图片的关键字，比如“人物”，然后单击“搜索”按钮，显示搜索结果，如图 3-88 所示。用户可根据结果选择需要的图片，单击“插入”按钮，即可将选中图片插入文档中。

图 3-88　“联机图片”插入

2. 插入截屏图片

如需要使用图片中的一部分或者某一个窗口，可使用 Word 提供的“屏幕截图”功能实现。打开需要截图的图片或窗口，单击文档的“插入”选项卡下“插图”中的“屏幕截图”按钮，在弹出的菜单中选择一个需要截图的窗口，即可将该窗口截取，并插入到光标所在位置处，如图 3-89 所示。同时，也可单击“屏幕剪辑”按钮 屏幕剪辑(C)，截取窗口或图片的一部分内容，并将截取的图片插入到文档中。

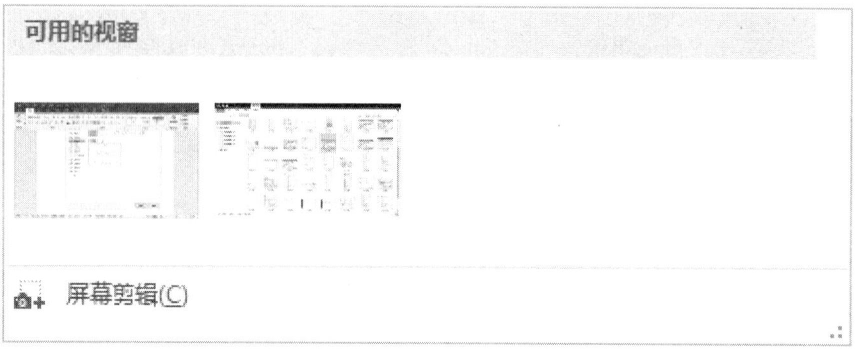

图 3-89　插入屏幕窗口

3. 插入本地图片

在 Word 2016 中还可插入本地磁盘中的图片，支持更多的图片格式，如“.BMP”“.JPG”“.png”等。

打开“插入”选项卡，单击“插图”中的“图片”按钮，打开“插入图片”对话框，如图 3-90 所示。选择需要插入的图片，单击“插入”按钮，即可将该图片插入到文档中。或在“插入图片”对话框中双击该图片，也可将图片插入到文档中。

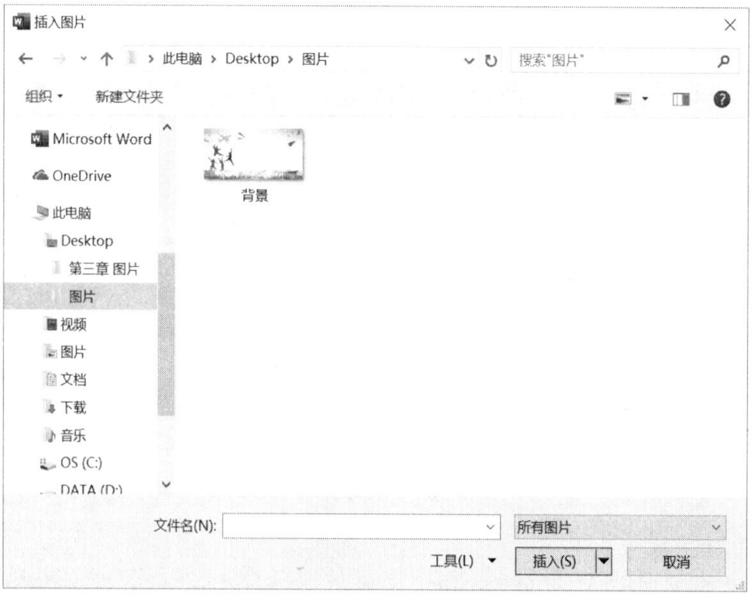

图 3-90　插入本地图片

4. 设置图片格式

对插入的图片进行更正、调整、添加艺术效果等格式设置，可使图片更加贴切地融入文档中。

选中要设置格式的图片，在功能区出现“图片工具”的“格式”选项卡，如图 3-91 所示。使用相应的功能工具，可设置图片的颜色、样式、大小等。

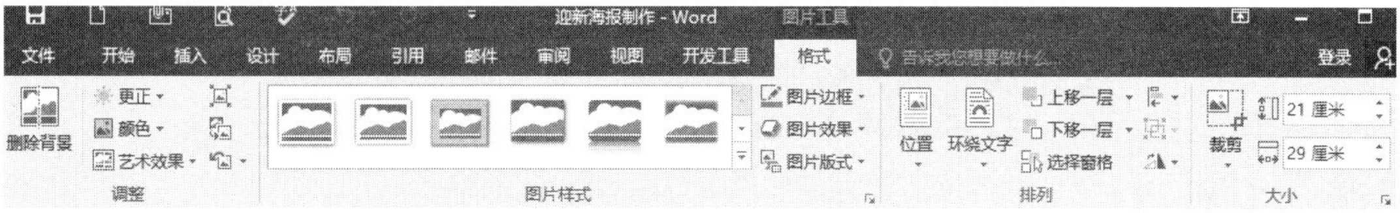

图 3-91 “图片工具”的“格式”选项卡

3.5.2 插入艺术字

插入艺术字可以美化文档，提高文档的可读性和观赏性。

1. 添加艺术字

将光标定位在需要插入艺术字的位置，单击“插入”选项卡下“文本”组“艺术字”按钮，打开艺术字列表框，如图 3-92 所示，左键单击选择一种艺术字样式，即可在文档中插入该艺术字样式。

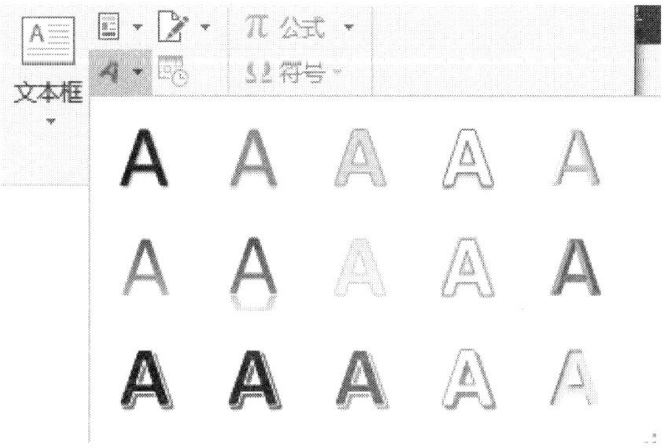

图 3-92 打开艺术字列表框

Word 文档插入艺术字的方法有两种，一种是先输入文本，再将输入的文本应用艺术字样式；另一种是先选择艺术字样式插入到文档中，然后在艺术字文本框中输入需要的文字。

2. 设置艺术字格式

插入艺术字后，用户还可以根据需要设置艺术字的格式，如设置艺术字的样式、填充效果、大小、位置和颜色等属性。选中艺术字，在功能区会出现“绘图工具”的“格式”选项卡，单击该选项卡下各功能组的工具按钮，即可设置艺术字的格式，如图 3-93 所示。

图 3-93 艺术字“格式”选项卡

【例 3－8】在“迎新晚会海报”中，插入艺术字并设置艺术字的格式，如图 3-94 所示。

① 设置艺术字字体为“华文行楷”，字体大小为 60，并将其拖放到合适的位置。

② 在“艺术字样式”组中单击“文本填充”按钮为渐变填充。

③ 在“渐变光圈”处，选中不需要的停止点，单击删除按钮，即可删除。调整渐变光圈

的颜色，从左至右分别是标准紫色、红色和蓝色，渐变类型为“线性”，如图 3-95 所示。

图 3-94　艺术字效果

图 3-95　设置艺术字渐变效果

④ 设置文本效果中选择“发光”，设置艺术字为“发光：橙色，8pt，个性色 2”的发光效果；选择“转换”，设置艺术字为“腰鼓”的转换效果。

3.5.3　插入文本框

文本框作为存放文本或图形的容器，也是一种图形对象，可置于文档中的任何位置，并可随意调整大小。

1. 插入内置文本框

Word 2016 提供了多种内置文本框，如图 3-96 所示，通过这些内置的文本框，用户可以快速制作出符合一定格式要求的文档。

图 3-96 插入内置文本框

2. 绘制文本框

Word 2016 中除了可以插入内置文本框，还可根据需要手动绘制文本框，绘制的文本框主要用来插入图片和文本等。

单击“插入”选项卡下“文本”组的“文本框”下拉按钮，从弹出的下拉列表中单击“绘制文本框”或“绘制竖排文本框”命令，此时鼠标指针变为“＋”字形状，在需要绘制文本框的位置按住左键不放并拖动鼠标到适当位置，释放鼠标后即可绘制出一个文本框。

3. 设置文本框格式

绘制好文本框后，可根据需要设置文本框的形状样式、排列方式和大小等属性，如图 3-97所示。

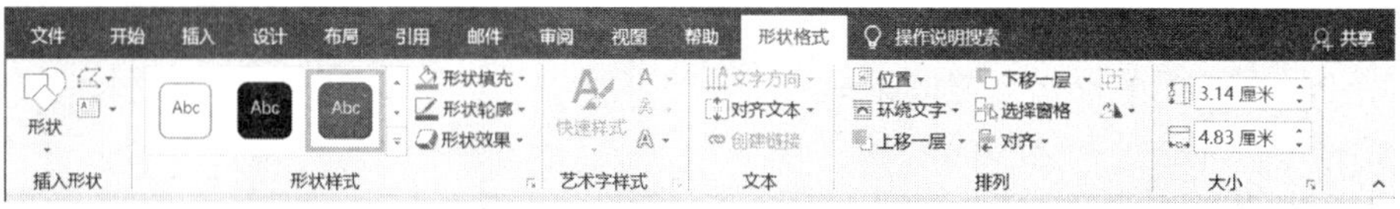

图 3-97　文本框“格式”选项卡

【例 3－9】在“迎新晚会海报”中，绘制文本框并设置文本框的格式，效果如图 3-98 所示。

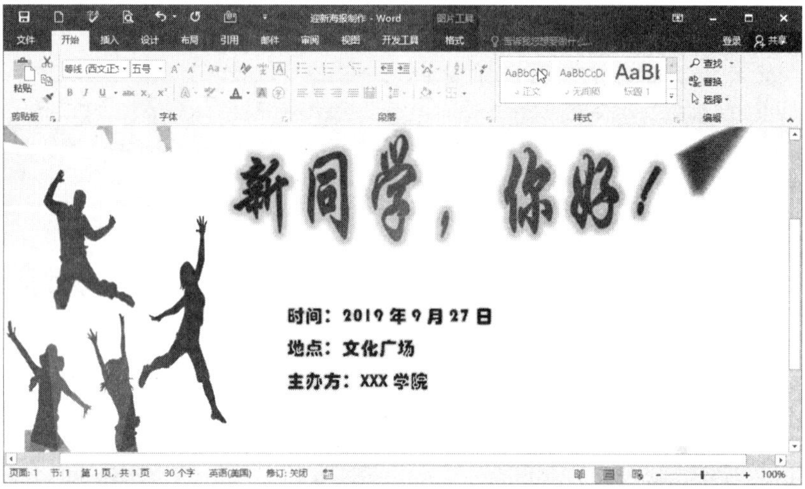

图 3-98　设置文本框格式

① 在文本框中输入文本，设置字体为“华文琥珀”，字号为“小二”，字体颜色为“黑色”，字形“加粗”。

② 设置“形状轮廓”为“无轮廓”，“形状添充”为“无添充”。

③ 选择“文字效果”选项卡下的“阴影”命令，“预设”设置为“居中偏移”的阴影效果，颜色为黑色，透明度为 50%，大小 100%，模糊为 5 磅，如图 3-99 所示。

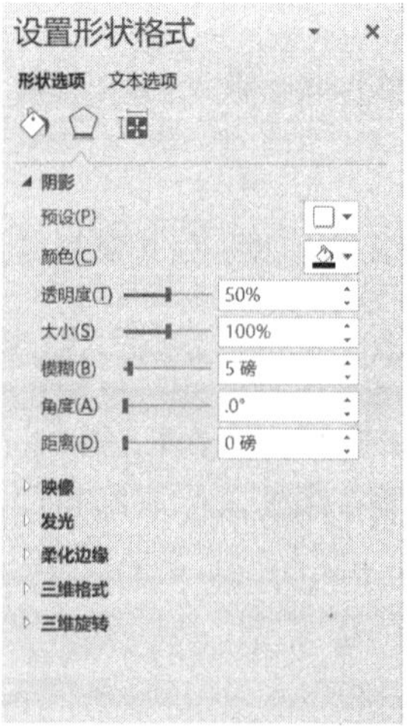

图 3-99　“设置形状格式”窗口

3.5.4　插入自选图形

可以在文档中插入线条、矩形、流程图、标注等形状，增加文档的可读性。

1. 绘制自选图形

单击“插入”选项卡“插图”组中“形状”按钮，从弹出的菜单中选择需要插入的图形按钮，在文档中按住鼠标左键不放进行拖拽即可绘制对应图形，如图 3-100 所示。

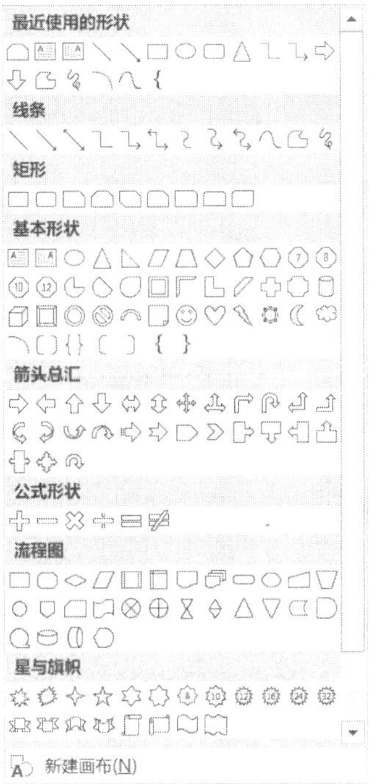

图 3-100　插入自选图形

2. 设置自选图形格式

绘制完形状后，功能区会出现“绘图工具”的“格式”选项卡，单击该选项卡下相应的命令按钮可设置样式、大小和位置等格式，图 3-101 所示。

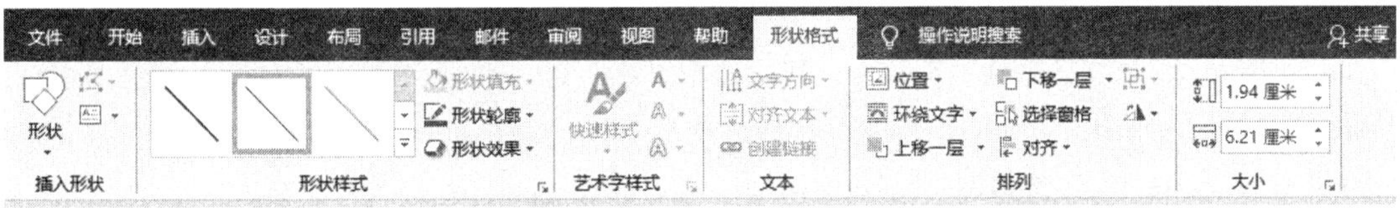

图 3-101　“形状格式”选项卡

【例 3－10】在“迎新晚会海报”文档中，绘制形状，并在对应形状中添加文本。

① 单击“插入”选项卡“插图”组中“形状”按钮，从弹出的菜单中选择“线条”区的“直线”按钮，在文档适当的位置拖动画直线，如图 3-102 所示。

图 3-102　绘制直线

② 设置“图片工具”中“格式”选项卡“大小”组的“形状高度”为0厘米，“形状宽度”为15厘米。单击“形状样式”组的“其他”下拉按钮，在下拉列表中选择“虚线－强调颜色2”线型，如图3-103所示。

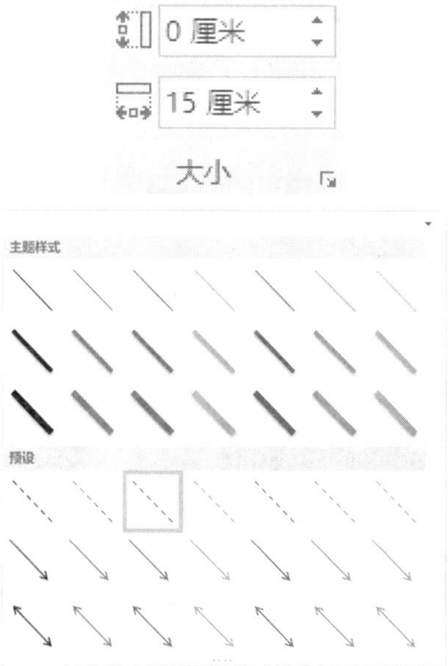

图 3-103　设置直线大小和样式

③ 单击“格式”选项卡下“形状样式”组“形状轮廓”按钮，选择“粗细”下拉列表中的“1.5磅”命令，设置虚线的宽度，如图3-104所示。设置完成后，选中虚线，按住“Ctrl”键的同时，拖动直线到合适的位置，复制该直线。

图 3-104　设置直线轮廓和对齐方式

④ 按住“Ctrl”键，鼠标单击选择绘制完成的两条直线，单击“排列”组的“对齐”按钮，在弹出的下拉列表中选择“左对齐”，将这两条直线靠左对齐。最终效果如图 3-105 所示。

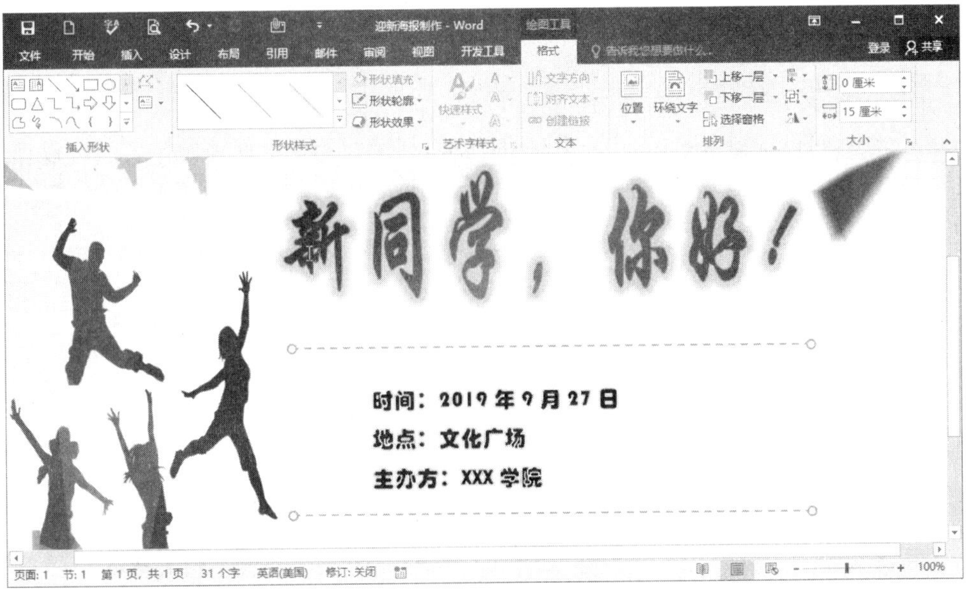

图 3-105　直线设置最终效果

⑤ 单击“插入”选项卡“插图”组中“形状”按钮，从弹出的菜单中选择“矩形”区的“圆角矩形”按钮，在文档适当的位置拖动画圆角矩形。右键单击该图形，在弹出的快捷菜单中选择“添加文字”命令，在形状中输入文字“晚会流程”。设置字体为“华文行楷”、字号为“小二”、字形为“加粗”。

⑥ 单击“格式”选项卡“形状样式”组的“其他”按钮，在下拉列表中选择“强烈效果—橙色，强调颜色 2”，设置圆角矩形的形状样式。

⑦ 单击“形状样式”组中“形状效果”下拉菜单“阴影”下拉列表中的“内部：内部居中”的

阴影效果，“棱台”下拉列表中的“角度”效果，“三维旋转”下拉列表中“透视”组的“左透视”效果，圆角矩形设置的最终效果如图 3-106 所示。

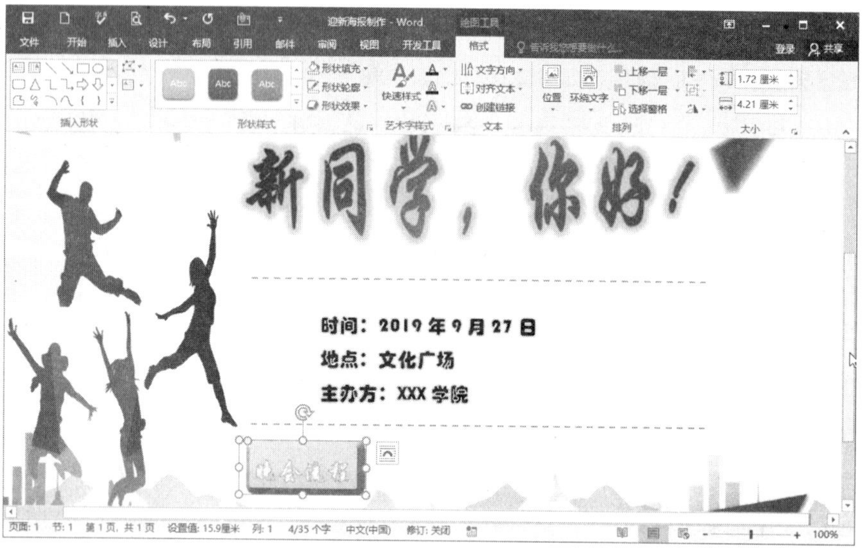

图 3-106　绘制图形最终效果

3.5.5　插入 SmartArt 图形

Word 2016 提供了插入 SmartArt 图形的功能，使用户能够方便地制作出具有设计师水准的插图，以更加形象直观的方式展示文本信息。

1. 插入 SmartArt 图形

单击“插入”选项卡下“插图”组的“SmartArt”按钮，打开“选择 SmartArt 图形”对话框，根据需要选择合适的插图类型，单击“确定”按钮即可插入该图形，如图 3-107 所示。

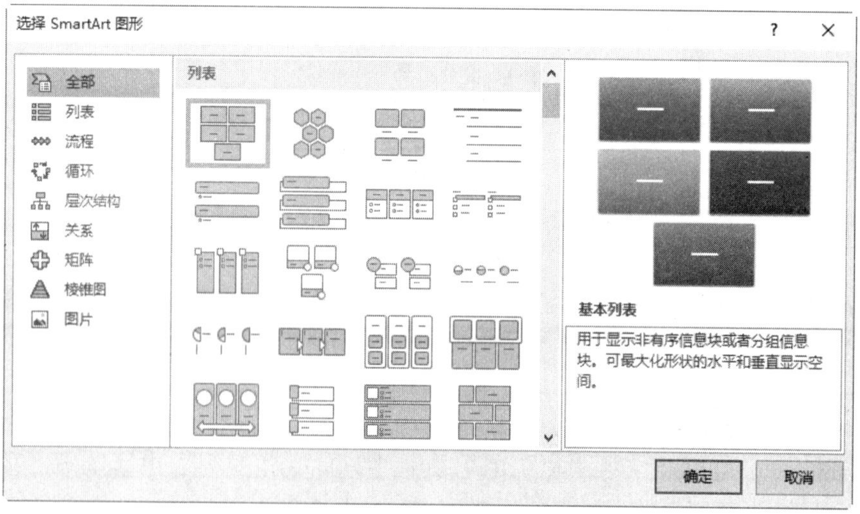

图 3-107　“选择 SmartArt 图形”对话框

2. 设置 SmartArt 格式

插入 SmartArt 图形后，在功能区多出“SmartArt 工具”的“设计”和“格式”选项卡，若对预设的效果不满意，可在这两个选项卡中对其进行格式设置，如图 3-108 所示。

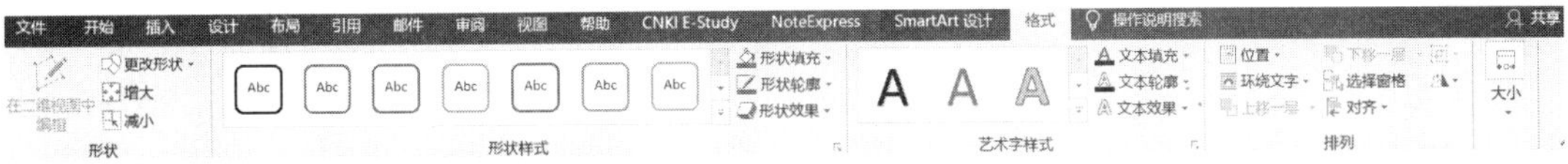

图 3-108　SmartArt 图形“设计”选项卡

【例 3－11】打开“迎新晚会海报”文档，插入 SmartArt 图形。

① 单击“插入”选项卡“插图”组的“SmartArt”按钮，打开“选择 SmartArt 图形”对话框，打开“流程”选项卡，在右侧的列表框中选择“闭合 V 形流程”图，单击“确定”按钮，即可将该流程图插入到文档中，如图 3-109 所示。

图 3-109　插入 SmartArt 图形

② 选中插入的 SmartArt 图形，单击“SmartArt 工具”组的“格式”选项卡下“排列”组的“环绕文字”按钮，在弹出的快捷菜单中选择“浮于文字上方”命令。拖动鼠标调节图形的大小和位置，然后在“文本”占位符中输入要展示的文本内容，如图 3-110 所示。

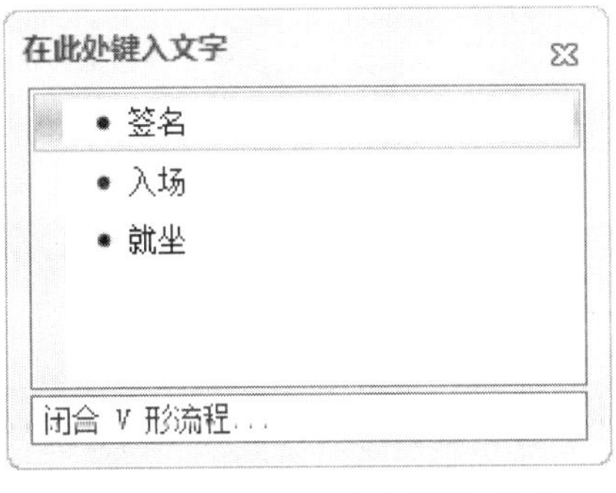

图 3-110　SmartArt 图形添加文字

若图形对象不够，可单击 SmartArt 图形左侧方向按钮 ，打开“在此处输入文字”编辑框，放在最后一项的后边，按“Enter”键切换到下一行继续输入即可。输入完成后单击“在此处输入文字”编辑框的关闭按钮，即可关闭该编辑框，如图 3-111 所示。

图 3-111　插入文字效果

打开“SmartArt 工具”组的“设计”选项卡，单击“SmartArt 样式”组的“更改颜色”按钮，从弹出的下拉列表中选择“彩色，个性色 2 至 3”，设置图形的颜色，如图 3-112 所示。

图 3-112　更改 SmartArt 图形颜色

单击“SmartArt 工具”中“设计”选项卡下的“SmartArt 样式”组的“其他”按钮，从弹出的“三维”列表中选择“金属场景”，设置图形的三维格式，如图 3-113 所示。打开“SmartArt 工具”的“格式”选项卡，在“艺术字样式”组中单击“其他”选项，从弹出的下拉列表中选择“填充一白色，轮廓一着色 1，发光一着色 1"，设置图形的艺术字样式。

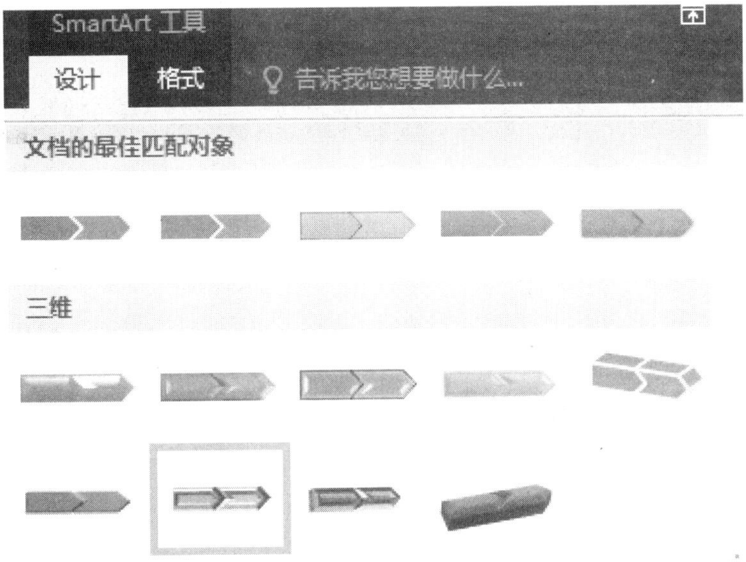

图 3-113　设置 SmartArt 图形样式

单击"开始"选项卡"段落"组的"居中"按钮，设置 SmartArt 图形中的文字居中对齐，最终效果如图 3-114 所示。

图 3-114　SmartArt 图形设置最终效果

3.5.6　插入公式

Word 2016 提供了公式编辑方法，将光标定位在需要插入公式的位置，单击功能区的"插入"选项卡下"符号"组的公式按钮 π 公式 ▾，弹出"内置"公式下拉列表。下拉列表中列出了一些常用公式，单击对应的公式即可将其插入到 Word 文档中，如图 3-115 所示。

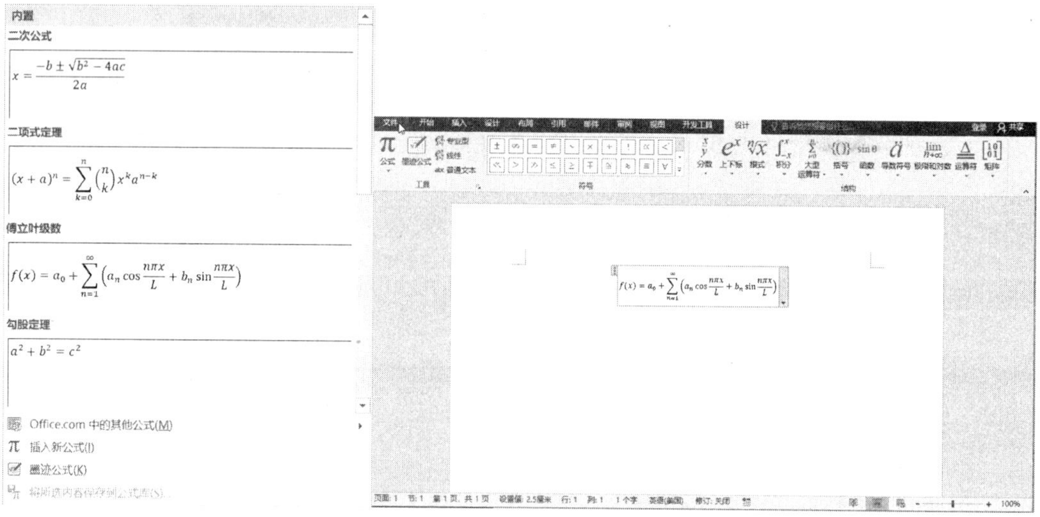

图 3-115　插入内置公式

同时，也可单击下拉列表的“插入新公式”按钮 π 插入新公式(I)，此时在文档中会出现公式编辑框，用户可在“设计”选项卡下选择相应的公式符号进行公式编辑。公式编辑完成后，单击公式区外的任意处，即可插入公式。插入公式后，若需修改，只需单击该公式即可再次回到公式编辑状态继续编辑。

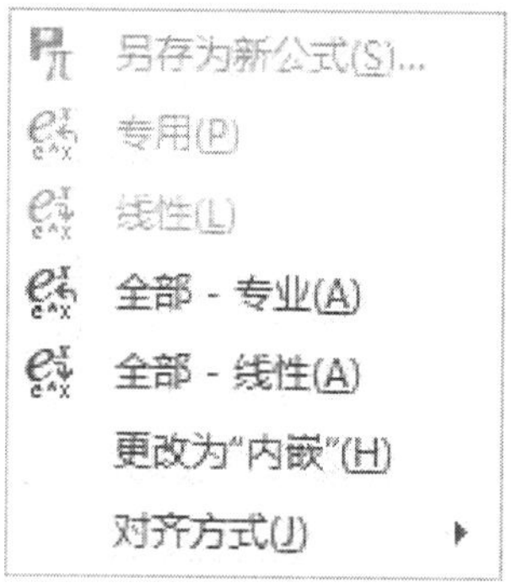

图 3-116　菜单

插入公式后，单击公式控件右侧的“公式选项”下拉按钮，如图 3-116 所示，其中“全部－专业(A)”和“全部－线性(A)”分别为公式的两种形式，即行间公式和独立公式，这两种公式在显示上有一定差别，独立公式为居中显示，行间公式为嵌入在文本行内，较之独立公式其大小要小些。默认情况下，公式以独立公式显示，若需更改公式的显示方式，选中该公式，单击该公式右侧下拉列表中的“更改为内嵌”命令即可修改。

【例 3－12】新建一个 Word 文档，输入如下所示公式。

$$T=\frac{F}{2}\left[\frac{p}{\pi}+\frac{\mu_t d_2}{\cos\beta}+D_e\mu_n\right]$$

§3.6　页面设置与打印

3.6.1　页面设置

Word 文档页面设置包括文字、页边距、纸张方向、纸张大小等设置，使打印出来的文档更美观并符合用户的需求。接下来介绍 Word 2016 页面设置的几种方法。

1. 使用功能区

单击功能区“布局”选项卡的页面设置组可以对文档的页面进行详细设置，各命令按钮功能如下：

（1）纸张大小按钮

用于设置页面大小，单击该按钮弹出下拉菜单，用户可以选择纸张大小，默认为 A4；若在下拉菜单中没有符合条件的选项，则选择“其他纸张大小”命令，弹出“页面设置”对话框，如图 3-117 所示，在“纸张”选项卡的“纸张大小”区中可以选择纸张大小，也可以选择自定义大小，然后在“宽度”和“高度”微调框中设置纸张的宽与高。

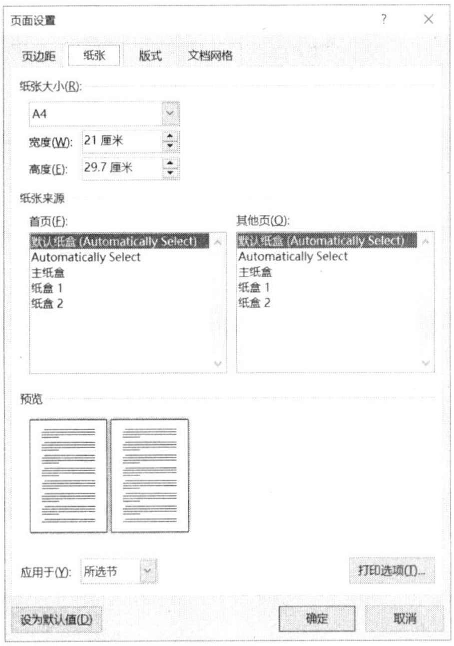

图 3-117　“纸张”选项卡

默认情况下，设置文档纸张大小将用于整篇文档，如果一个文档中，一部分页要求用 A4 纸，另一部分页要求用 A3 纸，也就是同一文档要求设置不同的纸张大小，应该如何设置呢？在图 3-117 的对话框中有个“应用于(Y)”选项，可分为整篇文档、插入点之后、所选文字和所选节，用它就可以实现将同一文档设置为不同的纸张大小。下面将详细介绍这几种情况。

① 同一文档设置不同的纸张样式。

假如页面大小第一页设置为 A4，从第二页起要求设置为 A3。可把光标定位到第一页最后，选择“布局”选项卡，单击“纸张大小”按钮，选择“其他纸张大小”；打开“页面设置”对话框，选择“纸张”选项卡；单击“纸张大小”下拉列表框，选择 A3；单击“应用于(Y)”右边的下拉列表框，选择“插入点之后”，单击“确定”，则从第二页起变为 A3 纸张大小。

② 把一页设置为一种纸张样式。

选中要单独设置为一种纸张样式的一页，同样方法打开“页面设置”对话框“纸张”选项卡，“纸张大小”选择一种样式，“应用于(Y)”选择“所选文字”。

③ 把某节设置为一种独立的纸张样式。

假如文档从第二章起是第二节，现在要求把第二节设置为一种独立的纸张样式。把光标定位到第二节，按照上面的方法打开“页面设置”对话框“纸张”选项卡，选择应用于第二节的纸张样式，“应用于(Y)”选择“本节”即可。

(2) 页边距按钮

用于设置文字到页面边框的距离，单击该按钮弹出下拉菜单供用户选择页边距，也可选择“自定义页边距(A)”命令，弹出页面设置对话框，如图 3-118 所示，选择“页边距”选项卡可设置上、下、左、右四个页边距，以及装订线距离与装订线位置，设置完毕后单击“确定”按钮即可。

图 3-118 “页边距”选项卡

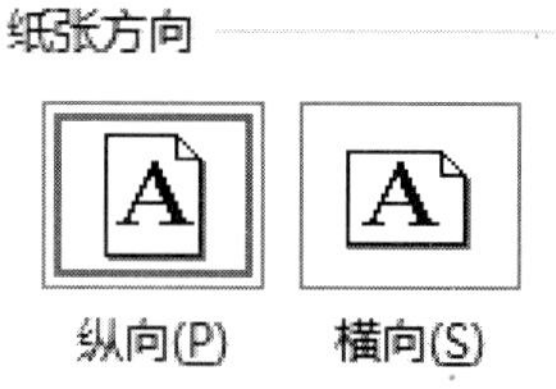

图 3-119 纸张方向选项

(3) 纸张方向按钮

设置纸张铺开的方式，有横向和纵向，横向和纵向的宽和高一般相反，横向的话一行容纳的文字多一些，单击该按钮弹出纸张方向下拉菜单，如图 3-119 所示，默认为纵向。

(4) 分隔符按钮

分隔符一般应用在较复杂的文档编辑。单击该按钮弹出其下拉菜单，如图 3-120 所示，用户可以选择分页符和分节符。

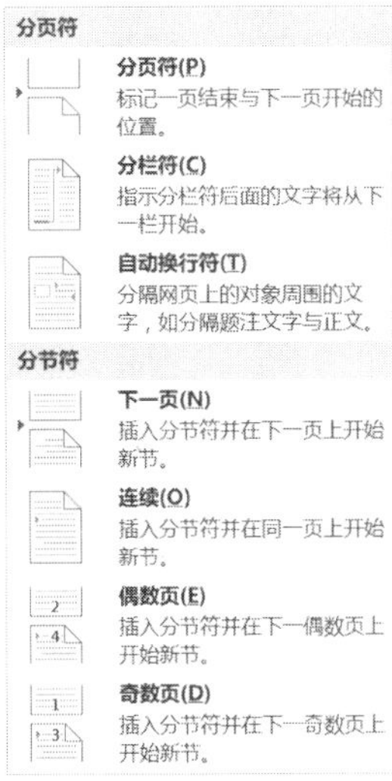

图 3-120 “分隔符”选项

(5) 行号按钮

用于在文档的每一行旁边的边距处添加行号。单击该按钮弹出行号下拉菜单，如图 3-121所示，用户可以选择“行号选项”；若菜单中无符合条件的选项，可以选择“行编号选项(L)”指令，弹出“页面设置”对话框，如图 3-122 所示，单击“行号(N)”按钮，弹出“行号”对话框，用户可以对行号进行详细设置。在该对话框中，选中添加行号，在“起始编号”微调框中设置起始编号，在“距正文”微调框中设置与正文的距离，在“行号间隔”微调框中设置行号间隔，在“编号”区选择每页重新编号、每节重新编号或者连续编号。设置完毕点击“确定”按钮即可。

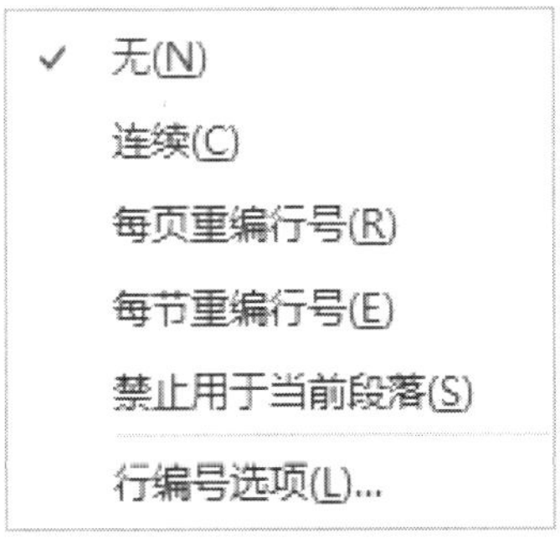

图 3-121 行号选项

图 3-122 “版式”选项卡

(6) 断字按钮 断字

用于在单词音节间添加断字符，以提高单词间隔的一致性。单击该按钮弹出断字下拉菜单，用户可以选择无、自动或手动，也可以选择断字选项，弹出“断字”对话框，如图 3-123 所示，在该对话框中进行断字区以及连续断字次数等设置。

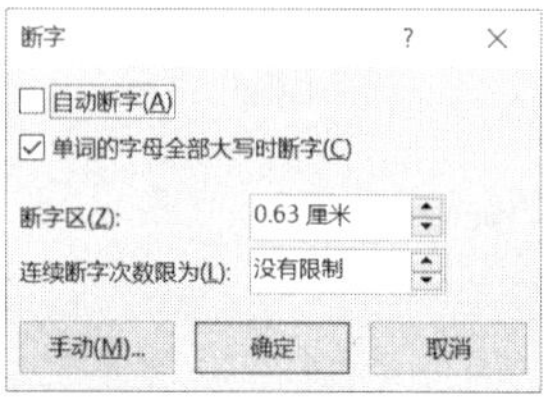

图 3-123 “断字”对话框

2. 使用页面设置对话框

Word 2016 除了可以使用功能区设置页面外，还提供了页面设置对话框，选择功能区“布局”选项卡“页面设置”组右侧的对话框启动按钮打开页面设置对话框。

3.6.2 分隔符

在对本科毕业论文编辑排版时，通常论文格式要求目录用“Ⅰ、Ⅱ、Ⅲ、…”作为页码，正文要用“1、2、3、…”作为页码。此时，可以将目录存为一个单独的文件，再设置不同的页码格式，最后分开打印并装订成册。但是，如果论文的前面还有不需设置页码的扉页、前言等，再把它们都分为不同的文件，管理起来就不太方便，特别是在批量打印时就非常被动。合理正确地使用 Word 中的分隔符，可以帮大家轻松解决这个问题。

1. 分页符

当文本或图形等内容填满一页时，Word 会插入一个自动“分页符”并开始新的一页。如果要在某个特定位置强制分页，可插入手动“分页符”。首先，将插入点定位在需要分页的位置，然后下面的任何一种方法都可以插入“手动分页符”。

① 按“Ctrl+Enter”组合键。

② 单击功能区“布局”选项卡“页面设置”组的“分隔符”按钮 分隔符，在弹出的下拉菜单中选择“分页符”组中的“分页符(P)”即可。默认的情况下，分页符是不显示的，单击“开始”选项卡“段落”组别中的“显示/隐藏编辑标记”按钮即可显示所插分页符。

当不需要分页符时，在分页符处单击鼠标左键，光标就定位到了分页符的前面，按一下“Delete”键，分页符就被删除了

2. 分节符

在 Word 中以节为单位，使用分节符可以将文档分成需要的几个部分，从而方便用户对每一节进行页面格式化，比如，可以对文档的不同部分设置不同的页眉、页脚、页号等页面格式。插入分节符具体操作步骤如下：

① 将插入点定位在需要分节的位置。

② 选择功能区“布局”选项卡“页面设置”组的分隔符按钮 分隔符，在弹出的下拉菜单

中选择适合的分节符即可，如图 3-124 所示。

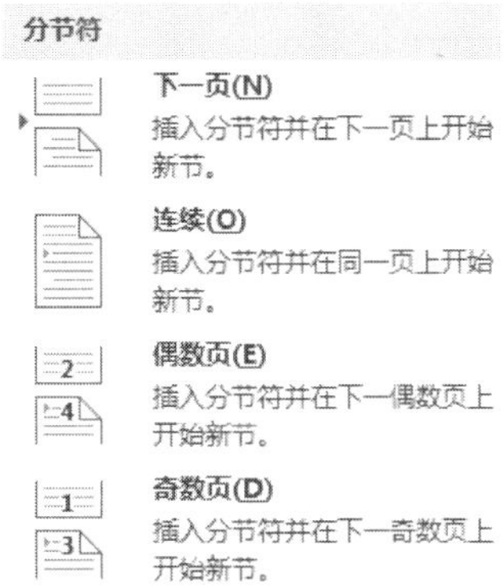

图 3-124 分节符选项

3.6.3 样式和模板

1. 样式简介

样式可以说是字体格式和段落格式的集合体，是应用于文档中的文本、表格和列表的一套格式特征，它规定了文档中标题、题注以及正文等各个文本元素的格式。

一般来说，可以创建或应用以下类型的样式。

① 段落样式：控制段落外观的所有方面，如文本对齐、制表符、行间距和边框等，也可能包括字符格式。

② 字符样式：控制段落内选定文字的外观，如文本的字体、字号等格式。

③ 表格样式：为表格的边框、阴影、对齐方式和字体提供一致的外观。

④ 列表样式：为列表应用相似的对齐方式、编号、项目符号或字体。

每个文档都是基于一个特定的模板，每个模板中都会自带一些样式，又称为内置样式。如果需要应用的格式组合和某内置样式的定义相符，就可以直接应用该样式而不用新建文档的样式。如果内置样式中有部分样式定义和需要应用的样式不相符，还可以自定义该样式。

2. 应用样式

Word 2016 自带的样式库中，内置了多种样式，可以为文档中的文本设置标题、字体和背景等样式。使用这些样式可以快速地美化文档。在 Word 2016 中，选择要应用某种内置样式的文本，打开“开始”选项卡，在“样式”组中进行相关设置，如图 3-125 所示。在“样式”组中单击对话框启动器，打开“样式”任务窗口，在“样式”列表框中选择样式，如图 3-126 所示。

图 3-125 样式功能组

图 3-126 “样式”任务窗口

> 如果多处文本使用相同的样式，可按“Ctrl”键同时选取多处文本，在样式任务窗格中选择，统一应用该样式。

【例 3－13】打开“Word 2016 新功能”文档，为一级标题、二级标题分别采用标题 1 和标题 2 样式，并为标题 1 设置居中效果。

打开“Word 2016 新功能”素材，选中论文中的一级标题，在“开始”选项卡的“样式”组中，单击标题 1。单击“开始”选项卡下“段落”组别中居中按钮 ≡ 设置居中。

选中论文中的二级标题，在“开始”选项卡的“样式”组中，单击标题 2。最终效果如图 3-127所示。

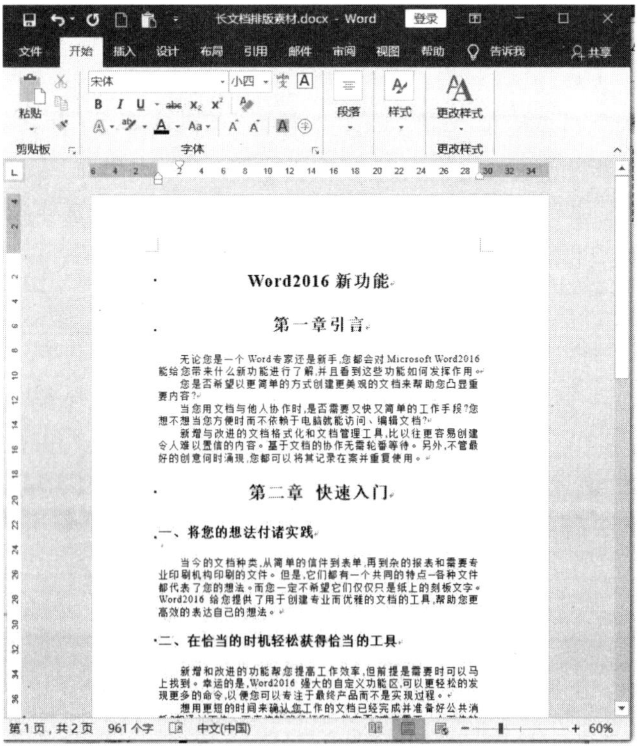

图 3-127 设置文档样式

3. 修改样式

Word 2016 中的样式设置常常并不完全符合我们的需求，那么如何修改这些样式呢？在“样式”任务窗格中，单击样式选项的下拉列表框旁的箭头按钮，在弹出的菜单中选择“修改”命令即可，如图 3-128 所示。

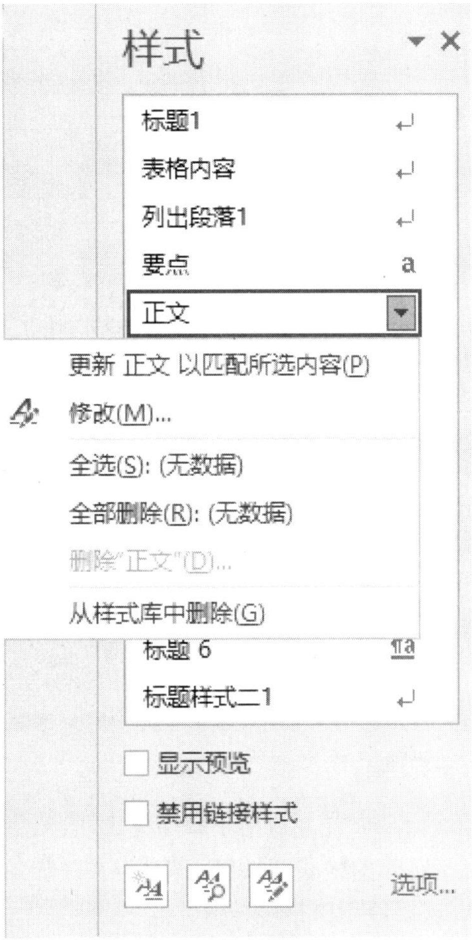

图 3-128 修改样式

4. 创建样式

Word 2016 中默认的文字段落样式与所需格式设置相去甚远，可创建一个新样式，在“样式”任务窗格中，单击“新建样式”按钮，打开“根据格式设置创建新样式”对话框，如图 3-129 所示。

在“名称”文本框中输入要新建样式的名称，在“样式类型”下拉列表框中选择“字符”或“段落”等选项。在“样式基准”下拉列表框中选择该样式的基准样式（所谓基准样式就是最基本或原始的样式，文档中的其他样式都以此为基础）；单击“格式”按钮，可以为字符或段落设置格式；后续段落样式指的是当回车换行时，是否继承上一段落的样式。设置完毕后，单击“确定”按钮，即可创建一个满足实际需求的样式。

图 3-129 “根据格式设置创建新样式”对话框

5. 删除样式

在 Word 2016 中,可以在“样式”任务窗格中删除样式,但无法删除模板的内置样式。在“样式”任务窗格中,单击需要删除的样式旁的箭头按钮,在弹出的菜单中选择“删除”,打开确认删除对话框。单击“是”按钮,即可删除该样式。

> 如果删除了创建的样式,Word 2016 将对所有具有此样式的段落应用【正文】样式。

在设置文档格式的过程中,如果想清除格式,可以使用下述方法:

① 选择“开始”选项卡下“字体”组别的清除格式按钮。

② 单击“样式”其他下拉列表下的 清除格式(C) 按钮。

③ 单击“样式”任务窗格中的“全部清除”按钮

3.6.4 生成目录

Word 2016 提供了多种内置的目录样式,方便用户选择使用,此外,用户还可以根据需要自定义目录样式。

1. 创建目录

【例 3－14】在【例 3－13】文档中创建目录，并设置目录格式。

① 将插入点定位在正文第一行的开始处，按两次“Enter”键，换行，同时清除这两行的格式。

② 在第一行输入文本“目录”。

③ 将插入点移至下一行，打开“引用”选项卡，在“目录”组中单击“目录”按钮，从弹出的菜单中选择“自定义目录”命令，打开“目录”对话框。

④ 打开“目录”选项卡，在“显示级别”微调框中输入 2，单击“确定”按钮，如图 3-130 所示。

图 3-130　“目录”对话框

> 在引用选项卡的目录下拉列表中，选择自动目录，系统将会根据正文样式，自动创建目录。要删除目录，可以在下拉列表中选择【删除目录】命令。

2. 更新目录

如果修改了正文文档中的内容，那么标题和页码都有可能发生变化，此时需要更新目录，以保证目录中页码的正确性。

要更新目录，可以先选择整个目录，然后在目录任意处右击，从弹出的快捷菜单中选择“更新域”命令，打开“更新目录”对话框，如图 3-131 所示，在其中进行设置。

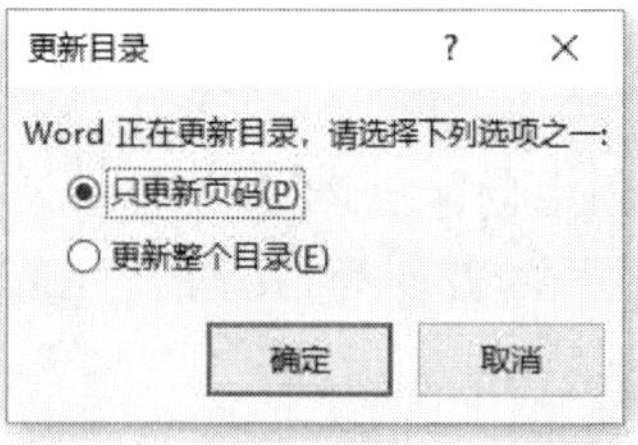

图 3-131 “更新目录”对话框

如果只更新页码，而不想更新目录的格式，可以选中“只更新页码(P)”单选按钮；如果在创建目录后，对文档做了大量修改，可以选中“更新整个目录(E)”单选按钮，将更新整个目录。

3.6.5 页眉和页脚

页眉和页脚是指在文档中的每一页的顶部和底部显示的信息，如日期和时间、章节名、页码等。

1. 创建页眉和页脚

创建页眉和页脚的操作步骤如下：

① 打开需要插入页眉和页脚的文档。

② 选择功能区“插入”选项卡“页眉和页脚”组页眉按钮，如图 3-132 所示，可以直接选择一种内置的页眉样式，也可在弹出的页眉选项列表中选择“编辑页眉”选项，此时，Word 处于页眉编辑状态。选择“页脚”按钮，在弹出的页脚选项列表中可以直接选择一种内置的页脚样式，也可以选择“编辑页脚选项”，此时，Word 处于页脚编辑状态。

图 3-132 页眉下拉列表

③ 在“页眉和页脚工具”中的“设计”选项卡“选项”组中可以设置文档页眉显示方式，在“位置”组中可以设置“页眉顶端距离”和“页脚底端距离”。

④ 设置完毕后，单击“设计”选项卡“关闭”组的“关闭页眉和页脚”按钮或在正文页面双击鼠标，即可返回正文，完成页眉和页脚的设置。

2. 删除页眉和页脚

删除页眉和页脚的方法为选择功能区“插入”选项卡“页眉和页脚”组的“页眉”按钮或“页脚”按钮，在弹出的选项中选择“删除页眉”选项或“删除页脚”选项即可删除页眉或页脚。

3.6.6　添加水印

所谓水印，是指印在页面上的一种透明花纹，水印可以是一幅图片或文字。当用户创建水印后，水印会成为正文的背景，起到美化文档的作用。

在 Word 2016 中，不仅可以从水印文本库中插入内置的水印，也可以插入一个自定义的水印，操作方法如下：

① 将插入点定位在文档中。

② 单击功能区“设计”选项卡“页面背景”组的水印按钮，弹出“水印”选项下拉列表，可选择合适的水印样式；如果没适合选项，需选择“自定义水印”选项，弹出“水印”对话框，如图 3-133所示；在该对话框中可以设置图片水印以及文字水印，如选择文字水印，在文字列表框中输入水印文字，在字体、字号、颜色列表中分别选择适合的字体、字号和颜色，设置完毕后单击“确定”按钮即可完成水印的添加，效果如图 3-134 所示。

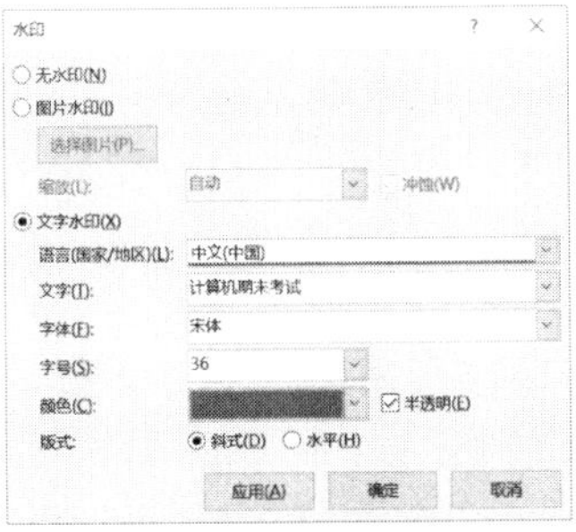

图 3-133　“水印”对话框

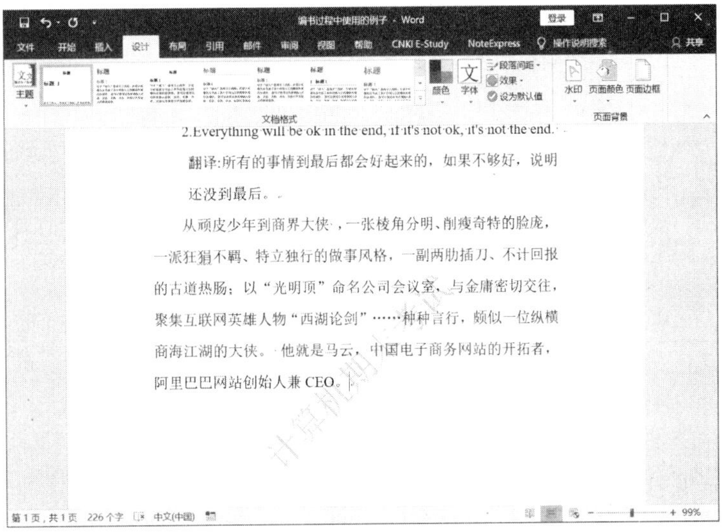

图 3-134　水印效果

3.6.7　页面打印

编辑完的文档如需打印，将打印机连接计算机后，Word 2016 即可实现打印文档功能。

1. 打印预览

用户可以通过 Word 提供的打印预览功能浏览文档的打印效果,以及时对文档的布局、内容做出调整,具体操作步骤如下:

① 打开需要打印的文档。

② 选择"文件"选项卡,在菜单中选择"打印"选项,即可打开打印窗口,窗口左侧为打印设置选项,在窗口右侧可以查看打印预览效果,如图 3-135 所示。

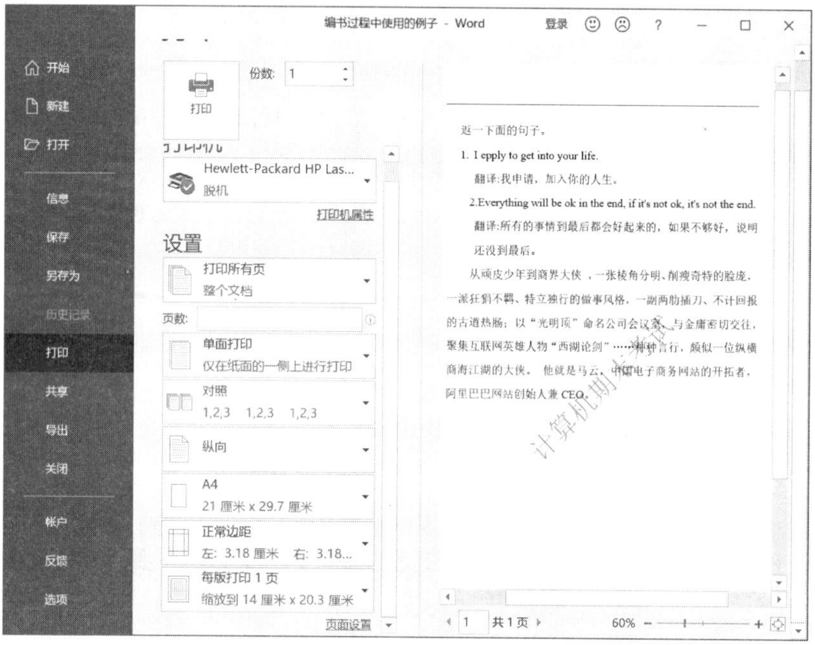

图 3-135 打印预览

2. 打印设置

打印文档之前,可根据需要设置打印的范围、数量等,具体操作步骤如下:

① 打开需要打印的文档。

② 选择"文件"选项卡,在菜单中选择"打印"选项,窗口左侧设置区可以对打印进行设置,包括打印页码范围、打印纸张方向、纸张类型、边距以及单面打印或双面打印等,用户还可以点击"页面设置"选项,弹出"页面设置"对话框,在该对话框中进行详细设置。

③ 设置完后,在打印区的份数微调框中输入需要打印的数量,然后单击打印按钮即可开始打印。

3. 导出 PDF 格式

PDF 是 Portable Document Format 的简称,意为"便携式文件格式",是由 Adobe Systems 在 1993 年用于文件交换所发展出的文件格式。PDF 格式的文档是跨平台,PDF 栅格化之后不易于修改,更适合原文件代码的保密,阅读舒适性好。

打开要转换的 Word 文档,单击"文件"选项卡,在弹出的下拉菜单中选择左侧边栏的"导出"菜单项,如图 3-136 所示。

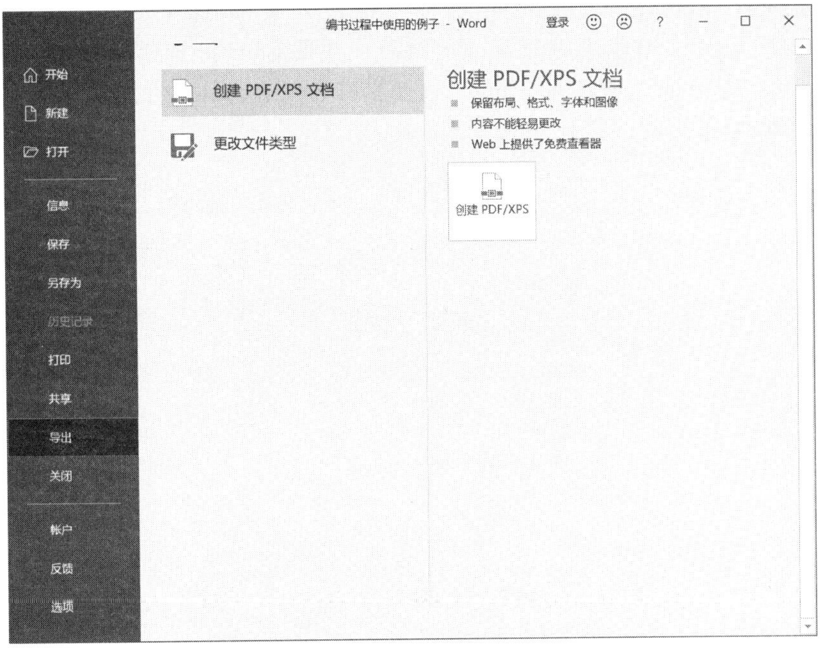

图 3-136　“导出”菜单项

① 在弹出的导出菜单中选择右侧的“创建 PDF/XPS 文档”图标。

② 在接下来的弹出窗口中，我们设置好转化后的 PDF 文件名，同时保存类型选择为 PDF，如图 3-137 所示。

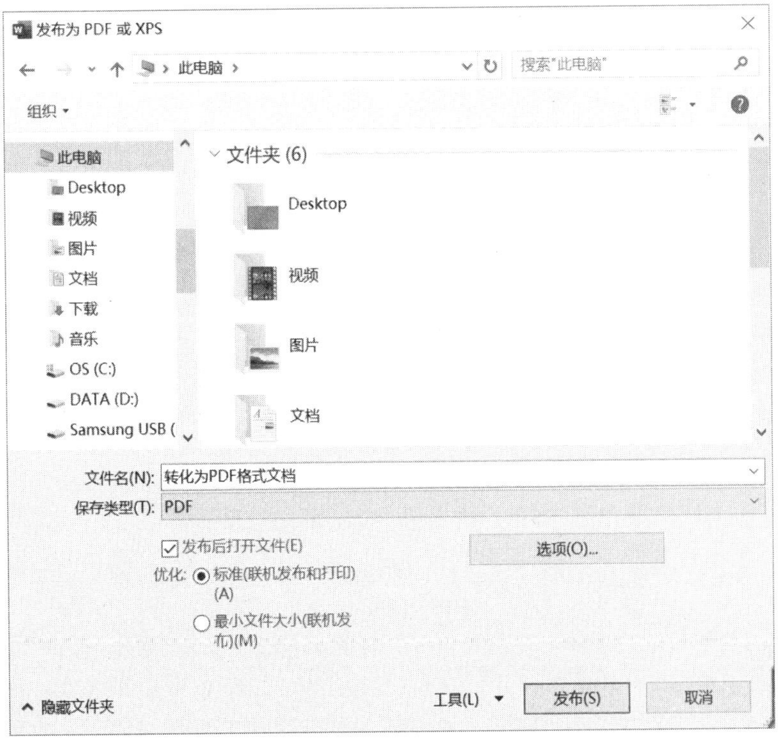

图 3-137　保存 PDF 对话框

同时，我们还可以优化生成的 PDF 文档，一般选择“标准（联机发布和打印）”一项就可以了。另外，我们也可以对生成的 PDF 文档进行一些设置，点击右侧的“选项”按钮，在弹出的选项窗口，可以设置生成 PDF 的页范围，以及是否加密等，如图 3-138 所示。设置完成后，点击“确定”按钮就可以了。

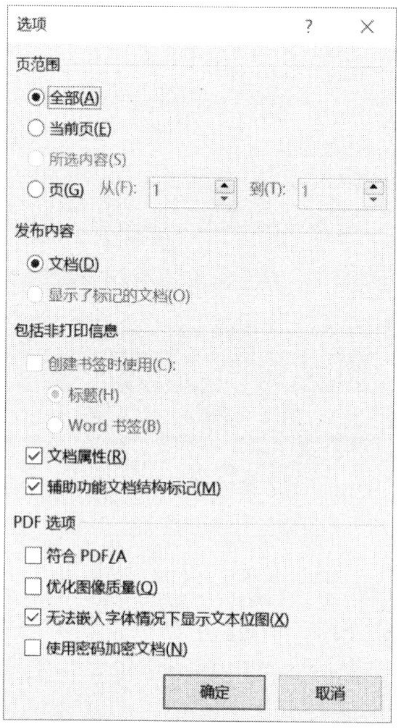

图 3-138 “选项”对话框

§ 3.7 邮件合并

邮件合并是 Word 的一项高级功能，能够在任何需要大量制作模板化文档的场合中大显身手。用户可以借助 Word 的邮件合并功能来批量处理电子邮件，如通知书、邀请函、明信片、准考证、成绩单、毕业证书等，从而提高办公效率。邮件合并操作的主要过程包括建立主文档、建立数据和合并数据等。

要合并的邮件由两部分组成，一个是在合并过程中的主文档，一个是包含多种信息（如姓名、单位等）的数据源。因此进行邮件合并时，首先应该创建主文档。创建主文档的方法有两种，一种是新建一个文档作为主文档，另一种是将已有的文档转换为主文档。

1. 创建主文档

下面通过一个例子来介绍“邮件合并分布向导”下的操作步骤。

【例 3－15】创建邀请函文档，将其转换为信函类型的主文档，并采用“通讯录”文档作为数据源。

启动 Word 2016，创建如图 3-139 所示的“邀请函”文档内容，打开“邮件”选项卡，在“开始邮件合并”组中单击“开始邮件合并”按钮，在弹出的下拉菜单中选择“信函”命令。

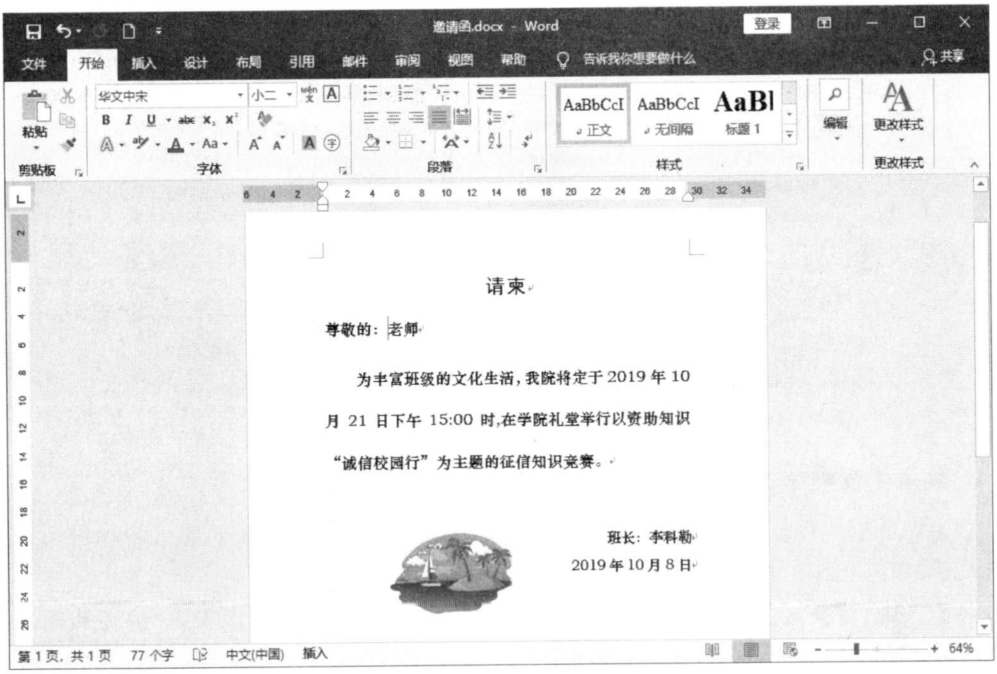

图 3-139　邮件合并窗格

2. 选择数据源

数据源是指要合并到文档中的信息文件，如要在邮件合并中使用的名称和地址列表等。主文档必须连接到数据源，才能使用数据源中的信息。在邮件合并过程中所使用的“地址列表”是一个专门用于邮件合并的数据源。

在“开始邮件合并”组中单击“选择收件人”按钮，在弹出的下拉菜单中选择“使用现有列表”命令。打开如图 3-140 所示的“选取数据源”对话框，选择文档“通讯录”，单击“打开”按钮，弹出如图 3-141 所示的“选择表格”对话框，此例中选择 Sheet1 $ 。

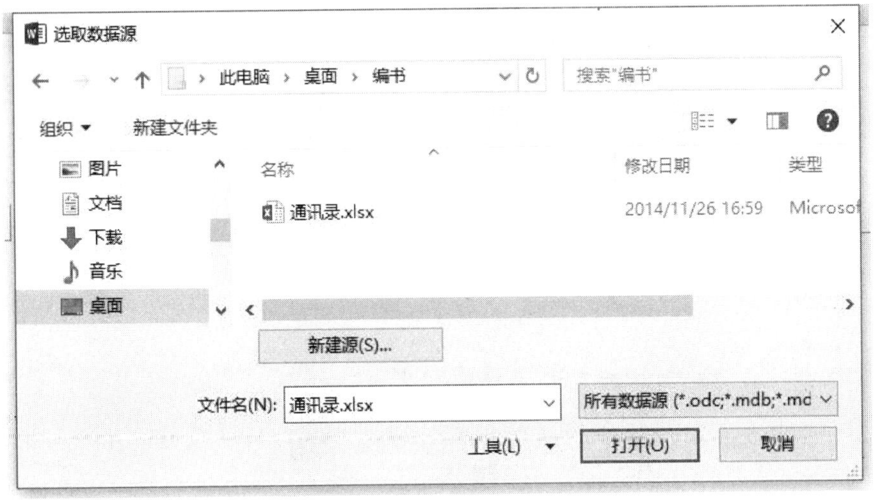

图 3-140　“选取数据源”对话框

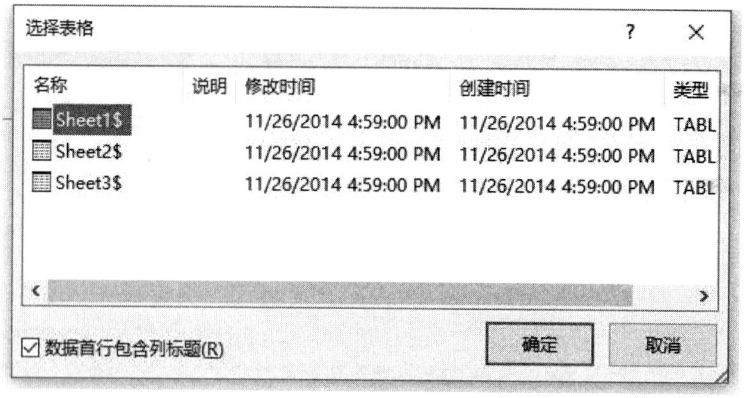

图 3-141 “选择表格”对话框

3. 编辑主文档

创建完数据源后就可以编辑主文档。在编辑主文档的过程中,需要插入各种域,只有在插入域后,Word 文档才成为真正的主文档。

要插入域,将插入点定位在要插入合并域的位置,单击“邮件”选项卡下“编写和插入域”中的“插入合并域”,插入收件人的基本信息,如图 3-142 所示。

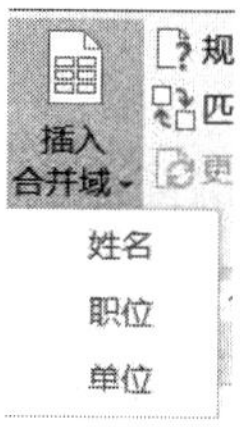

图 3-142 插入域选项

4. 合并文档

主文档编辑完成并设置数据源之后,需要将两者进行合并,从而完成邮件合并工作。要合并文档,只需单击“邮件”选项卡下“完成”组中“完成并合并”下拉列表中的“编辑单个文档”,弹出如图 3-143 的对话框,在弹出的窗口中选择“全部(A)”并点击“确定”保存好新文档,即可完成批量信函的制作过程。

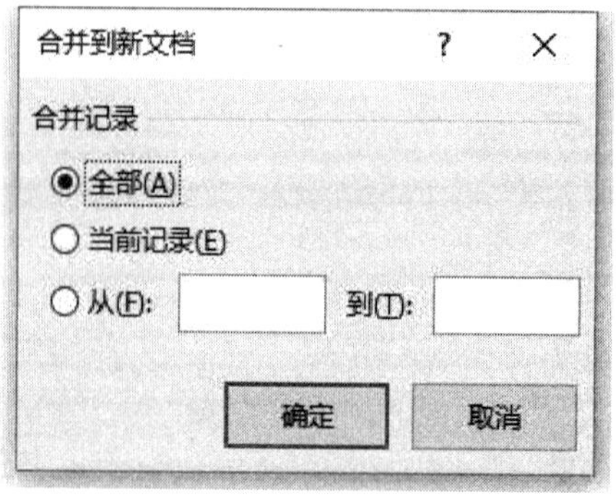

图 3-143 “合并到新文档”对话框

习 题 三

一、选择题

1. 在 Word 2016 中，默认保存后的文档扩展名为(　　)。

A. dos　　B. docx　　C. doc　　D. txt

2. 在 Word 中按(　　)键可新建一个空白文档。

A. Ctrl+O　　B. Ctrl+N　　C. Ctrl+E　　D. Ctrl+C

3. 在 Word 2016 中，与打印预览显示效果基本相同的视图方式是(　　)。

A. 页面视图　　B. Web 板式视图　　C. 大纲视图　　D. 阅读视图

4. Word 2016 中的段落标记是在输入(　　)之后产生的。

A. 句号　　B. Enter 键　　C. Tab　　D. 分页符

5. 在 Word 2016 中，要删除已选定的文本内容应按(　　)键。

A. Alt　　B. Ctrl　　C. Shift　　D. Delete

6. 样式是指一系列格式的集合，它可以包含(　　)。

A. 字符、段落、边框等各种格式　　B. 仅能包含表格格式

C. 仅能包含段落格式　　D. 仅能包含字符格式

7. 下面关于"页眉和页脚"的说法中，错误的是(　　)。

A. 页眉和页脚是打印在每页顶部和底部的描述性内容

B. 可以对页眉和页脚中显示的内容设置各种字体格式

C. 页眉和页脚可以包含页码、日期、简单文字等信息

D. 页眉和页脚只能包含简单文字信息，不能包含图片

8. 在 Word 2016 编辑状态下，使用"查找"或"替换"方法不能查找或替换的"特殊格式"是(　　)。

A. 段落标记　　B. 项目符号　　C. 分节符　　D. 省略号

9. 在 Word 2016 中，按住(　　)键的同时拖动鼠标，可以选定矩形文本。

A. Shift　　B. Ctrl　　C. Alt　　D. Esc

10. 在 Word 编辑状态下，在边距之间均匀分布文本的对齐方式是(　　)。

A. 左对齐　　B. 右对齐　　C. 两端对齐　　D. 分散对齐

二、填空题

1. Word 2016 提供了________、Web 版式视图、阅读视图、大纲视图、草稿视图等多种视图方式。

2. Word 2016 文本的编辑方式有两种："插入"和"改写"状态，默认的是________状态。

3. Word 2016 中提供的段落对齐方式主要包括左对齐、右对齐、居中对齐、两端对齐、分散对齐五种方式，其中 Word 默认的是________。

4. 在 Word 编辑状态下，可以使用________功能将多处文本设置为相同的格式。

5. 在 Word 编辑状态下绘制矩形，如果按住________键的同时再拖动绘制，那么将绘制一个正方形。

6. 进行邮件合并时，首先应该创建________。

7. 正文中的各级标题都________或设置大纲级别后，用户可以很方便地为文档创建目录。

8. 要设置首页不同和奇偶页不同的页眉、页脚，可使用“页面设置”对话框的________选项卡，也可以在“页眉和页脚工具设计”选项卡的“选项”功能区中设置。

9. 在________选项卡的“页面背景”组中可以设置页面的水印、页面边框和页面颜色。

10. 在 Word 2016 中，文本转换成表格，应使用________选项卡下的“表格”组中的“文本转换成表格”命令。

实 验 三

【实验 3－1】创建一个 Word 文档，输入下面的样文，完成操作如下：

工作，是一种态度

多尔在试着解一道数学题之后，又试着解第 2 道数学题，经过几天的推算，他终于解开了 2 道数学题。次日，多尔把作业交给了教授。周末早上，一阵敲门声把多尔吵醒，敲门的竟然是教授。教授一见到他就喊道：“多尔，你解出来了！”多尔说：“是的，那不是我的作业吗？”教授告诉他，这 2 道数学题是数学界 2 道著名的难题，许多年来很多著名的数学家都未能解开它。可见，不局限自己，抛开内心的恐惧，以高度乐观的态度，集中精力去迎接各种挑战，那么，每个人都能取得非凡的业绩。

(1) 文本设置为楷体、四号字，首行缩进 2 个字符，行间距设为 1.5 倍行距。

(2) 将文档中所有的“数学”替换为“物理”，并设置为红色隶书。

(3) 将正文文本分为两栏显示，两栏间加分隔线。

(4) 在文档尾部插入一个适当大小的 2 行 3 列的表格，并将表格内填入自己的专业、学号和姓名，如下表所示。

专业	学号	姓名
化学	120103	张燕

(5) 设置首字下沉，下沉行数为两行，下沉字体设为华文新魏。

【实验 3－2】创建一个 Word 文档，输入下面的样文，完成操作如下：

社交，成功的平台

有个男孩儿跟着妈妈到杂货店去买东西，老板看他很可爱，就打开一罐糖果，要他自己拿一把。但是男孩却没有拿，老板就亲自抓了一大把糖放进男孩的口袋中。回到家中，妈妈好奇地问男孩，为什么自己不去抓糖果而要老板抓呢？男孩说：“因为我的手比较小呀！而老板的手比较大，所以拿的一定比我拿的多很多！”聪明的孩子知道自己的能力，更难得的是，他也知道别人比自己强。当凡事不能只靠自己的力量，也要学会适时地依靠他人的力量来达到自己想要的结果，这种谦卑其实就是一种聪明。

(1) 将标题设置为华文彩云，三号字，字间距设置为加宽 1 磅，对齐方式设为居中。

(2) 从“聪明的孩子知道……”前分段，并将该段落的段前间距设置为 0.5 行。

(3) 用格式刷将所有“男孩”设置为加粗、带下划线。

(4) 给正文加红色段落边框,黄色底纹。

(5) 设置纸张大小为 B5(JIs),纸张方向为横向。

【实验 3—3】根据实验素材制作一份简历,封面要求和效果如下图所示。

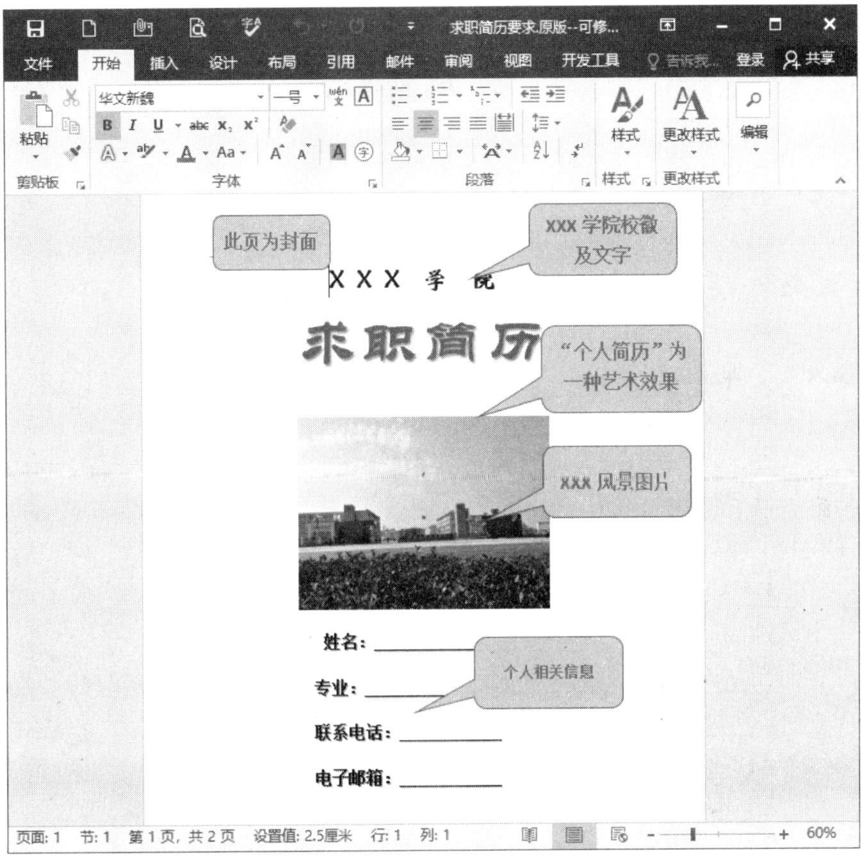

【实验 3—4】创建一个 Word 文档,按要求完成下述操作:

(1) 绘制一幅五环图,样式如下图所示。

（2）制作一份流程图，样式如下图所示。

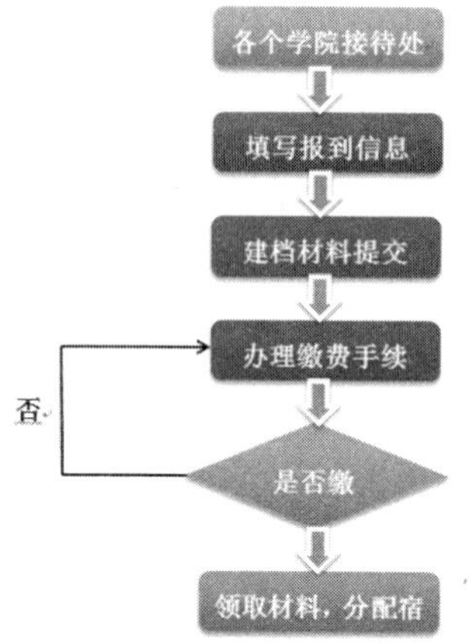

（3）插入如下所示公式：

$$T=\frac{F}{2}\left[\frac{p}{\pi}+\frac{\mu_t d_2}{\cos\beta}+D_e\mu_n\right]$$

（4）插入任选一样式的艺术字，文字内容为“伊索寓言”，字体为隶书，96 号字，设置艺术字的大小为 6 cm * 18 cm。

【实验 3—5】新建一个 Word 文档，按下图所示要求制作个人简历。

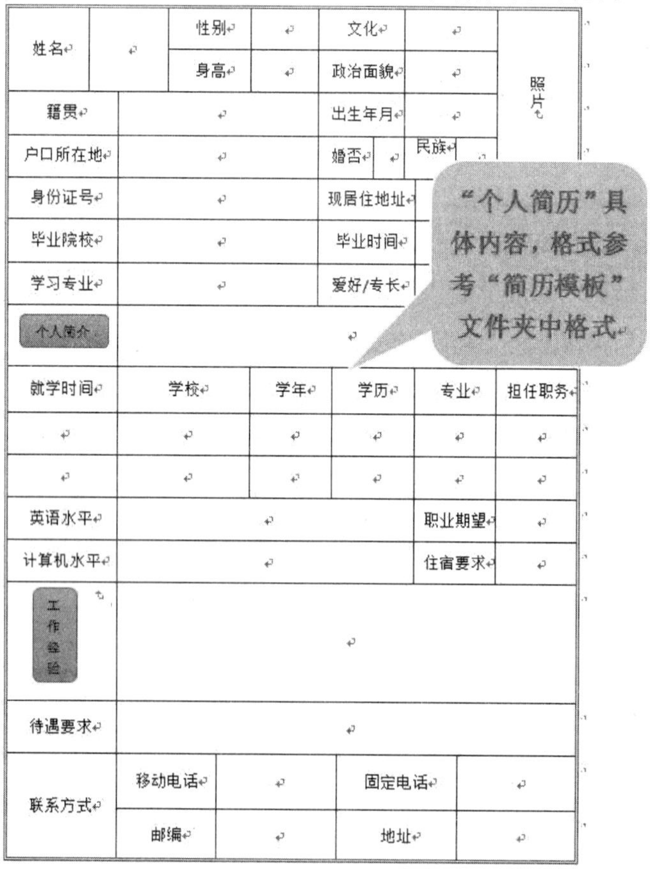

【实验 3-6】打开"论文排版素材"文档,分步骤完成下面设置。

1. 分节处理。

封面一节、中文摘要一节、论文正文一节、结论一节、参考文献一节。

2. 页面总体设置(应用于整篇文档)。

(1) 纸张大小为 A4、纵向。

(2) 页边距:上下各 2.5cm、左右各 3.1cm。

(3) 论文页面只指定行网格(每页 42 行),页脚距边距 1.4cm。

3. 封面格式设置。

(1) 设置第一个段落(从"分类号"开始)和第二个段落(从"密级"开始)的格式为:中文字体为宋体,英文字体为 Times New Roman,小四,加粗,行距为固定值 20 磅。

(2) 设置"××大学××学院""学位论文"的格式为:黑体,二号,加粗,字符间距加宽 7 磅,居中,其中"××大学××学院"段前间距 10 行,段后间距 2 行,行距为单倍行距,"学位论文"段前间距 0 行,段后间距 5 行,行距为单倍行距,无首行缩进。

(3) 设置论文题目"二极管泵浦激光器谐振腔技术及输出模式特性分析"的格式为:宋体,三号,加粗,居中,段前间距 0 行,段后间距 4 行,行距为单倍行距,无首行缩进。

(4) 设置"论文作者姓名"到"论文提交日期"以无框线表格形式显示,楷体,小三,加粗,居中,段落设置为单倍行距;"指导教师姓名(职称):"字间距为紧缩 1 磅,右边个人信息文字居中,表格第一列左对齐。

4. 中文摘要格式化。

(1) 标题:宋体,三号,加粗,居中,行距为固定值 20 磅,去掉首行缩进。

(2) "摘要"二字:宋体,小三,加粗,居中,行距为固定值 20 磅,段前和段后间距均为 0.5 行,去掉首行缩进。

(3) 摘要正文:宋体,小四,行距为固定值 20 磅,首行缩进 2 字符。

(4) 摘要关键词:"关键词"三个字的格式为宋体,四号,加粗;其余文字格式为宋体,小四;行距为固定值 20 磅,首行缩进 2 字符。

5. 样式。

初步设置:

(1) 设置样式正文采用"正文"样式。

(2) 一级标题采用"标题 1"样式。

(3) 二级标题采用"标题 2"样式。

(4) 三级标题采用"标题 3"样式。

进一步设置:

(1) 检查"正文"样式满足如下要求:宋体,小四,首行缩进 2 个字符,行距为单倍行距。

(2) 检查"标题 1"样式满足如下要求:宋体,小三,加粗,段前间距 1 行,段后间距 0 行,行距为固定值 20 磅。

(3) 检查"标题 2"样式满足如下要求:宋体,四号,加粗,段前间距 0 行,段后间距 0 行,首行缩进 1 个字符,行距为固定值 20 磅。

(4) 检查“标题 3”样式满足如下要求：宋体，小四，加粗，段前间距 0 行，段后间距 0 行，首行缩进 2 个字符，行距为固定值 20 磅。

(5) “结论”“参考文献”标题单独设置，需要满足如下要求：宋体，四号，加粗，居中，段前和段后间距均为 1 行，行距为固定值 20 磅、大纲级别 1 级。

6. 目录生成及目录格式化。

(1) 在中文摘要和正文之间生成目录，目录样式为“自动目录 1”。

(2) 目录标题：“目录”二字格式为宋体，三号，加粗，居中。

(3) 目录内容：宋体，五号，行距为固定值 20 磅，右对齐。

(4) 目录与正文之间插入分节符(下一页)。

7. 设置页眉和页脚、插入页码。

(1) 封面、摘要无页眉页脚。

(2) 目录页码用罗马字符“I”格式设置，为第 I 页。

(3) 论文正文、结论和参考文献部分页眉：偶数页的页眉内容为“××大学××学院本科毕业论文”，格式为宋体、小五、居中；奇数页的页眉内容为论文题目，格式为宋体、小五、居中。

(4) 论文正文页脚：在页脚中插入页码，格式为：第×页(如第 1 页)，奇数页的页脚左对齐，偶数页的页脚右对齐。

8. 更新目录。

采用更新域的方式，更新整个目录。

第 4 章　Excel 2016

学习目标：

1. 掌握创建和保存 Excel 2016 工作簿的方法。
2. 掌握 Excel 2016 中工作表的编辑与管理。
3. 掌握 Excel 2016 中单元格的基本操作。
4. 掌握 Excel 2016 中数据的输入与编辑的方法。
5. 掌握 Excel 2016 中格式化的方法。
6. 掌握 Excel 2016 中常用公式与函数的使用方法。
7. 掌握 Excel 2016 中图表的操作方法。
8. 掌握 Excel 2016 中数据排序与筛选的方法。

Excel 2016 是 Microsoft Office 办公套件一个重要组成部分，主要用于数字运算、创建图形图表、数据的分析与统计等功能，是目前使用最广泛的电子表格软件。

§ 4.1　Excel 2016 工作界面和基本概念

4.1.1　Excel 2016 工作界面

启动 Excel 2016 后，进入到 Excel 2016 工作界面，如图 4-1 所示。Excel 2016 工作界面主要包括标题栏、功能区、编辑栏、编辑区等部分。以下对工作界面中的主要内容进行介绍，与 Word 2016 类似部分此处不再赘述。

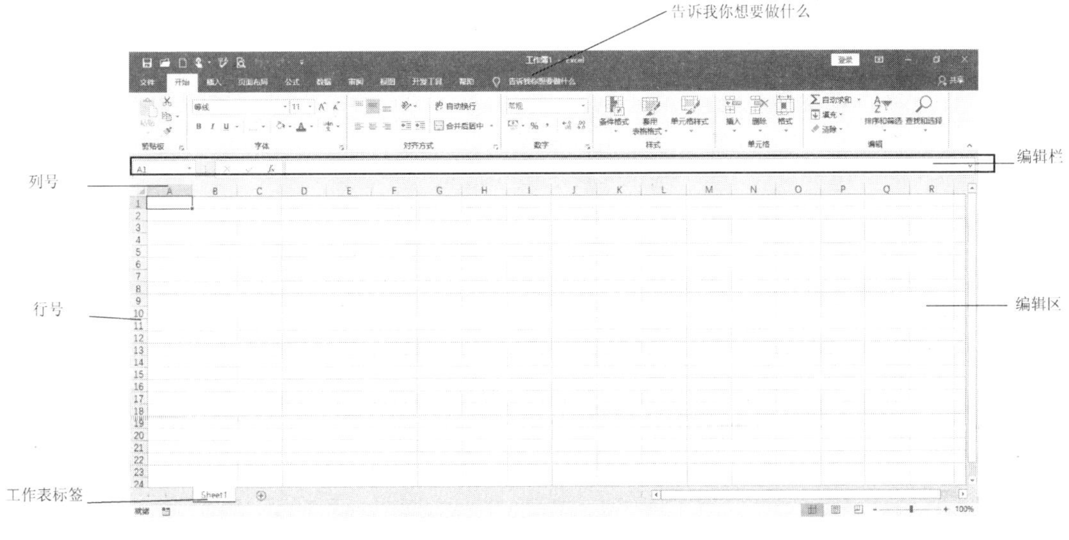

图 4-1　Excel 2016 的工作界面

1. 编辑栏

编辑栏用于显示和编辑当前单元格的内容，包括名称框、函数按钮和编辑框三个部分。

① 名称框：用于显示当前单元格的名称，由单元格对应的列号、行号构成。

② 函数按钮：包括 × 、✓ 、fx 三个按钮。当在单元格内输入公式或函数后，单击 × 按钮可取消当前单元格的设置；单击 ✓ 按钮可确定单元格中输入的公式或函数；单击 fx 按钮可以打开"插入函数"对话框，在该对话框中可以选择需要插入的函数。

2. 行号

由 1(含)～1048576(含)阿拉伯数字表示，一个数字表示表格中的一行。

3. 列号

由 A(含)～XFD(含)大写英文字母构成。列号的排列顺序为 A～Z，从 Z 之后为 AA、AB、AC 等，AZ 之后是 BA、BB 等，ZZ 之后是 AAA、AAB，依次类推。

4. 工作表标签

工作表标签用于显示工作表的名称。

5. 编辑区

工作界面中空白的区域为编辑区，对工作表的编辑主要在编辑区完成。

6. 告诉我你想要做什么

使用这个控件来搜索命令，或让 Excel 自动执行命令。

4.1.2 Excel 2016 基本概念

工作簿、工作表和单元格是 Excel 的基本组成元素，在学习工作簿、工作表、单元格的管理和操作之前，先学习其相关概念。

1. 工作簿

一个工作簿是一个 Excel 文件，扩展名为.xlsx，一个工作簿可以包含一个或多个工作表。在工作簿中，可以执行 Excel 的各种操作。

2. 工作表

工作表主要用于保存数据，是工作簿的一部分，由若干个单元格组成。用户可以单击工作簿底部的工作表标签访问工作表。

3. 单元格

工作表中的每个单元格对应一个唯一的标识。这个标识由列号和行号组成，列号在前，行号在后，用于表示单元格的地址。

§4.2 工作簿的基本操作

工作簿是用于保存数据的文件，其基本操作包括新建、保存、打开以及关闭，其中打开和关闭工作簿的方法与打开和关闭 Word 文档的方法相同，这里不再赘述。

4.2.1　新建工作簿

用户启动 Excel 2016 后，会显示一个开始界面。屏幕中显示出最近使用的文件，以及创建新工作簿的模板。如果需要新建工作簿，Excel 提供了两种方法，即新建空白工作簿和根据模板新建工作簿。

1. 新建空白工作簿

在 Excel 2016 工作界面中，用户可以新建空白的工作簿。在功能区中单击“文件”选项卡，在菜单中单击“新建”选项，选择“空白工作簿”按钮，如图 4-2 所示，也可点击快速访问工具栏中的新建按钮，创建空白文档。另外，按“Ctrl＋N”组合键也可以新建空白工作簿。

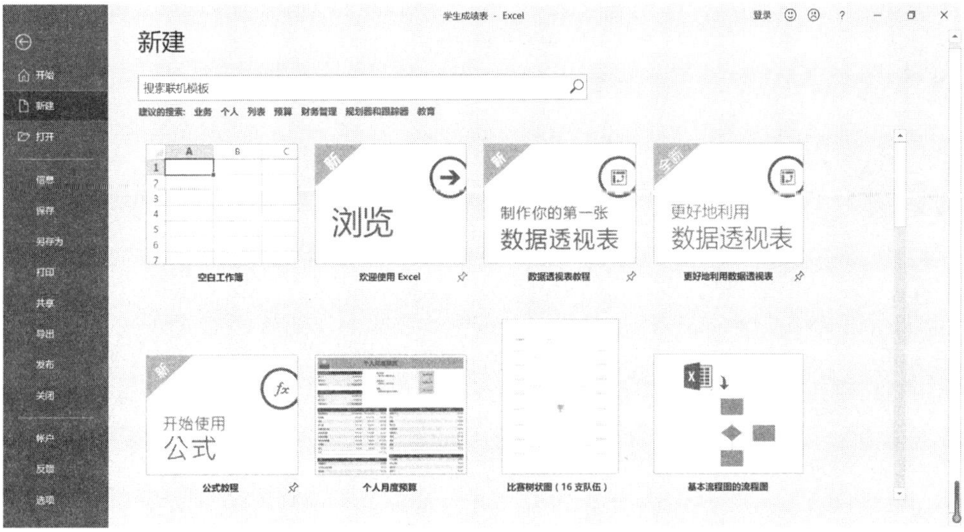

图 4-2　新建空白工作簿

2. 根据模板新建工作簿

为方便创建工作簿，Excel 2016 中自带了数百个模板文件。在创建工作簿时，可使用 Excel 自带模板创建工作簿，具体操作步骤如下：

选择功能区“文件”选项卡，然后在菜单中选择“新建”选项，Excel 模板以缩略图的形式显示在右侧窗格中，选择用户需要的模板即可新建工作簿，如图 4-2 所示。

4.2.2　保存工作簿

在 Excel 中，新建的工作簿未保存在磁盘中。Excel 编辑完成必须执行保存指令才能存储在磁盘中。此外，在编辑时也应及时保存文件，以避免因停电或死机造成数据丢失。Excel 2016 提供了多种保存文档的方法，包括对新建文档的保存、已存在文档的另存为以及自动保存功能。

1. 保存新建工作簿

对于新建工作簿，Excel 2016 用“工作簿 1”“工作簿 2”等暂时给文件命名，在保存这类文档时，用户可以根据需要重新对文件命名，具体步骤如下：

① 单击功能区"文件"选项卡，在菜单中选择"保存"选项，或者按"Ctrl+S"组合键，Excel 会显示 Backstage 屏幕，如图 4-3 所示，可在其中选择工作簿文件的位置。

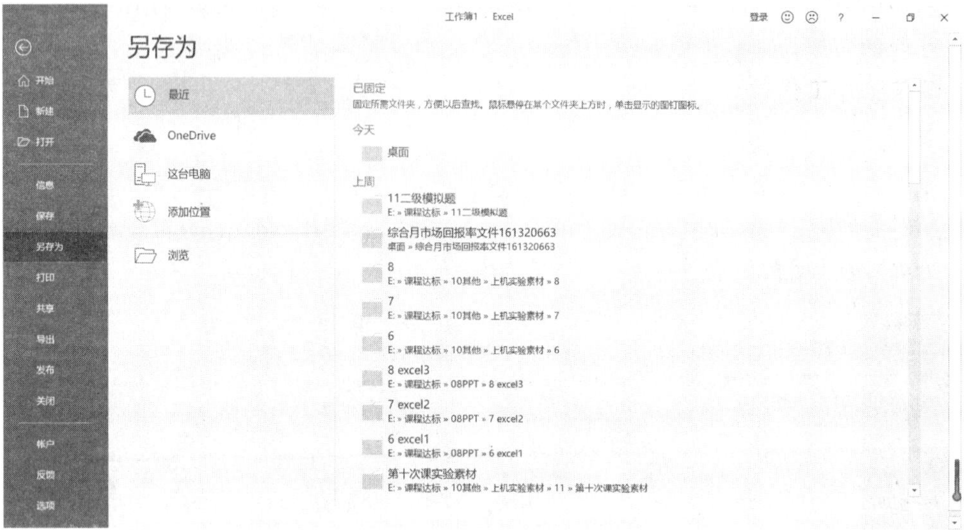

图 4-3 Backstage 屏幕

② 单击"浏览"按钮，Excel 会弹出"另存为"对话框，如图 4-4 所示。

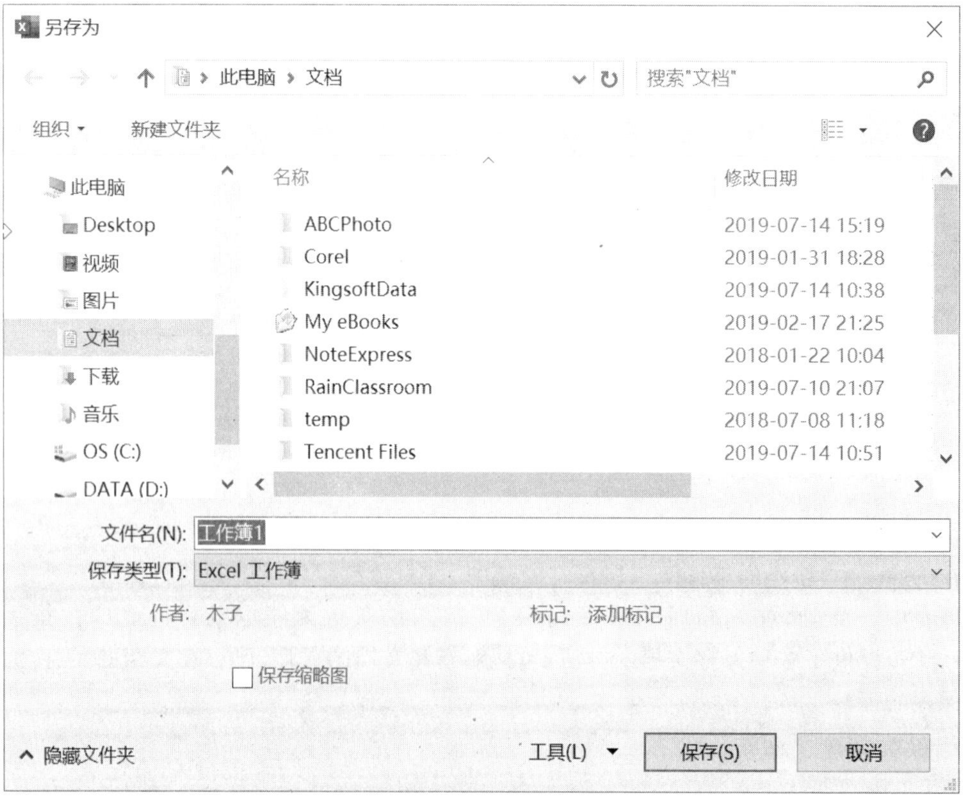

图 4-4 "另存为"对话框

③ 在对话框中左侧的文件夹列表中选择要保存文件的路径，在文件名框中输入文件的名称，而不需要输入扩展名。在保存类型下拉列表中选择保存文件的格式。默认情况下，文件会自动选择使用.xlsx 作为扩展名。

④ 设置完成后，单击“保存”按钮即可实现工作簿的保存。

2. 保存已有工作簿

对于一个已存在的工作簿，Excel 2016 提供了两种保存方法，即保存与另存为。

① 保存。对已存在的工作簿经过修改后点击“文件”选项卡中的“保存”选项，Excel 在原有位置使用相同的文件名保存该文件，原来的文件自动被覆盖，并且不弹出“另存为”对话框。

② 另存为。对于已经保存的工作簿，要保存为一个新文件或者保存在另外一个路径，可以使用“另存为”功能。操作方法为：单击功能区“文件”选项卡，选择“另存为”选项，弹出“另存为”对话框，文件路径的选择、文件名的输入、保存类型的选择与保存新建工作簿方法一致。

3. 自动保存工作簿

默认情况下，Excel 的“自动恢复”功能每 10 分钟保存一次正在使用的工作簿，以减少因停电或死机而未及时保存所造成的损失，用户可以设置自动保存时间间隔，其操作步骤如下：

① 单击功能区“文件”选项卡，选择“选项”指令，弹出“Excel 选项”对话框，如图 4-5 所示。

② 在对话框左侧的选项中选择“保存”选项，然后在对话框右侧“保存工作簿”区域中的“将文件保存为此格式”下拉列表内选择文件默认的保存类型。

图 4-5 “Excel 选项”对话框

③ 选中复选框☑ 保存自动恢复信息时间间隔(A)，可设置保存文件的时间间隔。

④ 在“自动恢复文件位置”文本框中可以设置保存自动恢复文件时文件的保存位置。

⑤ 在“默认本地文件位置”文本框中可以设置未选择保存路径时文件的默认保存位置。

⑥ 单击“确定”按钮，即可完成工作簿自动保存的设置，此后，每隔用户所设置的时间，Excel 便对当前编辑工作簿自动保存。

§4.3 工作表的基本操作

一个 Excel 可以包含一个或多个工作表。如果工作簿是一个笔记本的话，笔记本中的每一个页面就是一个工作表。工作表的基本操作包括选择工作表、插入工作表、移动或复制工作表、重命名工作表、删除工作表和保护工作表。

4.3.1 选择工作表

用户要对工作表进行移动、复制、删除或重命名等操作，先要选中工作表，选择工作表有以下几种方法。

① 单击工作表标签。

② 按键盘上的“Ctrl+PageUp”组合键或“Ctrl+PageDown”组合键，可以按标签排列顺序切换到当前工作表的上一个或下一个工作表。

③ 如果要选择多个工作表，首先单击第一个工作表标签，然后按住“Shift”键，再单击最后一个工作表标签，就可以选中这两个工作表之间的所有工作表，选定的工作表标签下方显示下划线。

④ 按住“Ctrl”键，依次单击多个要选中的工作表，即可选中多个不连续的工作表。

⑤ 右击标签滚动控件，Excel 会显示当前工作簿中所有的工作表标签，点击相应的工作表名称即可选择工作表。

⑥ 在任意工作表的标签上右击鼠标，可弹出快捷菜单，如图 4-6 所示，在该菜单中选择“选择全部工作表(S)”选项，即可选中当前工作簿中所有工作表。

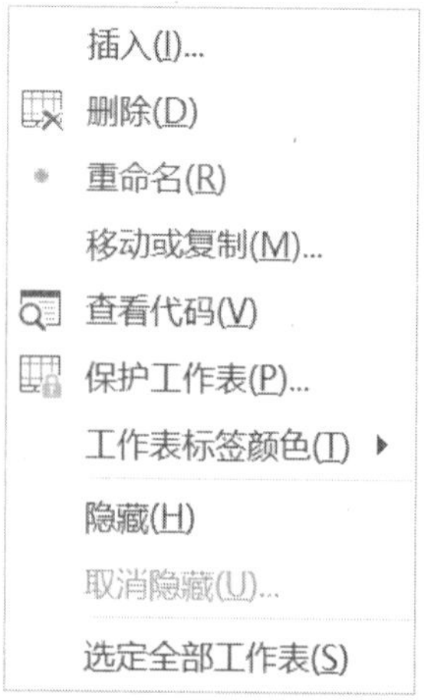

图 4-6　右键菜单

4.3.2　插入工作表

在 Excel 操作中，我们经常要根据需要在工作簿中插入新的工作表。插入新工作表的方法有以下几种。

① 单击“新工作表”控件，“新工作表”控件在工作表标签选项卡的右侧，显示为一个加号。

② 在工作表的标签上单击鼠标右键，在弹出的快捷菜单中选择“插入”选项，弹出“插入”对话框，对话框的“常用”选项卡中默认为“工作表”选项，然后单击“确定”按钮，即可在当前工作表之前插入一个空白工作表，如图 4-7 所示。

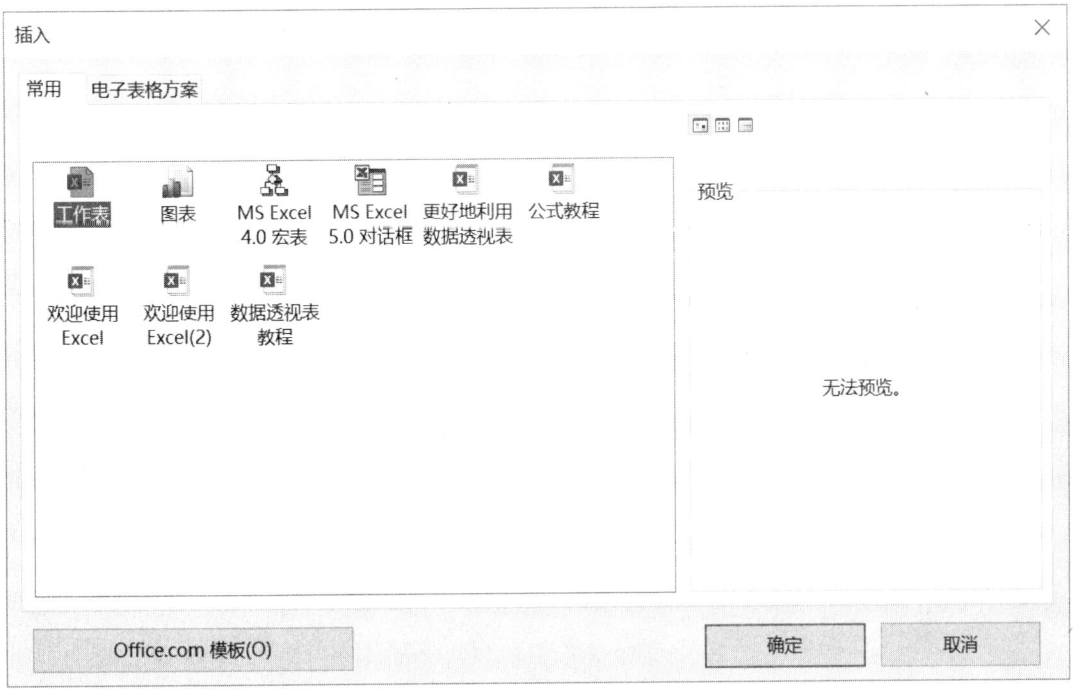

图 4-7　“插入”对话框

③ 单击功能区“开始”选项卡“单元格”组的“插入”按钮，在弹出的下拉菜单选项中选择“插入工作表”选项，也可在当前工作表之前插入一张空白工作表。

④ 按“Shift＋F11”组合键，同样可以在当前工作表之前插入一张空白工作表。

4.3.3　移动或复制工作表

在 Excel 操作中，用户可以在同一个或不同的工作簿中对工作表进行移动或复制操作，用以下方法可以移动或复制工作表。

1. 同一工作簿内移动或复制工作表

① 单击需要移动的工作表标签，在工作表标签区域进行拖动，拖动时鼠标指针会变成缩小的工作表的形状，并且会有一个箭头用来指示放置的位置。拖动至合适的位置后释放鼠标，即可实现工作表的移动。若在移动过程中按下“Ctrl”键，即可实现复制工作表的操作。

② 右击需要移动的工作表的标签，在弹出的菜单中选择“移动或复制”选项，即可打开“移动或复制工作表”对话框，如图 4-8 所示，在“下列选定工作表之前(B)”列表中可以选择工作表放置的位置，若勾选“建立副本(C)”复选框，则可以实现工作表的复制操作。

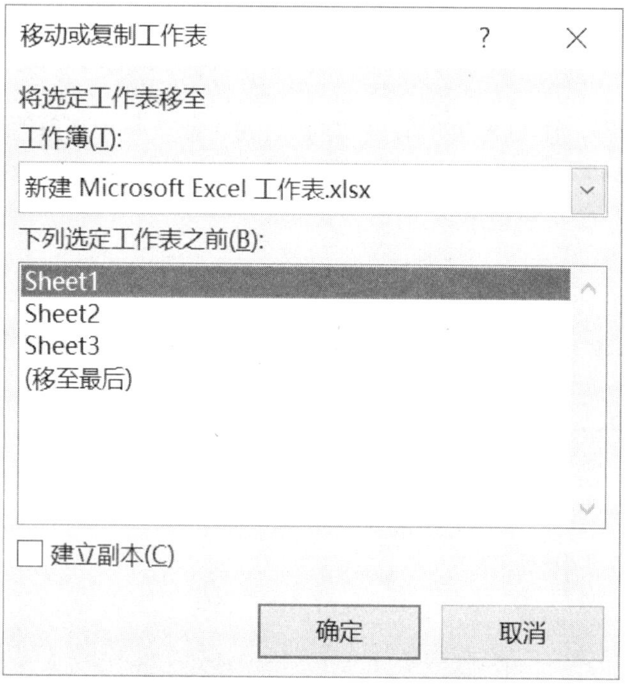

图 4-8 “移动或复制工作表”对话框

2. 不同工作簿间移动或复制工作表

① 单击要移动的工作表的标签，拖动鼠标至第二个工作表所需的位置。前提是两个工作簿在屏幕上可见，且互不遮挡。在拖动的时候按住“Ctrl”键，实现的是工作表的复制功能。

② 右击需要移动的工作表的标签，在弹出的快捷菜单中选择“移动或复制”选项，打开“移动或复制工作表”对话框，在“工作簿”下拉列表中选择要移动到的工作簿，在“下列选定工作表之前(B)”列表中选择相应的位置。若在对话框中勾选“建立副本(C)”复选框，则实现的是工作表复制功能。这个操作的前提是第二个工作表必须是打开的状态。

4.3.4 重命名工作表

Excel 使用的工作表名称默认为 Sheet1、Sheet2 等，为了便于工作表的识别与使用，用户通常需要对工作表进行重命名，有以下几种操作办法。

① 双击工作表的标签。

② 右击工作表标签，在弹出的菜单中选择“重命名”选项。

此时，标签处于可编辑状态，如图 4-9 所示，输入新的工作表名称，按下“Enter”键即可。

工作表的名称最多可以包含 31 个字符，不能使用冒号“:”、斜线“/”、反斜线“\”、方括号“[”、“]”、问号“?”、星号“*”等字符，但可以使用空格。

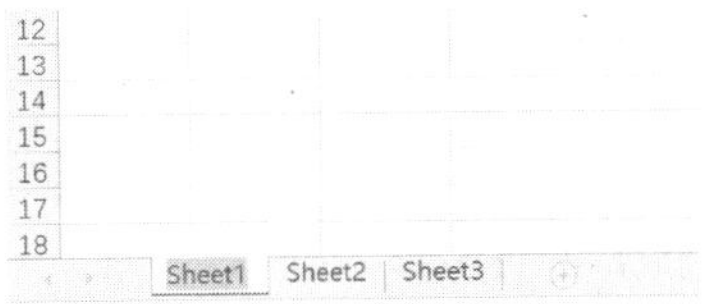

图 4-9 重命名工作表

4.3.5 删除工作表

对于工作簿中不需要的工作表或空工作表可以将其删除，删除工作表的方法有以下方法：

① 右击工作表标签，然后在弹出的菜单中选择“删除”选项 删除(D) 即可。

② 选中要删除的工作表，选择“开始”选项卡“单元格”组的“删除”选项，在“删除”选项的下拉菜单中选择“删除工作表”。

若删除的是空工作表，则直接删除；若工作表中包含任何数据，Excel 则会弹出对话框，要求用户确认是否删除工作表，如图 4-10 所示。

图 4-10 提示对话框

4.3.6 更改工作表标签颜色

在使用 Excel 过程中，用户有时需要更改工作表标签的背景色来区分不同的工作表。更改工作表标签颜色的方法为：右击工作表标签，在弹出的快捷菜单中选择“工作表标签颜色”选项，在二级菜单中选择颜色即可，如图 4-11 所示。更改了工作表标签颜色后，只有在工作表是未选中状态下，才可看到设置的标签颜色。

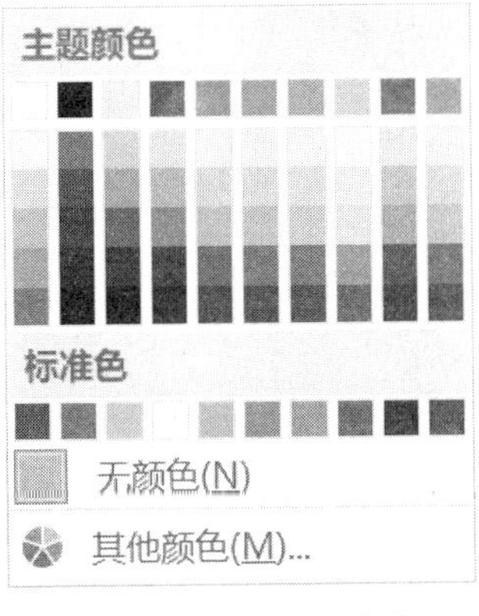

图 4-11 更改标签颜色

4.3.7 保护工作表

在使用 Excel 时，为防止自己或他人删除关键数据或公式，用户可以使用工作表的保护功能对工作表进行保护。保护工作表的步骤为：

① 选择要保护的工作表，单击功能区“审阅”选项卡“保护”组中的“保护工作表”选项，或单击功能区“开始”选项卡“单元格”组“格式”控件下拉菜单中的“保护工作表”选项，即可打开“保护工作表”对话框，如图 4-12 所示。

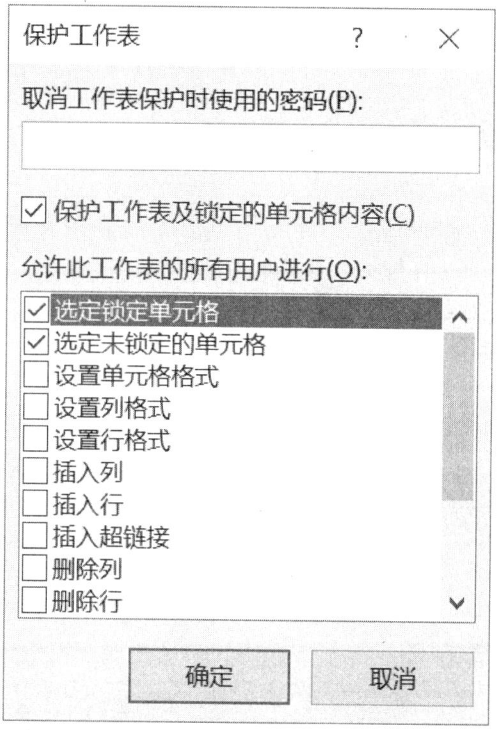

图 4-12 “保护工作表”对话框

② 选中“保护工作表及锁定的单元格内容(C)”复选框，在“取消工作表保护时使用的密码(P)”文本框中可以设置密码。若用户在该对话框中设置了密码，则在取消工作表的保护时必须输入该密码才可以解除对工作表的保护。

③ Excel 允许所有用户对工作表设置该对话框中的操作权限。

④ 点击“确定”后即可开启对工作表的保护功能。

⑤ 若要取消工作表的保护功能，单击功能区“审阅”选项卡“保护”组中的“取消保护工作表”选项，或单击功能区“开始”选项卡“单元格”组“格式”控件下拉菜单中的“取消保护工作表”选项，即可取消对工作表的保护。

在有些情况下，用户希望对工作表中的部分单元格实施保护。每个单元格都对应“锁定”属性。在这里需要强调的是，单元格的保护必须与工作表的保护同时使用才能生效。

默认情况下，工作表中的所有单元格都是锁定状态。要设置部分单元格的锁定状态，必须先取消所有单元格的锁定，再设置部分单元格的锁定属性，具体操作方法如下：

① 选择工作表中所有单元格。

② 单击功能区“开始”选项卡“单元格”组的格式按钮，在弹出的下拉选项中选择“锁定单元格”指令 锁定单元格(L)，取消所有单元格的锁定状态，或者右击工作表标签，在弹出的快捷菜单中打开“设置单元格格式”对话框，在该对话框“保护”选项卡中，取消选中“锁定”选项。

③ 选择需要锁定的单元格，单击锁定单元格指令 锁定单元格(L)，或在“设置单元格格式”对话框“保护”选项卡中选中“锁定”选项，点击“确定”即可。

§4.4 单元格的基本操作

在 Excel 中，大部分的工作都是在单元格中完成的。单元格中显示并存储了数据、公式或函数。单元格的基本操作包括单元格的选择、插入、删除、移动、复制、合并等。

4.4.1 选择单元格

1. 选择一个单元格

① 在单元格上单击鼠标。

② 在名称框中输入单元格的地址，即可选中该单元格。

2. 选择连续的多个单元格

① 选中要选择区域的第一个单元格，按下鼠标左键并拖动鼠标，移动至合适的位置后释放鼠标左键即可选中连续的单元格。被选中的单元格突出显示，如图 4-13 所示。

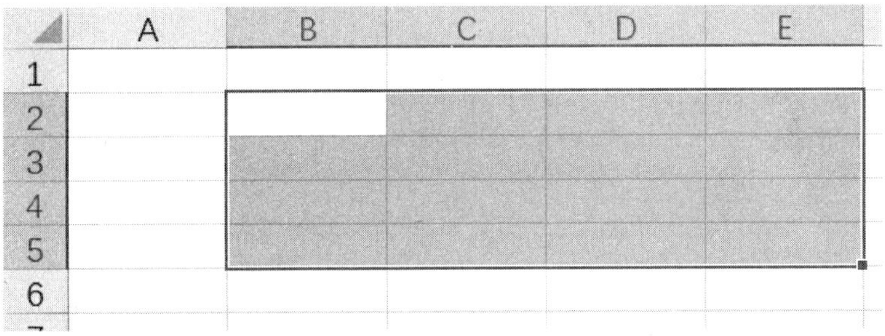

图 4-13 选择连续的多个单元格

② 选中某个区域左上角单元格，然后滚动到右下角单元格，最后按下“Shift”键不释放，鼠标左键单击右下角单元格，即可选中以这两个单元格为对角线的矩形区域。

③ 在名称框中输入需要选中的单元格区域左上角和右下角的单元格名称，并用冒号分隔，也可选中以这两个单元格为对角的矩形区域。

3. 选择整行或整列

用鼠标单击行或列的行号或列号，即可选中该行或列，如图 4-14 所示。

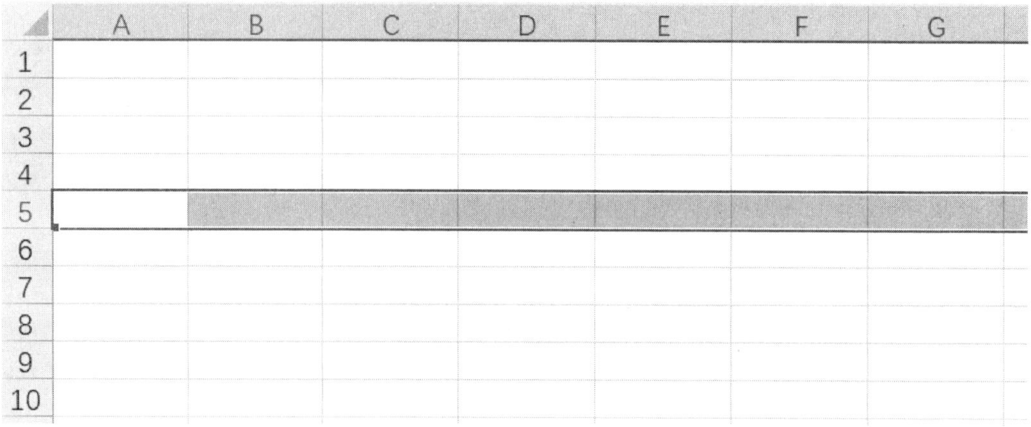

图 4-14　选择整行

4. 选择不连续的多个单元格或区域

① 先用鼠标选中第一个要选中的单元格或区域，然后按住“Ctrl”键不释放，再拖动鼠标选中其他的单元格或区域，如图 4-15 所示。

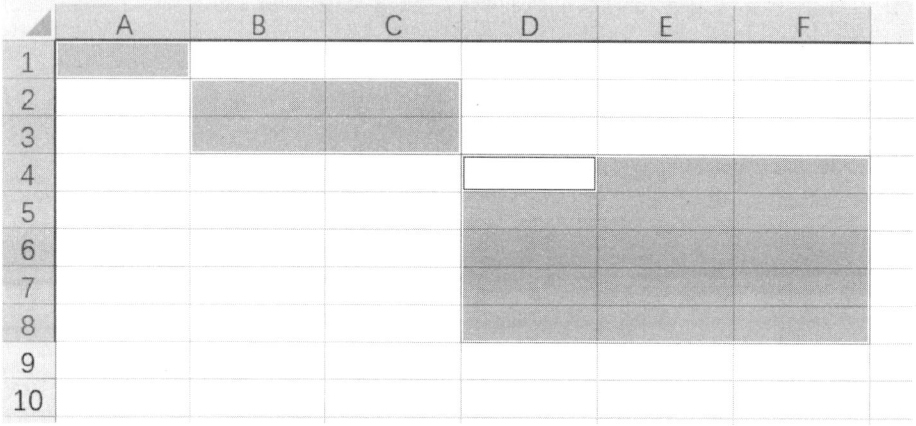

图 4-15　选择不连续的多个单元格

② 在名称框中输入单元格或区域的名称，用逗号分隔各个单元格或区域的名称，输入完毕后按“Enter”键。

5. 选择所有单元格

① 点击工作表行号和列号相交处，如图 4-16 所示。

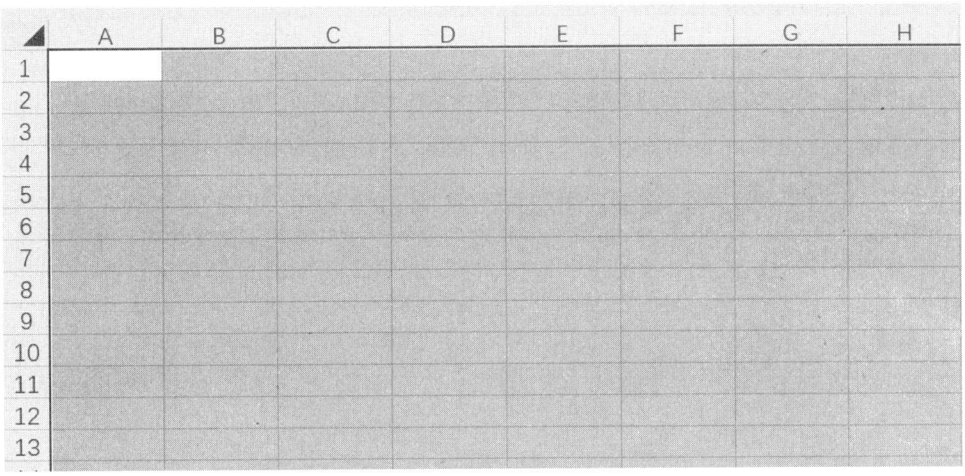

图 4-16　选择所有单元格

② 按“Ctrl＋A”组合键。

4.4.2　插入与删除单元格

在编辑工作表过程中，经常需要对单元格进行插入或删除操作。在 Excel 2016 中利用插入或删除单元格对话框可以实现该功能。

1. 插入单元格

插入单元格具体操作方法如下：

① 在需要插入单元格的位置选中一个或多个单元格。

② 单击功能区“开始”选项卡“单元格”组的插入按钮 插入，在弹出的下拉选项中选择 插入单元格(I)... 选项，弹出“插入”对话框，如图 4-17 所示。在“插入”对话框选择“活动单元格右移(I)”，可在选中区域插入与选中单元格数量相等的空白单元格，原来选中的单元格及其右侧的单元格均自动向右移动；选择“活动单元格下移(D)”，可在选中的单元格区域插入与选中单元格数量相等的空白单元格，原来选中的单元格及其下方的单元格均自动向下移动；选择“整行(R)”，可在单元格区域上方插入与选择区域的行数相等的若干空白行；选择“整列(C)”，可在选中单元格区域左侧插入与选中区域的列数相等的若干空白列。

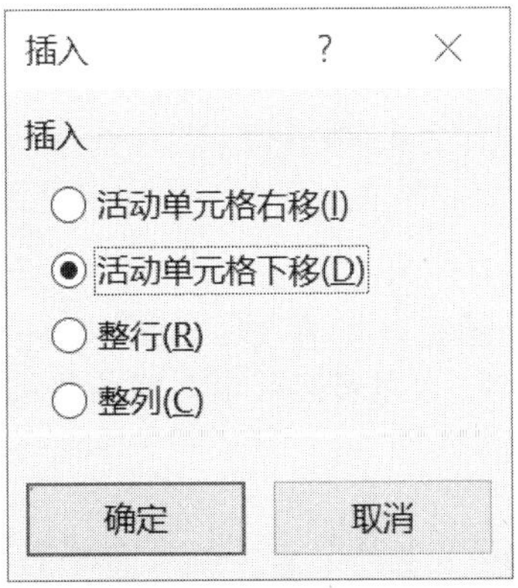

图 4-17　“插入”对话框

③ 单击“确定”按钮即可完成单元格的插入。

2. 删除单元格

选中需要删除的单元格，单击功能区“开始”选项卡“单元格”组的“删除”按钮，在弹出的下拉选项中选择选项，弹出“删除”对话框，如图 4-18 所示。选择“右侧单元格左移(L)”，可删除选中单元格，其右侧的单元格均自动向左移动；选择“下方单元格上移(U)”，可删除选中的单元格，其下方的单元格自动向上移动；选择“整行(R)”，可删除选中的单元格区域所在行的全部单元格；选择“整列(C)”，可删除选中的单元格区域所在列的全部单元格。

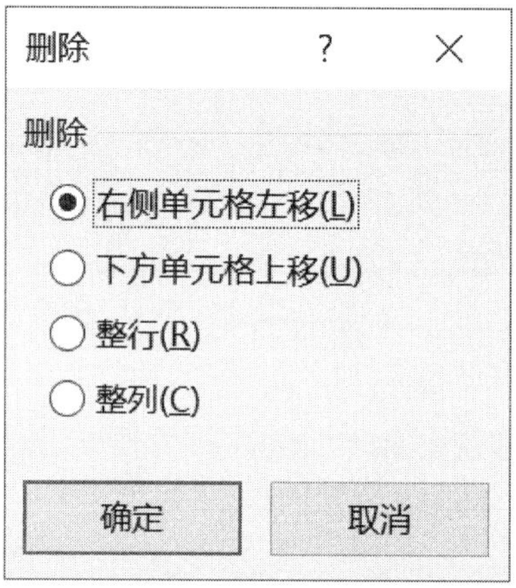

图 4-18 “删除”对话框

注：Excel 中删除单元格不同于清除单元格，删除单元格是将单元格从工作表中删除，而清除单元格是删除单元格中的数据。清除单元格的方法为：选中需要清除的单元格，按“Delete”键即可，或者单击功能区“开始”选项卡“编辑”组的“清除”按钮，在弹出的下拉选项中选择“清除内容”选项，也可以清除单元格。

4.4.3 移动与复制单元格

在使用 Excel 过程中，经常要将单元格移动或复制到另外一个位置。移动或复制单元格的操作方法如下：

① 使用功能区中的“开始”选项卡“剪贴板”组的剪切按钮命令或复制按钮，可实现单元格内容的移动或复制。

② 使用快捷键，键盘上的“Ctrl＋X”组合键或“Ctrl＋C”组合键，即可实现单元格内容的移动或复制。

③ 使用鼠标拖动，把鼠标放置在选中单元格区域的边框上，拖动鼠标到目标单元格释放鼠标，即可实现单元格的移动；拖动鼠标的同时按“Ctrl”键，鼠标指针的位置显示一个小加号，拖动鼠标到目标单元格释放鼠标，即可实现单元格的复制。

4.4.4 合并单元格

在使用 Excel 时，经常需要将单元格合并以创建更大的文本空间。合并单元格以及取消单元格合并主要通过功能区的命令以及“设置单元格格式”对话框来实现。

① 使用功能区：首先选中需要合并的单元格，单击功能区“开始”选项卡“对齐方式”组的合并后居中按钮 合并后居中，即可实现单元格的合并，如图 4-19 所示，并可以将插入点放置在合并单元格居中的位置。如果需要选择其他的合并选项，可以在“合并后居中”的下拉菜单中选择。要取消单元格合并，再次单击“合并后居中”按钮。

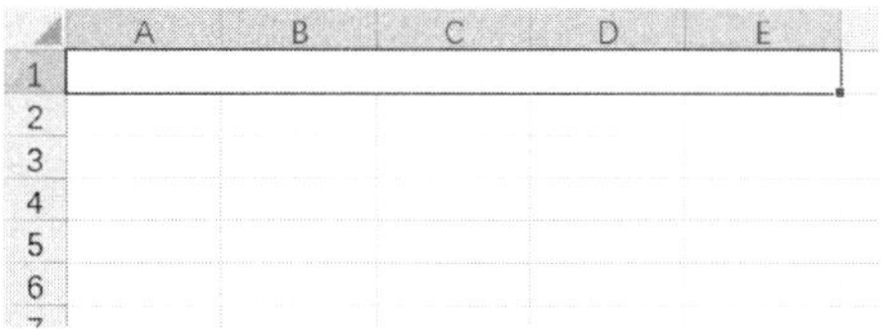

图 4-19 合并单元格

② 使用“设置单元格格式”对话框：首先选中需要合并的单元格，单击鼠标右键，在弹出的快捷菜单中选择“设置单元格格式”选项，打开“设置单元格格式”对话框的“对齐”选项卡，如图 4-20 所示，在该对话框的文本控制区选中“合并单元格”选项即可实现合并单元格的功能。要取消单元格合并，以同样的方法打开对话框，取消选中“合并后居中”选项即可。

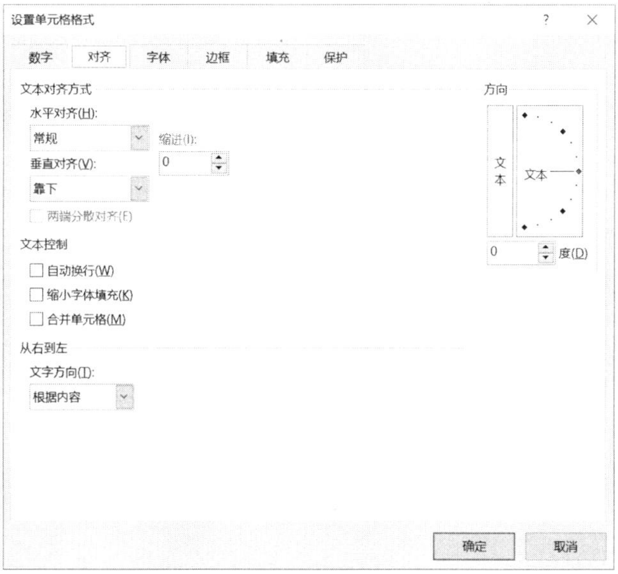

图 4-20 “设置单元格格式”对话框

注：在要进行合并的单元格中，除最左上角的单元格外，其余的单元格必须为空。若要合并的单元格只有一个不为空，则 Excel 不会弹出警告对话框，否则 Excel 将弹出警告对话框。若仍然要合并单元格，则 Excel 仅保留左上角的值，而其他单元格中的内容将自动删除。

§ 4.5 数据的输入与编辑

在 Excel 工作表中，可以输入各种类型的数据，包括文字、数字、符号、日期等。而且，还可以利用自动填充功能快速输入数据。

4.5.1 文本的输入

在 Excel 中，文本通常可以用作数据（如学号、姓名等），也可以用作说明工作表中数据的意义，通常由数字、汉字或英文字符构成，不能参与计算。

输入文本时，首先单击需要输入数据的单元格，在单元格或在编辑框中输入数据，再按下键盘上的“Enter”键或鼠标单击其他任意单元格即可。默认情况下，文本数据自动左对齐。如果要把输入的数字变为文本类型数据，可以使用“设置单元格格式”对话框和功能区命令来设置。

1. 利用“设置单元格格式”对话框

利用“设置单元格格式”对话框将数据转换成文本类型数据，具体操作步骤如下：

① 选中该单元格或单元格区域，单击功能区“开始”选项卡“单元格”组格式按钮，在弹出的下拉菜单中选择“设置单元格格式”选项 设置单元格格式(E)...，打开“设置单元格格式”对话框，如图 4-20 所示。

② 在该对话框中选择“数字”选项卡，在分类列表中选择“文本”选项。

③ 设置完成后，单击“确定”按钮。

2. 利用功能区命令

利用功能区命令将数据转换成文本类型数据，具体操作为：选中该单元格或单元格区域，单击功能区“开始”选项卡“数字”组的“数字格式”下拉列表，在弹出的下拉列表中选择“文本”选项。

4.5.2 数值的输入

数值的输入相对于文本较为复杂，原因在于：为使用起来更加方便，输入的数值需要设置一定的格式。Excel 提供了丰富的数字格式。系统默认情况下，数值类型数据的对齐方式为右对齐，当输入的数据长度超过 11 位时，系统将自动转换为科学计数法表示，而且从第 16 位开始后面的位数会变成“0”，图 4-21 所示为输入，图 4-22 所示为输入后的显示结果。

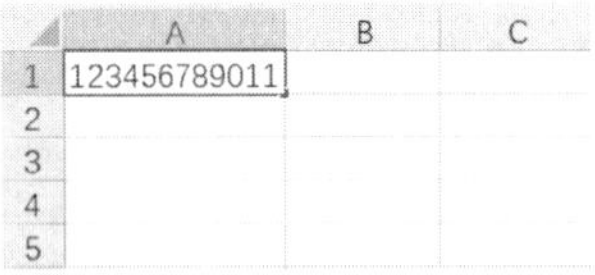

图 4-21　输入数值型数据

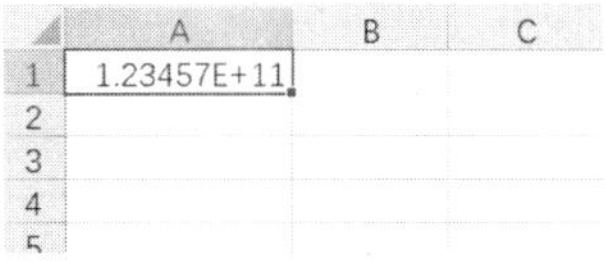

图 4-22　科学计数法显示

当需要指定小数点位数时，可以通过“设置单元格格式”对话框实现，具体操作步骤如下：

① 选中该单元格或单元格区域，单击功能区“开始”选项卡“单元格”组格式按钮，在弹出的下拉菜单中选择设置单元格格式选项 设置单元格格式(E)...，或在单元格上右击选择“设置单元格格式”按钮，打开“设置单元格格式”对话框。

② 在该对话框中选择“数字”选项卡，在分类列表中选择“数值”选项，如图 4-23 所示，在小数位数微调框中设置保留小数位数，当小数位数少于设置的位数时，右边自动补零，当小数位数多于设置位数时，多余的小数系统按四舍五入处理，然后在“负数”列表框中选择负数

的格式。

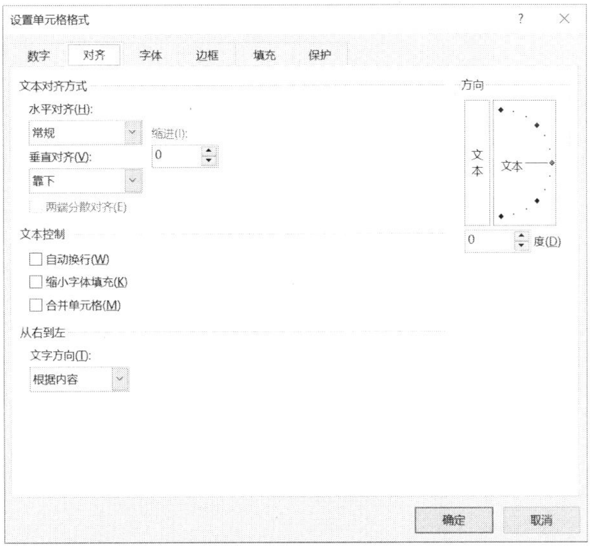

图 4-23 “设置单元格格式”对话框数值设置

③ 设置完成后，单击“确定”按钮即可。

如果要在单元格中输入含有分数的数字，需要在整数和分数间输入一个空格。例如，在单元格中输入“3 3/4”，编辑栏中显示 3.75。如果只需要输入分数部分，那么必须先输一个“0”，如输入“0 1/2”，编辑栏中显示 0.5；否则，Excel 会认为输入的是一个日期。

4.5.3 输入日期和时间

在 Excel 中，默认情况下，日期的格式为“年/月/日”，时间的格式为按“小时：分：秒”。若在一个单元格内同时输入日期和时间，则日期和时间中间用空格分隔。如果用户需要在单元格中输入其他格式的日期和时间，可以通过“设置单元格格式”对话框进行修改，具体操作步骤如下：

① 选中该单元格或单元格区域，单击功能区“开始”选项卡“单元格”组格式按钮，在弹出的下拉菜单中选择 设置单元格格式(E)...，或点击鼠标右键，在快捷菜单中选择“设置单元格格式”选项，即可打开“设置单元格格式”对话框。

② 在“设置单元格格式”对话框“数字”选项卡的“分类”列表中选择“日期”，列表框右侧列出日期格式类型，如图 4-24 所示，在列表中选择需要的日期格式。

③ 设置完成后，单击“确定”按钮即可。

如果想要更改默认的日期格式，需要修改系统的日期格式设置。在“Windows 设置”的“日期和时间”选项中选择“更改日期和时间”，在“短日期格式”中选择相应的日期格式即可，如“yyyy－M－d”。

要在单元格中输入当前日期，先选中单元格，按“Ctrl＋；”组合键，即可将当前系统日期插入到选中的单元格中。同样的方法，使用“Ctrl＋Shift＋；”组合键，可以将当前系统时间插入到选中的单元格中。

图 4-24 “设置单元格格式”对话框日期格式

4.5.4 插入批注

如果需要对工作表中的内容进行解释说明，可以使用插入批注的方法。要插入批注，首先选中需要插入批注的单元格，然后执行以下操作中的任意一种：

① 选择“审阅”选项卡“批注”组中的“新建批注”按钮。

② 右击单元格，在快捷菜单中选择“插入批注”选项。

③ 按“Shift＋F2”组合键。

Excel 会在当前单元格中插入一个批注，该批注中包含了当前登录计算机的账户姓名，用户可以在批注中删除账户姓名，输入批注内容，如图 4-25 所示。含有批注的单元格右上角会包含一个红色的三角标记，单击除此单元格外的工作表的任意位置，插入的批注会自动隐藏。当鼠标移到含有标记的单元格或点击单元格时，会显示批注。

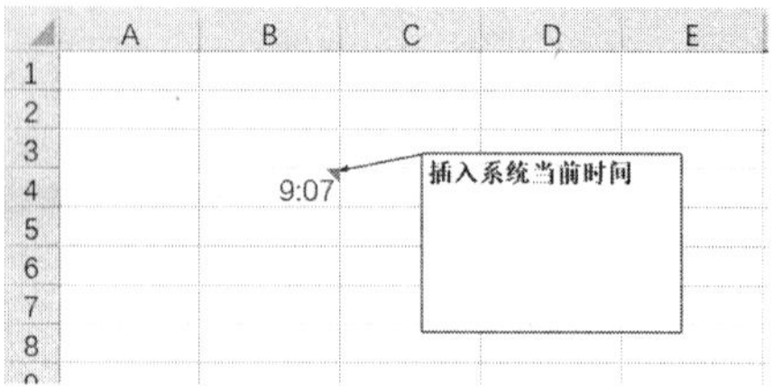

图 4-25 插入批注

如果需要显示所有单元格的批注，可以选择“审阅”选项卡“批注”组中的“显示所有批注”命令，再次单击此命令可以隐藏所有的批注。

如果需要显示单个批注，先选中相应的单元格，选择“审阅”选项卡“批注”组中的“显示/隐藏批注”命令，即可切换当前单元格批注的显示或隐藏。

4.5.5　快速输入数据

1. 同时在多个单元格输入相同数据

如果需要在单元格内同时输入多个数据，首先选中需要输入数据的单元格，如图 4-15 所示；然后在当前单元格或编辑框中输入数据，输入完成后，按下键盘上的“Ctrl＋Enter”组合键即可将数据插入到选中的每个单元格中，如图 4-26 所示。

	A	B	C	D	E	F	G
1	Excel2016						
2		Excel2016	Excel2016				
3		Excel2016	Excel2016				
4		Excel2016	Excel2016				
5				Excel2016	Excel2016	Excel2016	
6				Excel2016	Excel2016	Excel2016	
7				Excel2016	Excel2016	Excel2016	
8				Exccl2016	Excel2016	Excel2016	
9				Excel2016	Excel2016	Excel2016	
10				Excel2016	Excel2016	Excel2016	
11				Excel2016	Excel2016	Excel2016	
12							
13							
14							
15							

图 4-26　同时输入效果

2. 自动填充数据

使用 Excel 的自动填充功能，可以方便地在一组单元格中输入数据。使用自动填充功能主要有使用填充柄和使用“序列”对话框两种方法实现。

（1）使用填充柄

在 Excel 中用户使用填充柄（位于活动单元格右下角的小方块）可以实现数据的快速输入，具体操作方法如下：

① 选中需要输入数据的起始单元格并输入数据，如在单元格 A1 和 A2 中分别输入数字 1 和 2。

② 选中输入数据的单元格，将鼠标光标移动至填充柄上（单元格右下角的黑块），如图 4-27 所示，当鼠标光标变为“＋”字形的时候，按下鼠标左键并向下拖动鼠标，至适当位置时释放鼠标左键，即可创建一个线性序列。

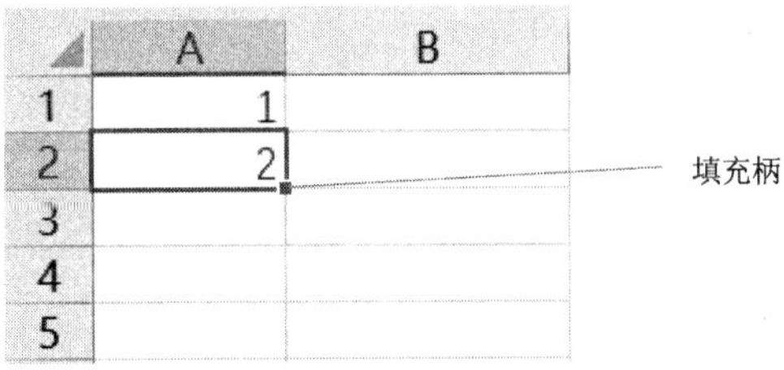

图 4-27　填充柄

③ 完成数据填充后，数据的数据区域右下角会出现自动填充选项按钮，单击该按钮弹出选项菜单，如图 4-28 所示，选择适合的选项即可按指定要求填充数据，默认情况下为序列填充。

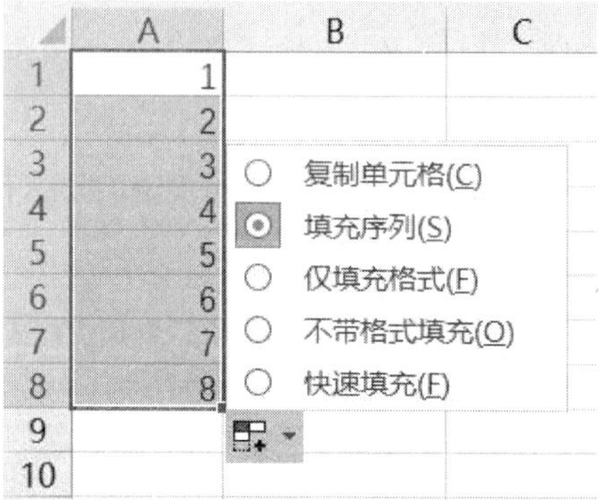

图 4-28 自动填充选项菜单

(2) 使用“序列”对话框

在 Excel 中可以使用“序列”对话框填充数据，具体操作方法如下：

① 选中需要输入数据的起始单元格并输入数据，如输入数字 1。

② 选中需要填充的单元格区域，然后单击功能区“开始”选项卡“编辑”组的“填充”按钮，在弹出的下拉选项中选择“系列”选项 系列(S)...，打开“序列”对话框，如图 4-29 所示。

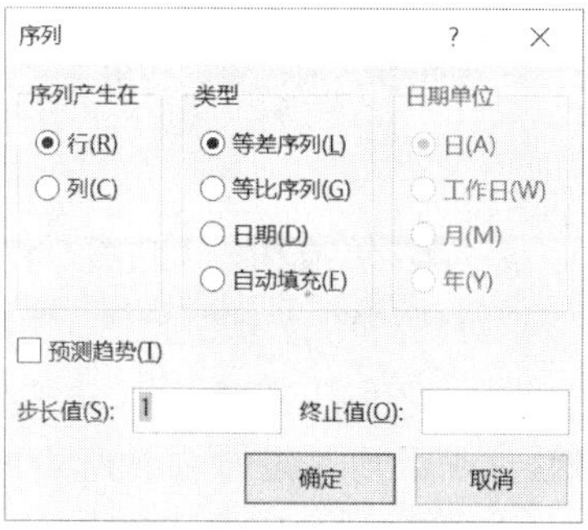

图 4-29 “序列”对话框

③ 在该对话中类型区，选择需要填充的序列选项，在“步长值(S)”与“终止值(O)”文本框中分别输入序列的步长与终止值。

④ 设置完成后，单击“确定”按钮即可。

3. 数据验证

Excel 的数据验证功能允许用户对单元格中输入的内容需要符合什么规则进行设定，若输入的数据不满足条件，即为无效数据时，则可弹出一条用户自定义的消息。

(1) 使用数据验证功能指定数据范围

用户可以根据需要设置单元格中输入数据符合什么样的规则。

设置规则的操作方法如下：

① 选中需要设置数据验证的单元格或者数据区域。

② 选择“数据”选项卡“数据工具”组“数据验证”选项，Excel 将显示“数据验证”对话框，如图 4-30 所示。

图 4-30 “数据验证”对话框

③ 选择“设置”选项卡，在“允许(A)”下拉列表中选择一个选项。“数据验证”对话框的内容会随着选项的不同而改变。

④ 用户可以在“设置”选项卡中设置单元格内容需要满足的条件。例如，在“允许(A)”下拉列表中选择“整数”，设置数据的范围为 0～100。

⑤ 选择“输入信息”选项卡，可以设置用户在选定单元格时所显示的信息。

⑥ 选择“出错警告”选项卡，可以设置当用户输入无效数据时显示的信息。若在“样式”选项中选择“停止”选项，则可以阻止用户输入无效数据；否则，当用户输入无效数据时，系统会弹出一条标准信息。

⑦ 单击“确定”按钮，即可完成数据区域数据验证的设置。

(2) 使用数据验证功能创建下拉列表

数据验证一个最常用的功能就是输入单元格的内容时，在下拉列表中选择数据。图 4-31显示以星期几作为输入数据的列表。

图 4-31 使用数据验证功能创建下拉列表

使用数据验证功能创建下拉列表的操作方法如下：

① 在连续的 列或 行数据区域中输入列表内容。

② 选择需要输入列表内容的单元格或数据区域，选择“数据”选项卡“数据工具”组“数据验证”选项，打开“数据验证”对话框。

③ 选择“设置”选项卡，在“允许(A)”下拉列表中选择“序列”选项。使用“来源”控件选择数据列表区域，但是当选择数据列表时，要事先设置好的数据列表可以在该工作簿的其他工作表中，但必须位于同一个工作簿中。或者在使用“来源”控件中输入序列，用逗号隔开输入序列值，如“星期一，星期二，星期三”。

④ 选中“提供下拉列表”复选框。

⑤ 根据需要设置“数据验证”对话框的其他选项。

⑥ 单击“确定”按钮，即可在单元格下拉列表中选择需要输入的数据。

(3) 使用数据验证功能限定数据长度

在现实生活中，有一些数据是有固定长度的，如身份证号、邮政编码、手机号码等。在输入数据过程中，用户可以使用数据验证功能限定数据长度。图 4-32 为身份证号码输入中限定数据长度可以防止非法数据的输入，具体操作步骤如下：

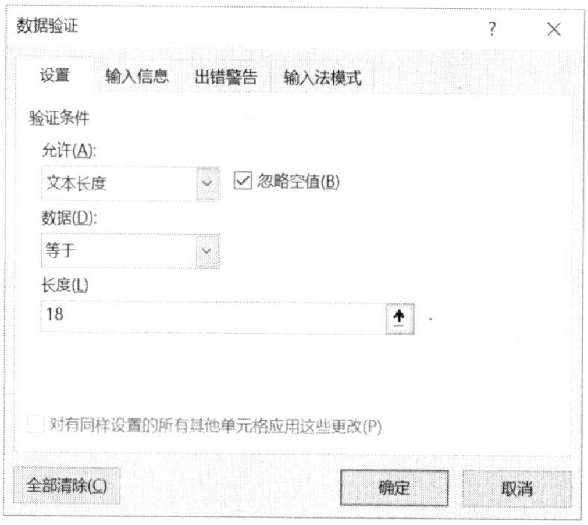

图 4-32　利用“数据验证”对话框设定身份证位数

① 选择需要输入列表内容的单元格或数据区域，选择“数据”选项卡“数据工具”组“数据验证”选项，打开“数据验证”对话框。

② 选择“设置”选项卡，在“允许”组合框中选择“文本长度”选项。

③ 根据需要设置“数据验证”对话框的其他选项。

④ 单击“确定”按钮，即可完成对单元格中文本长度的限定。

4.5.6　查找和替换

Excel 2016 提供了查找和替换功能，可以快速定位到满足条件的单元格，并能方便地将单元格中的数据替换为需要的数据，从而提高工作效率。

单击功能区“开始”选项卡“编辑”组的“查找和选择”按钮，在弹出的下拉菜单中选择“查找”选项或“替换”选项，或者按下键盘上的“Ctrl＋F”组合键，打开“查找和替换”对话框，如图 4-33 所示。

在“查找内容”组合框中输入要查找的内容，在“替换为”组合框中输入需要替换的内容。单击“替换”按钮，即可将工作表中的数据进行数据替换。单击“全部替换”按钮，可实现全部替换单元格中的内容。

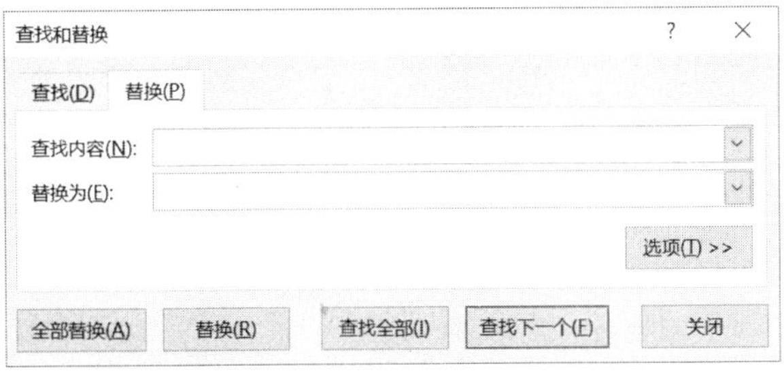

图 4-33　“替换”选项卡

§ 4.6　公式和函数

公式与函数的使用是 Excel 功能强大的重要体现，使用 Excel 的公式与函数功能可以很方便地对工作表中的大量数据进行计算，并且当工作表中的数据发生改变时，也无须重新编辑公式和函数便可以直接获得计算结果。

4.6.1　公式的使用

1. 公式的组成

公式是可以进行计算的表达式，该表达式必须符合公式的规则，由运算符、数值、文本、单元格引用和函数构成。

公式必须由等号“＝”开头，可以包括以下元素。

① 运算符：Excel 公式中使用运算符主要包括数学运算符、文本连接运算符、逻辑运算符等，常用运算符及优先级如表 4-1 所示。

表 4-1　常用运算符

运算符	运算符名称	优先级
()	括号	1
—	负号	2
%	百分比	3
^	乘方	4
*、/	乘除	5
＋、－	加减	6
&	文本连接	7
＝、＞、＜、＞＝、＜＝、＜＞	等于、大于、小于、大于等于、小于等于、不等于	8

关于运算符的优先级，在使用时可以通过加括号方式来改变计算顺序。

下面是几个使用不同运算符的公式举例，如表 4-2 所示。

表 4-2 常用运算符举例

公式	执行的操作
=12 * 6	计算两个数字常量的乘积，得到数值 72
="中国"&"人民"	连接两个文本，生成字符串“中国人民”
=A1&A2	连接单元格 A1 和 A2 的内容，文本连接符“&”可以连接数值和文本，连接后得到的结果为文本型数据
="B"<"A"	比较两个字符常量的大小，计算结果为 False，按 ASCII 码中字母编码值比较大小

② 常量：参与计算的常量，包括字符常量或数值常量。

③ 单元格引用：通常是单元格或区域的地址。

④ 函数：Excel 中自带了大量可以用于计算的函数。

2. 公式的输入

公式的输入与文本的输入类似，可以在单元格内输入，也可以选择单元格，然后在编辑栏中输入公式，具体方法如下：

① 选中需要输入公式的单元格，如选择单元格 A1。

② 在单元格中输入公式内容，如在单元格中输入“=12 * 6”。

③ 按“Enter”键，即可得到计算的结果“72”。

3. 在公式中使用单元格引用

在 Excel 中，大部分的公式需要使用单元格的引用，单元格的引用极大地方便了公式的数据运算。例如，公式的计算中引用的单元格 A1，当单元格 A1 的内容发生改变时，公式会自动重新计算而无须再编辑公式。单元格的引用包括相对引用、绝对引用和混合引用。

（1）相对引用

当把公式复制到其他单元格时，公式中行或列的引用都会发生改变，变化的程度其实是当前行或列的偏移量。默认情况下，Excel 公式复制使用的是相对引用。

（2）绝对引用

复制公式时，公式中行或列的引用不会随着单元格公式位置发生变化而变化。绝对引用单元格时应在行号和列号前使用符号“$”，如$A$3。

（3）混合引用

单元格的引用中行或列一个是相对引用，另一个是绝对引用，单元格中只有一个组成部分是绝对的，如$A3。

【例 4—1】在“求圆的面积”工作表中，利用公式计算圆的面积，如图 4-34 所示。

步骤 1：打开“求圆的面积”工作表。

步骤 2：选中单元格 B2，输入公式“=$A$9 * A2^2”，如图 4-35 所示。然后按下“Enter”键，该单元格将显示计算结果。

步骤 3：将鼠标放置在 B2 单元格右下角填充柄的位置，拖动鼠标至 B7 单元格后释放鼠标。此时，公式被复制到拖动选择的单元格中，并显示计算结果。

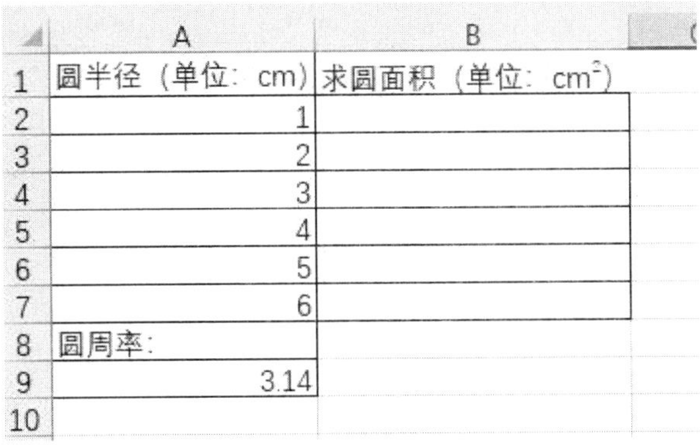

	A	B
1	圆半径（单位：cm）	求圆面积（单位：cm²）
2	1	
3	2	
4	3	
5	4	
6	5	
7	6	
8	圆周率：	
9	3.14	
10		

图 4-34　“求圆的面积”工作表

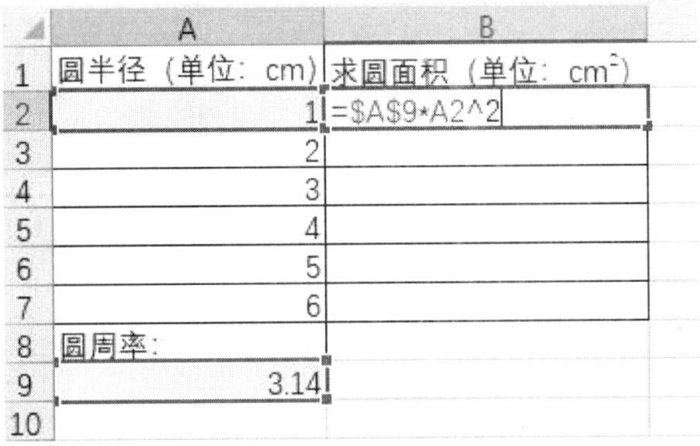

	A	B
1	圆半径（单位：cm）	求圆面积（单位：cm²）
2	1	=$A$9*A2^2
3	2	
4	3	
5	4	
6	5	
7	6	
8	圆周率：	
9	3.14	
10		

图 4-35　在 B2 单元格中输入公式

图 4-36 中显示，单元格 B2 中的公式使用了公式“=$A$9*A2^2”，此公式中 A2 使用了相对引用，当公式复制到 B3 时，公式变成了“=$A$9*A3^2”，而公式中的 $A$9 使用的是绝对引用，即 $A$9 不会随着单元格公式的复制发生改变。

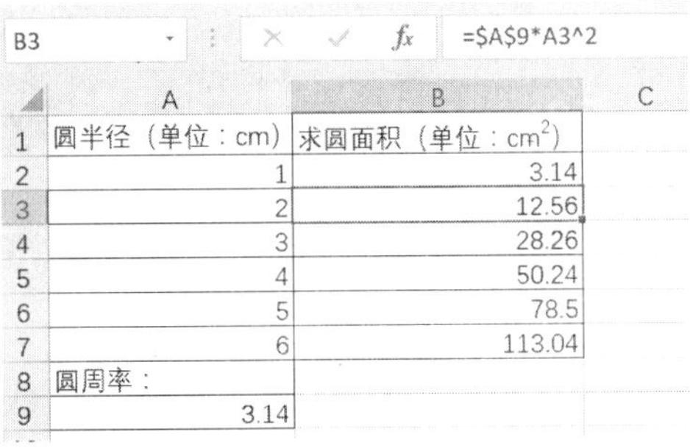

B3　=$A$9*A3^2

	A	B	C
1	圆半径（单位：cm）	求圆面积（单位：cm²）	
2	1	3.14	
3	2	12.56	
4	3	28.26	
5	4	50.24	
6	5	78.5	
7	6	113.04	
8	圆周率：		
9	3.14		

图 4-36　公式的复制举例

4.6.2　函数的使用

Excel 2016 具有函数功能，包含有财务、日期与时间、数学与三角函数、统计等多种类型的函数。函数是预先定义好的公式，它由等号、函数和参数三部分构成。下面介绍几种常用的函数。

1. SUM 函数

SUM 函数的功能用于计算单元格区域中所有数值的和。

一年一度的个人支付宝年度账单出炉了，快看看你的钱都花哪儿了？

具体步骤：

① 计算“全年总消费”的结果要放置在 B10 单元格，需要选中 B10 单元格，如图 4-37 所示。

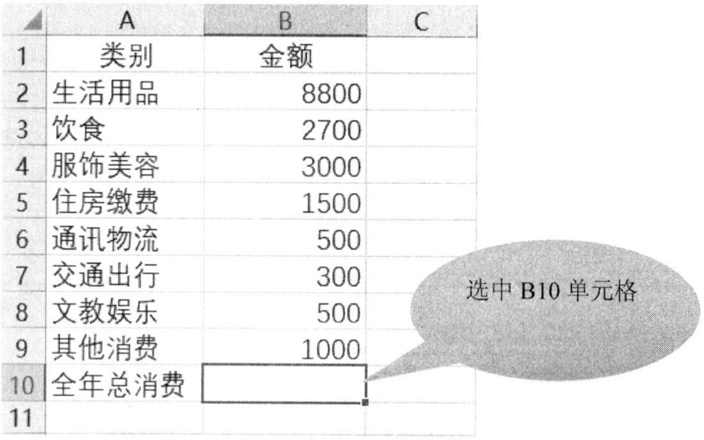

图 4-37　支付宝年账单

② 单击“公式”选项卡的“函数库”组的“自动求和”选项中的“求和”选项，如图 4-38 所示。

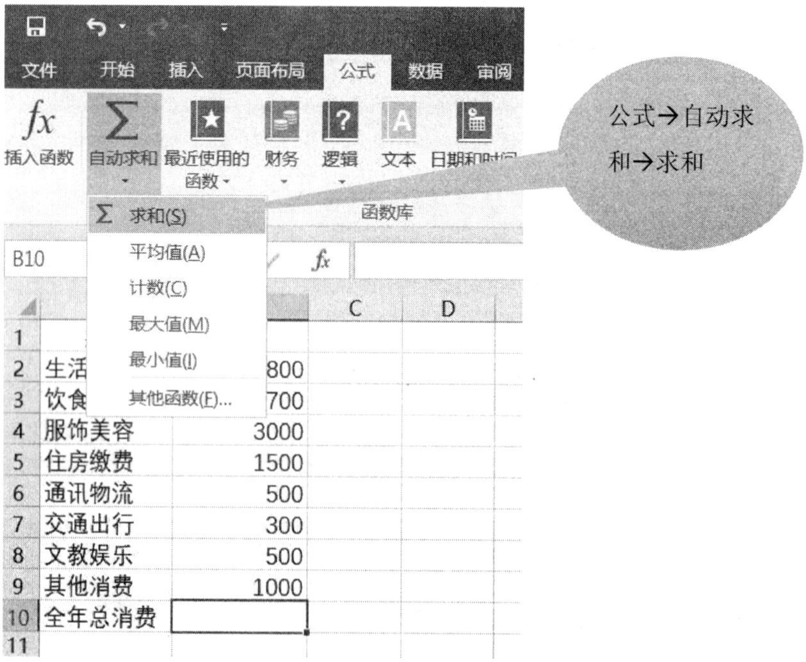

图 4-38　“公式”选项卡“函数库”组的“自动求和”

③ 在 B10 单元格显示计算公式，查看默认计算范围 B2:B9 是否正确，否则重新选择计算范围，直至正确按“Enter”键结束公式，如图 4-39 所示。

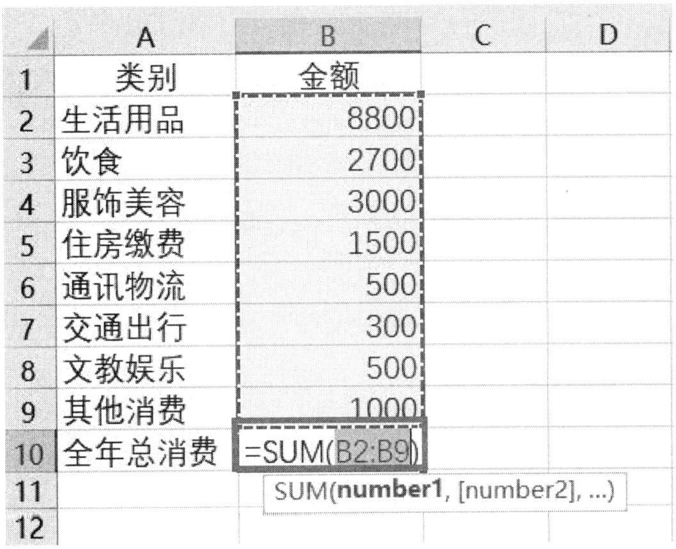

	A	B	C	D
1	类别	金额		
2	生活用品	8800		
3	饮食	2700		
4	服饰美容	3000		
5	住房缴费	1500		
6	通讯物流	500		
7	交通出行	300		
8	文教娱乐	500		
9	其他消费	1000		
10	全年总消费	=SUM(B2:B9)		
11		SUM(**number1**, [number2], ...)		
12				

图 4-39　检查 B10 单元格计算范围

2. AVERAGE 函数

AVERAGE 函数用于计算一组数据列表的平均值。单击图 4-38“平均值”选项计算数据列表的平均值。也可以在单元格中直接输入公式=average(d4:g4)，以图 4-40为例，可以直接在单元格 I4 中输入公式，或者在编辑栏中直接输入公式，输入公式时不用区分大小写。

SUM　=average(d4:g4)

	A	B	C	D	E	F	G	H	I
1	2018-2019年度学生期末成绩表								
2	年级：		班主任：			时间：			
3	序号	姓名	学号	语文	数学	英语	文综	总分	平均分
4	1	A	140221	90	103	120	234	=average(d4:g4)	
5	2	B	140222	125	129	128	165		
6	3	C	140223	89	78	65	280		
7	4	D	140224	90	78	56	234		
8	5	V	140242	99	89	34	234		
9	6	E	140225	56	120	34	234		
10	7	W	140243	120	45	80	195		
11	8	X	140244	85	103	90	154		
12	9	Z	140246	65	120	120	120		
13	10	F	140226	58	78	80	195		

图 4-40　期末成绩表

3. MAX 和 MIN 函数

MAX 函数用于计算一组数值中的最大值，MIN 函数用于计算一组数值中的最小值。在图 4-38 中单击“最大值”或“最小值”选项计算数据列表的最高值和最低值，如图 4-41

所示。

	A	B	C	D	E	F	G	H	I
1	2018-2019年度学生期末成绩表								
2	年级：		班主任：			时间：			
3	序号	姓名	学号	语文	数学	英语	文综	总分	平均分
4	1	A	140221	90	103	120	234		
5	2	B	140222	125	129	128	165		
6	3	C	140223	89	78	65	280		
7	4	D	140224	90	78	56	234		
8	5	V	140242	99	89	34	234		
9			25	56	120	34	234		
10			43	120	45	80	195		
11			44	85	103	90	154		
12			46	65	120				
13	10	F	140226	58	78				
14	最高分								
15	最低分								

图 4-41 期末成绩表

4. COUNT 函数

COUNT 函数用于计算参数中包含的数字型数据单元格的数量，也可以包括日期和时间数据单元格，不包括文本型数据、逻辑型数据和空单元格。在图 4-38 中单击“计数”选项计算数值单元格的数量。

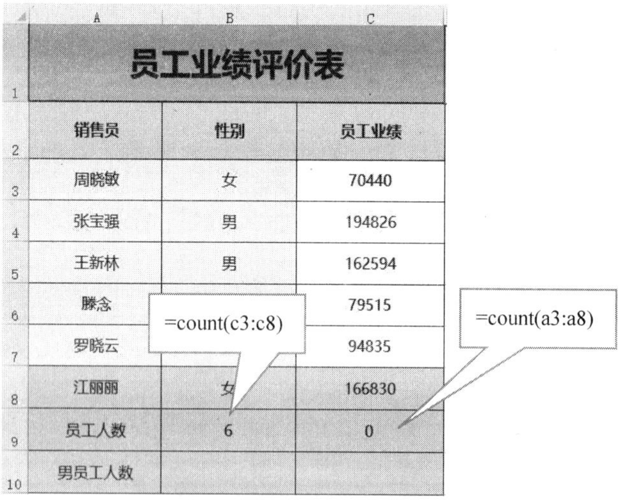

	A	B	C
1	员工业绩评价表		
2	销售员	性别	员工业绩
3	周晓敏	女	70440
4	张宝强	男	194826
5	王新林	男	162594
6	滕念		79515
7	罗晓云		94835
8	江丽丽	女	166830
9	员工人数	6	0
10	男员工人数		

图 4-42 计算“员工人数”样例

思考：在图 4-42 中，函数都是 COUNT，只是求单元格的区域不同，为什么有的计算结果是 0 呢？

答：COUNT 函数不能计算文本型数据、逻辑型数据和空单元格的数量，图 4-42 中计算结果为 0 的 COUNT 函数就是选择“姓名”列进行计算，而“姓名”列就是文本型数据。

5. COUNTIF 函数

COUNTIF 函数的功能是统计数据区域中满足给定条件的单元格的个数。在“员工业绩评价表”中，计算男员工人数就需要用到 COUNTIF 函数，如图 4-43 所示。

员工业绩评价表		
销售员	性别	员工业绩
周晓敏	女	70440
张宝强	男	194826
王新林	男	162594
滕念	男	79515
罗晓云	女	94835
江丽丽	女	166830
员工人数	6	
男员工人数		

图 4-43 计算“男员工人数”样例

具体步骤：

① 求出男员工人数，结果要放在 B10 单元格，则选中 B10 单元格。

② 在编辑栏中单击“插入函数”按钮，弹出“插入函数”对话框，如图 4-44 所示。

图 4-44 编辑栏中的“插入函数”按钮

③ 弹出“插入”函数对话框，选择 COUNTIF 函数，弹出“函数参数”对话框。在“函数参数”对话框中有一个折叠框。当选择数据范围时，“函数参数”对话框太大，会遮挡数据，这是可以用折叠框将对话框折叠框，选好数据后在此单击折叠框，将“函数参数”对话框打开，如图 4-45 所示。

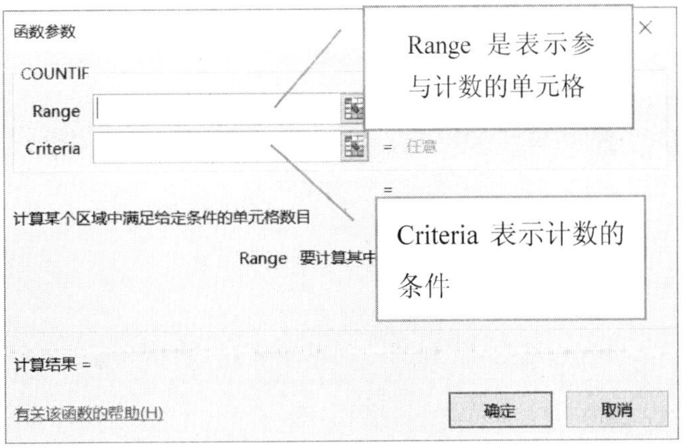

图 4-45 “函数参数”对话框

④ 函数参数分析，在“员工业绩评价表”中，需要计算男员工人数，只有“性别”列能区分男和女，所以计算男员工的范围只能选择“性别”列，条件就是男，如图 4-46 所示。

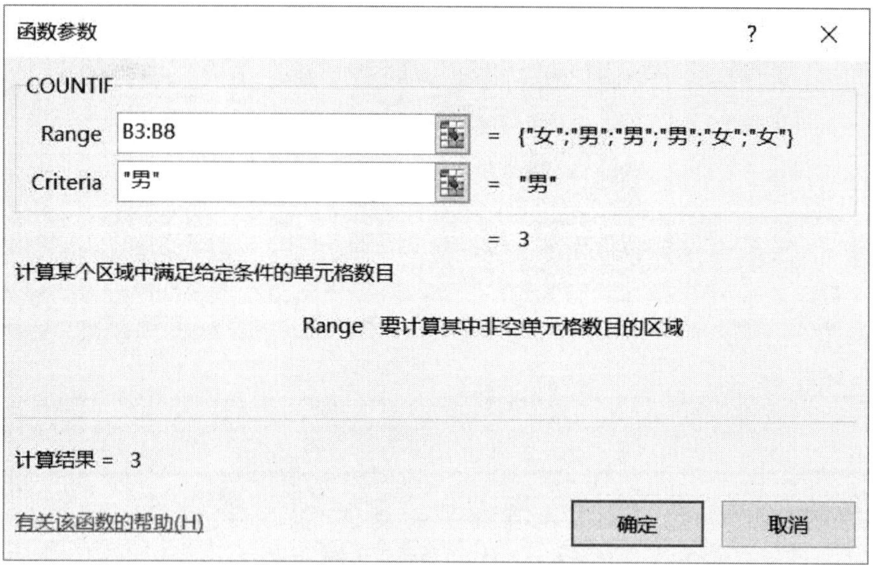

图 4-46 COUNTIF“函数参数”对话框填写完成效果图

6. IF 函数

IF 函数功能用于判断是否满足某个条件，若条件满足则返回一个值，若条件不满足则返回另一个值。以图 4-47 为例，其中“业绩评价”列依据员工业绩给出，当员工业绩大于 80000 时，则是“及格”，否则是“不及格”。

	A	B	C
1	员工业绩评价表		
2	销售员	员工业绩	业绩评价
3	周晓敏	70440	不及格
4	张宝强	194826	及格
5	王新林	162594	及格
6	滕念	79515	不及格
7	罗晓云	94835	及格
8	江丽丽	166830	及格

图 4-47 员工业绩标评价表

具体步骤：

① 首先求出周晓敏的业绩评价，其评价结果要放在 C2 单元格，则选中 C2 单元格。

② 在功能区中单击“公式”选项卡，在“函数库”中单击按钮，弹出“插入函数”对话框，如图 4-48 所示。

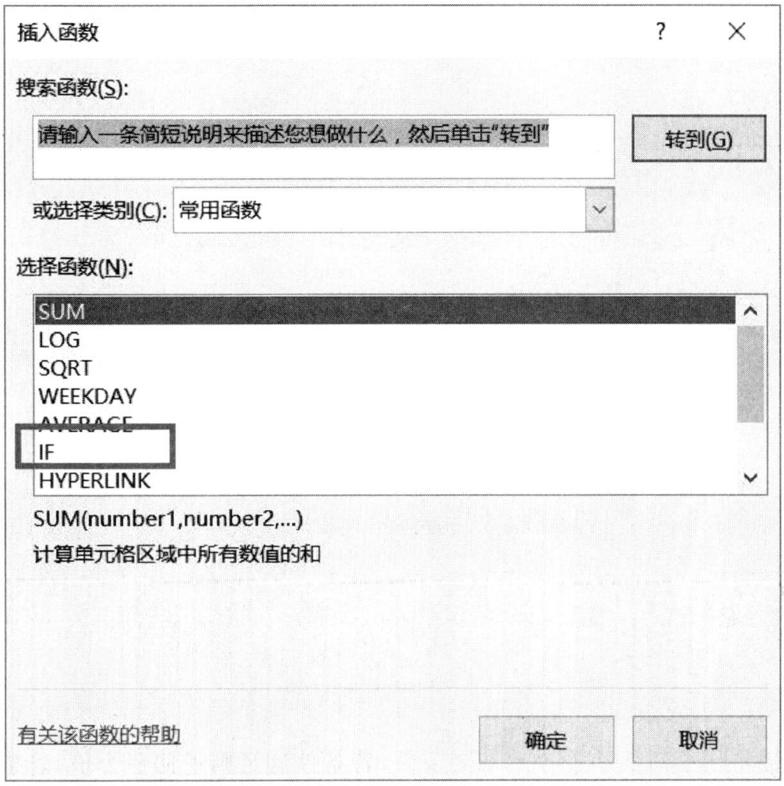

图 4-48　"插入函数"对话框

③ 在"插入函数"对话框可以通过搜索函数或者滚动条选择 IF 函数，选择完单击"确定"按钮，弹出"函数参数"对话框，如图 4-49 所示。

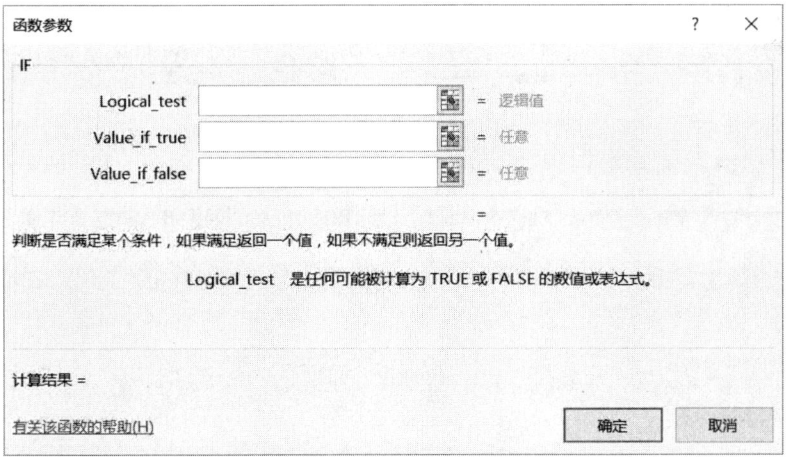

图 4-49　"函数参数"对话框

④ IF 函数参数 Logical_test 可以是任何一个可能被计算为 TRUE 或 FALSE 的数值或表达式。例如，在"员工业绩评价表"示例中，应该是周晓敏员工业绩大于 80000，用 Excel 表达就是"B3>80000"。

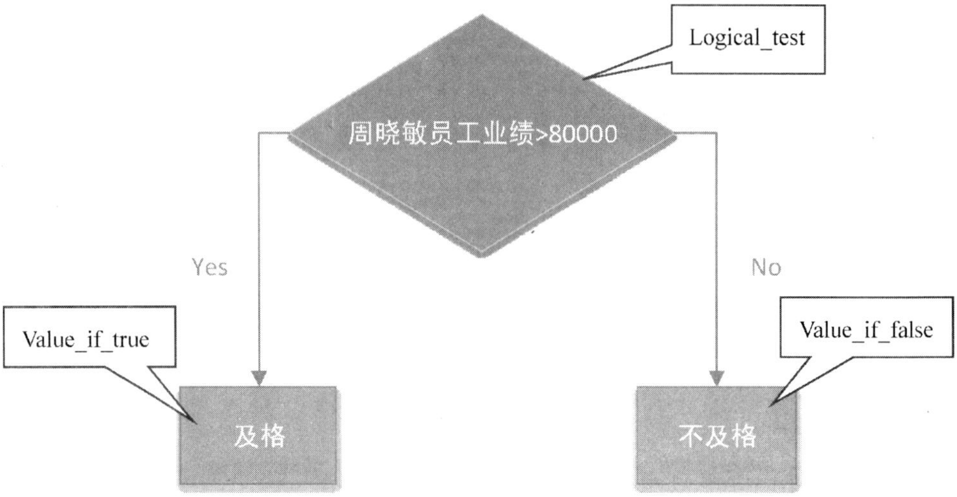

图 4-50 "周晓敏"业绩评价流程图

如图 4-50 所示，Value_if_true 是 Logical_test 为 TRUE 时的返回值，在"员工业绩评价表"示例中为"及格"。

Value_if_false 是 Logical_test 为 FALSE 时的返回值，在"员工业绩评价表"示例中为"不及格"。

⑤ 在"函数参数"对话框中输入各项参数值的效果，如图 4-51 所示。

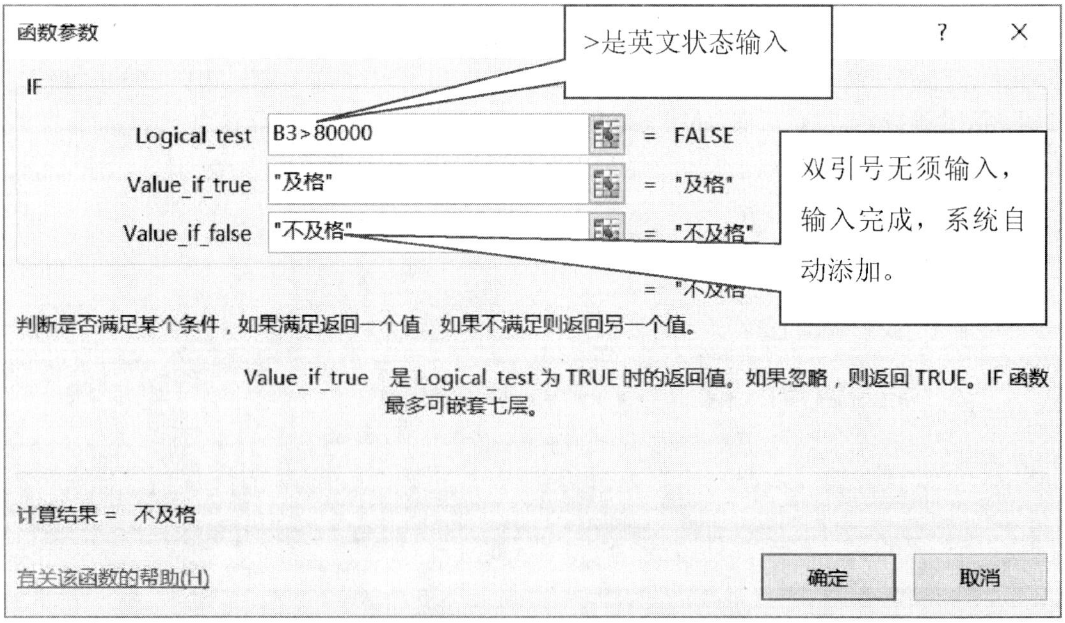

图 4-51 "函数参数"对话框填写完成效果图

⑥ 单击"确定"按钮，完成"周晓敏"的业绩评价，通过"填充柄"的拖拽完成其他员工的业绩评价。

7. RANK 函数

RANK 函数的功能用于计算某数字在一列数字中的排名。如图 4-52 所示，以“上半年销售业绩统计分析”表为例，其中销量排名根据总销售额的多少进行排序，求排名用 RANK 函数解决。

	A	B	C	D	E	F	G	H	I	J	K
1	上半年销售业绩统计分析										
2	编号	姓名	部门	一月份	二月份	三月份	四月份	五月份	六月份	总销售额	排名
3	A01	程小萍	销售（1）部	66,500	92,500	95,500	98,000	86,500	96,500	535,500	2
4	A02	张丽	销售（1）部	73,500	91,500	64,500	93,500	84,000	74,000	481,000	6
5	A03	卢奔	销售（1）部	75,500	62,500	87,000	94,500	78,000	88,000	485,500	5
6	A04	刘月	销售（1）部	79,500	98,500	68,000	100,000	96,000	106,000	548,000	1
7	A05	杜鸣	销售（1）部	82,050	63,500	90,500	97,000	65,150	75,150	473,350	7
8	A06	张成汉	销售（2）部	82,500	78,000	81,000	96,500	96,500	86,500	521,000	4
9	A07	卢红	销售（2）部	84,500	71,000	99,500	89,500	84,500	94,500	523,500	3

图 4-52　“上半年销售业绩统计分析”表

用函数计算结果步骤分为四步：

① 选中结果放置的单元格。

② 在功能区中找到需要的函数。

③ 在函数参数中填入各项参数。

④ 单击“确定”完成函数计算。

只有第③步在各个函数中差异显著，在 RANK 函数中我们详细讲解第③步各个函数参数的使用方法。要想算出程小萍的排名，必须知道程小萍的上半年总销售额以及参与排名的所有人的销售额，如图 4-53 所示。

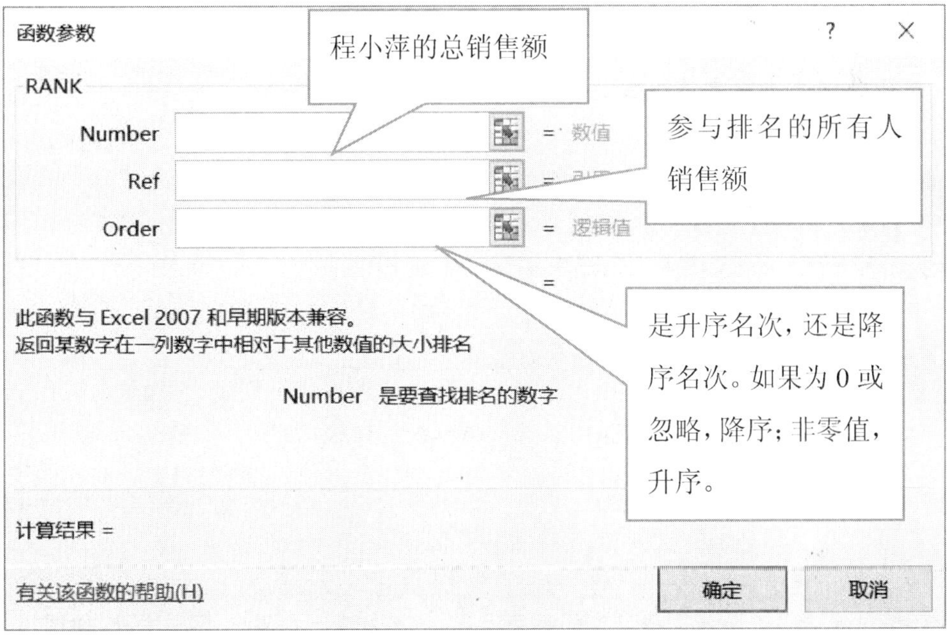

图 4-53　“函数参数”对话框

计算程小萍的上半年总销售额排名的RANK“函数参数”对话框设置如图4-54所示。

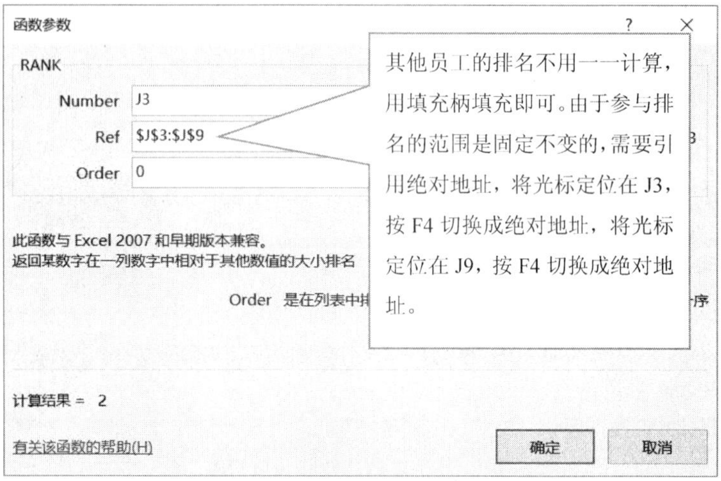

图4-54 “函数参数”对话框填写完成效果图

§4.7 美化工作表

为使工作表看起来更加工整、美观，Excel 2016提供了设置单元格格式的功能，使用户更加方便地使用工作表。

4.7.1 设置单元格字符格式

用户在单元格输入数据后，可以使用功能区或“设置单元格格式”对话框设置字体、颜色和样式(如加粗、斜体)等字体格式。

1. 使用功能区设置字符格式

使用字体下拉列表 等线 ：用户可以根据需要在字体下拉列表中选择相应的字体，以改变字体的外观。

字号列表 11 ：用于设置字体大小，用户可以使用字号列表更改当前选中字符的大小。

增大字号按钮 A˄ ：用于增大当前选中字符字体的字号。

减小字号按钮 A˅ ：用于减小当前选中字符字体的字号。

倾斜按钮 I ：用于为当前选中字符设置倾斜效果。

下划线按钮 U ：单击下划线按钮用于为当前选中字符设置下划线，再次单击可以取消下划线。单击下划线右侧的下拉按钮，可以选择下划线的样式，如图4-55所示。

图4-55 下划线下拉列表

字体颜色 A ：用于设置选中字符的颜色。单击字体颜色右侧的下拉按钮，如图4-56所示，用户可以根据需要选择颜色。

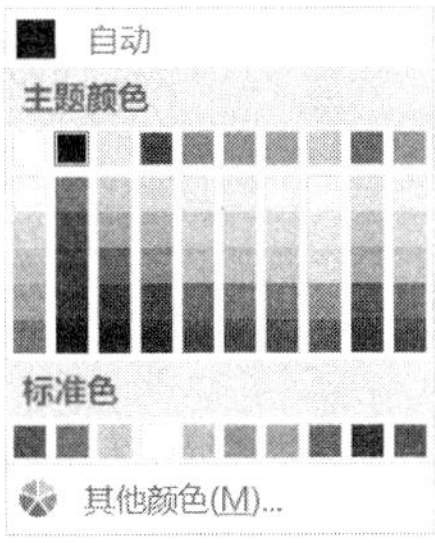

图 4-56 字体颜色下拉列表

2. 使用“设置单元格格式”对话框设置字符格式

除了使用功能区，用户还使用“设置单元格格式”对话框的“字体”选项卡对字符进行设置，具体操作步骤如下：

① 选中需要设置字符的单元格或单元格区域。

② 单击功能区“开始”选项卡“字体”组右下方的对话框启动按钮或右击鼠标，在弹出的快捷菜单中选择“设置单元格格式”选项，打开该对话框的“字体”选项卡。

③ 在“字体”列表框中选择字体，在“字形”列表框中选择需要的字形，在“字号”列表框中选择需要的字号。

④ 单击“下划线”下拉列表可以选择下划线的线型。

4.7.2 设置对齐方式

在 Excel 2016 中，默认情况下单元格数据对齐方式为数字左对齐、文本右对齐、所有单元格为底端对齐。设置单元格数据对齐方式的方法为使用功能区或使用“设置单元格格式”对话框的“对齐”选项卡。

1. 使用功能区设置对齐方式

使用功能区设置对齐方式的操作步骤如下：

① 选中需要设置对齐方式的单元格或单元格区域。

② 选择“开始”选项卡“对齐方式”组中的对齐方式。“水平对齐”选项包括左对齐、居中或右对齐，“垂直对齐”选项包括顶端对齐、垂直居中、底端对齐，如图 4-57 所示。

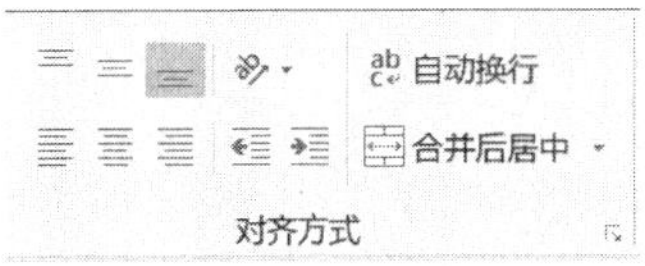

图 4-57 “开始”选项卡“对齐方式”组

③ “方向”按钮：用于调整文本沿对角或垂直方向的旋转。单击“方向”下拉列表，如图 4-58 所示，选择合适的选项可以实现文字的旋转，图 4-59 为文本设置为“逆时针角度”的效果。

④ 如果文本长度较长，可以点击 自动换行 按钮，可以实现文本在单元格中的自动换行，但是这种自动换行无法自由选择换行位置；或者将插入点定位在换行处，按“Alt＋Enter”组合键，也可将插入点之后的文字换到下一行。

图 4-58 “方向”下拉列表

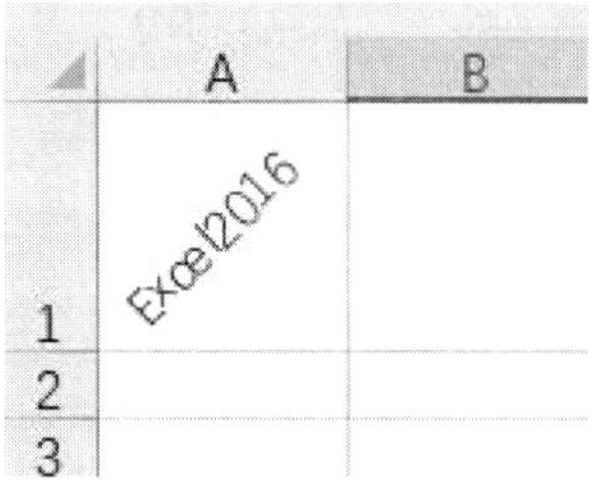

图 4-59 “逆时针角度”的效果

2. 使用“设置单元格格式”对话框设置对齐方式

使用“设置单元格格式”对话框设置对齐方式的具体操作步骤如下：

① 选中需要设置对齐方式的单元格或单元格区域。

② 单击功能区“开始”选项卡“对齐”组右下方的对话框启动按钮或右击鼠标，在弹出的快捷菜单中选择“设置单元格格式”选项，打开该对话框的“对齐”选项卡，如图 4-60 所示。

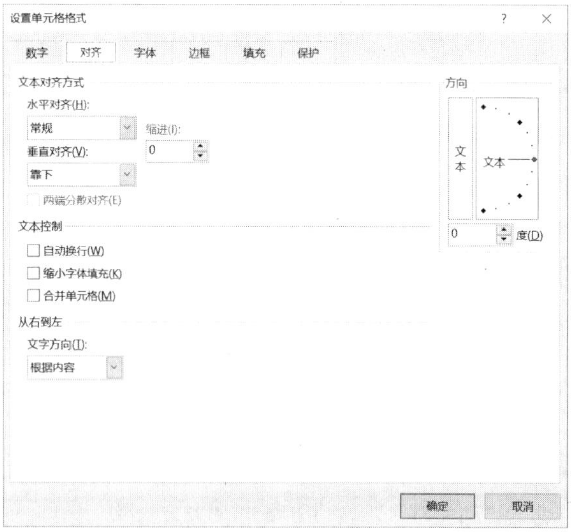

图 4-60 使用“设置单元格格式”对话框设置对齐方式

③ 在“文本对齐方式”区中，用户设置文本的水平、垂直对齐方式；在“文本控制”区中，可以设置文本的自动换行或合并单元格；在“文字方向”区中，可以设置文字方向的度数。

④ 点击“确定”按钮，可以完成对齐方式的设置。

4.7.3 设置边框和底纹

为了使 Excel 表格看起来更加美观，用户可以为单元格设置边框和底纹。

1. 设置单元格边框

默认情况下，Excel 单元格的分界线以灰色的网格线显示，在打印 Excel 表格时，这些网格线不显示，因此用户需要为单元格设置边框。设置边框可以使用功能区或“设置单元格格式”对话框完成。

(1) 利用“功能区”设置边框

利用“功能区”设置边框的具体操作步骤如下：

① 选中需要设置边框的单元格或单元格区域。

② 单击功能区“开始”选项卡“字体”组“下框线”按钮，Excel 弹出“下框线”下拉列表，如图 4-61 所示。用户在下拉列表中选择需要的选项即可。除此之外，用户也可以绘制边框，点击“绘制边框”区的“绘制边框”或“绘制网格”选项，即可在编辑区中绘制边框。选择“线条颜色”“线型”选项，可以更改绘制边框的颜色和样式。完成绘制边框后，可以按“Esc”键或再次点击“下框线”按钮退出绘制模式。

(2) 使用“设置单元格格式”对话框设置边框

使用“设置单元格格式”对话框设置边框的具体操作步骤如下：

① 选中需要设置边框的单元格或单元格区域。

② 单击功能区“开始”选项卡“字体”组“下框线”按钮，Excel 弹出“下框线”下拉列表，选择“其他边框选项”⊞ 其他边框(M)... ，即可打开“设置单元格格式”对话框“边框”选项卡，如图 4-62 所示。

③ 在“直线”区“样式”列表框中选择边框线型，“颜色”下拉列表中选择边框颜色，“边框”区中选择相应的边框类型。设置完成后，在预览区可以看到预览效果。

④ 单击“确定”按钮即可完成边框的设置。

图 4-61 “下框线”下拉列表

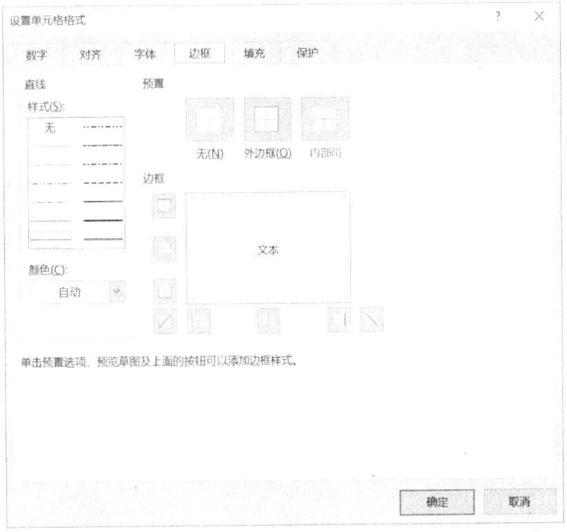

图 4-62 “设置单元格格式”对话框“边框”选项卡

2. 设置底纹

默认情况下，单元格是没有填充颜色的，用户可以根据需要为单元格设置底纹。设置底纹的具体操作步骤如下：

① 选中需要设置底纹的单元格或单元格区域。

② 单击功能区“开始”选项卡“单元格”组“格式”按钮，在弹出下拉列表中选择 设置单元格格式(E)... 选项，打开“设置单元格格式”对话框，单击“填充”选项卡，如图 4-63 所示。

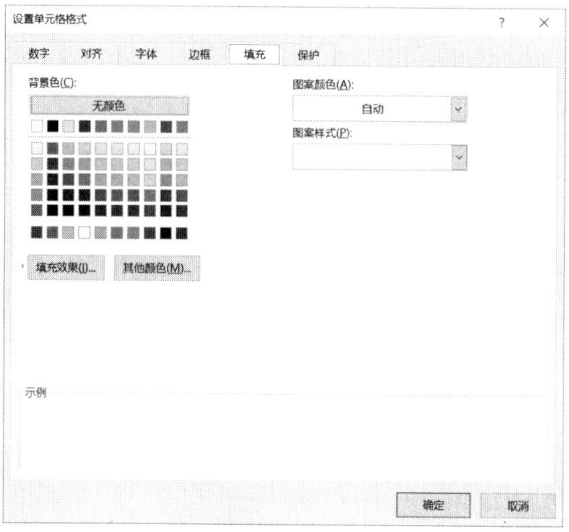

图 4-63 “设置单元格格式”对话框“填充”选项卡

③ 用户可以在“背景色”区选择需要的颜色，默认情况下为“无颜色”。

④ 如果用户需要底纹增加图案效果，可以点击“图案样式”下拉列表选择相应的样式，点击“图案颜色”选择合适的颜色。

⑤ 点击“填充效果”按钮，可以打开“填充效果”对话框，如图 4-64 所示。在“填充效果”对话框可以设置填充颜色为“单色”“双色”或“预设”，在“底纹样式”中选择合适的样式。

⑥ 设置完成后，在“实例”区可以看到预览效果，然后点击“确定”按钮即可。

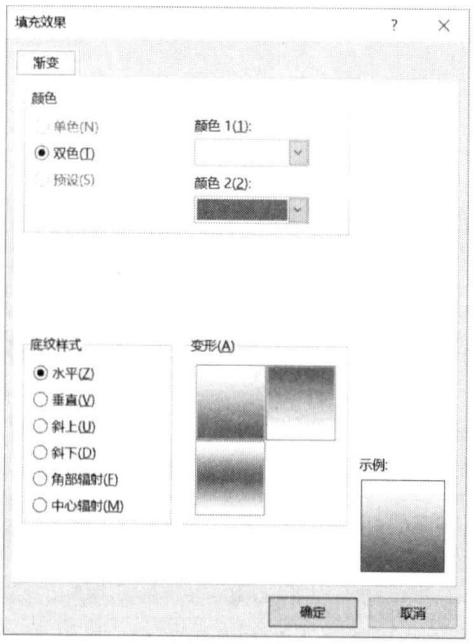

图 4-64 “填充效果”对话框

4.7.4　调整行高和列宽

在 Excel 2016 中，默认情况下工作表的标准列宽为 8.38，行高根据默认字体的大小进行调整。用户可根据需要改变列宽和行高，具体的操作步骤如下：

① 选择需要调整行高或列宽的行或列，如果仅是调整一行或一列，那么选中一行或一列的任意一个单元格即可。

② 点击“开始”选项卡“单元格”组的“格式”按钮，在下拉菜单中选择 行高(H)... 选项，或右击鼠标，在弹出的快捷菜单中选择 行高(R)... 选项，弹出“行高”对话框，如图 4-65 所示，在弹出的“行高”对话框中输入行高值，点击“确定”按钮即可。

③ 选择“列宽”选项，弹出“列宽”对话框，如图 4-66 所示，在弹出的“列宽”对话框中输入列宽值，点击“确定”按钮即可。

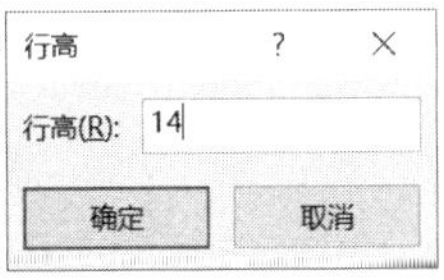

图 4-65　“行高”对话框

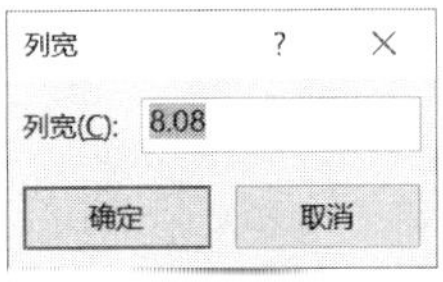

图 4-66　“列宽”对话框

4.7.5　条件格式

条件格式功能将满足用户设置条件的单元格设置一些特殊的格式，具体的操作步骤如下：

① 选定需要设置条件格式的单元格区域。

② 点击“开始”选项卡“单元格”组 按钮，弹出“条件格式”下拉菜单，如图 4-67 所示。

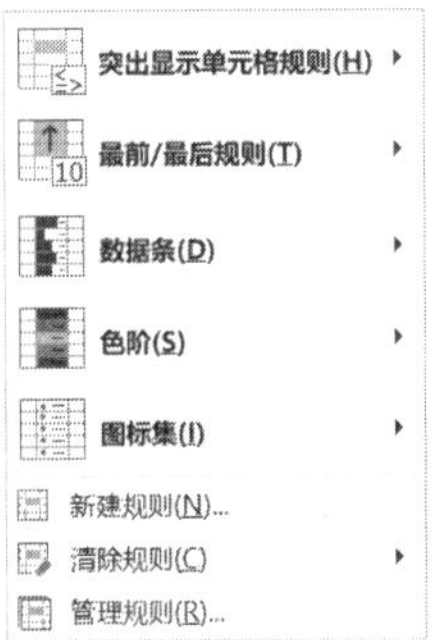

图 4-67　“条件格式”下拉菜单

③ 单击“数据条”，在“数据条”选项菜单中选择合适的选项，设置后效果如图 4-68 所示。“色阶”“图标集”选项的设置和“数据条”类似。

④ 单击“突出显示单元格规则”选项，在“突出显示单元格规则”选项菜单中选择“大于”选项，打开“大于”对话框，如图 4-69 所示。在“大于”输入需要满足的条件，设置需要设置的特殊格式。

⑤ 设置完成后，点击“确定”按钮即可完成条件格式的设置，设置效果如图 4-70 所示。

	A	B	C	D	E	F	G	H
1	学号	姓名	专业	语文	数学	英语	总分	平均分
2	0813001	李昂	文学院	79	98	67	244	81.33
3	0813002	张连云	文学院	82	86	92	260	86.67
4	0813003	赵云	外语学院	86	76	76	238	79.33
5	0813004	曹莉如	外语学院	98	76	76	250	83.33
6	0813005	李艳艳	外语学院	85	87	85	257	85.67
7	0813006	张怀贡	数学学院	72	76	87	235	78.33
8	0813007	秦渼	数学学院	94	87	91	272	90.67
9	0813008	胡小月	数学学院	65	49	62	176	58.67
10	0813009	刘阳	数学学院	51	90	45	186	62.00
11	0813010	李思源	文学院	67	54	62	183	61.00

图 4-68 “数据条”格式效果

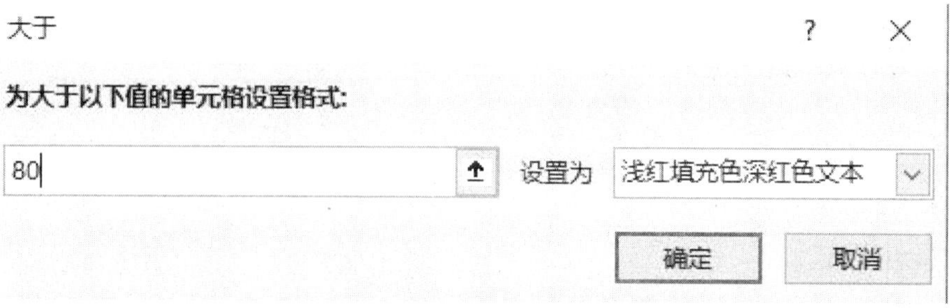

图 4-69 “大于”对话框

	A	B	C	D	E	F
1	学号	姓名	专业	语文	数学	英语
2	0813001	李昂	文学院	79	98	67
3	0813002	张连云	文学院	82	86	92
4	0813003	赵云	外语学院	86	76	76
5	0813004	曹莉如	外语学院	98	76	76
6	0813005	李艳艳	外语学院	85	87	85
7	0813006	张怀贡	数学学院	72	76	87
8	0813007	秦渼	数学学院	94	87	91
9	0813008	胡小月	数学学院	65	49	62
10	0813009	刘阳	数学学院	51	90	45
11	0813010	李思源	文学院	67	54	62

图 4-70 “突出显示单元格”设置效果

如果需要取消条件格式的设置，首先选中需要清除条件格式的单元格，点击“开始”选项卡“编辑”组“清除”下拉菜单中的清除格式选项 清除格式(F)，即可清除条件格式的设置。

4.7.6 套用单元格样式

Excel 2016 提供了一组内置的单元格样式，包括单元格中字体的字形、字体、字号、对齐方式、边框、填充等属性的设置。用户可以使用套用单元格样式功能修饰单元格，具体的操作步骤如下：

① 选择需要应用样式的单元格或区域。

② 点击“开始”选项卡“样式”组中的“单元格样式”按钮，打开“单元格样式”下拉菜单，如图 4-71 所示，在下拉菜单选择适合的选项即可。

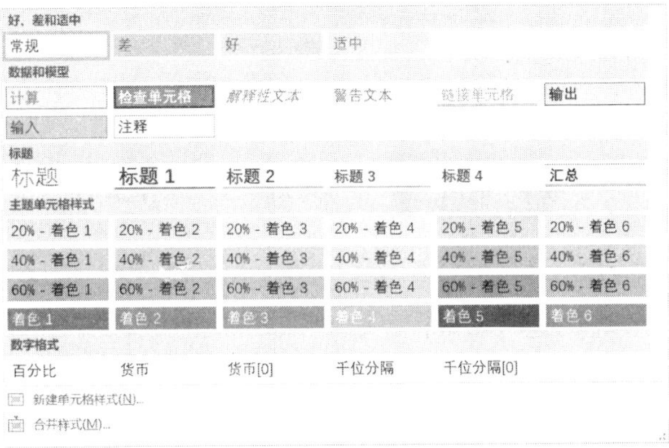

图 4-71　“单元格样式”下拉菜单

4.7.7　套用工作表格式

Excel 2016 提供了一组内置的工作表样式，用户可以使用套用工作表格式功能修饰表格，具体的操作步骤如下：

① 选择需要应用样式的工作表的数据区域。

② 点击“开始”选项卡“样式”组中的“套用工作表格式”按钮，打开“套用工作表格式”下拉菜单，如图 4-72 所示，在下拉菜单中选择适合的格式。

③ Excel 会弹出“套用表格式”对话框，如图 4-73 所示，在对话框中确认“表数据的来源”，若表格包含列标题，则选中“表包含标题”复选框。

④ 点击“确定”按钮即可完成套用工作表格式的设置。

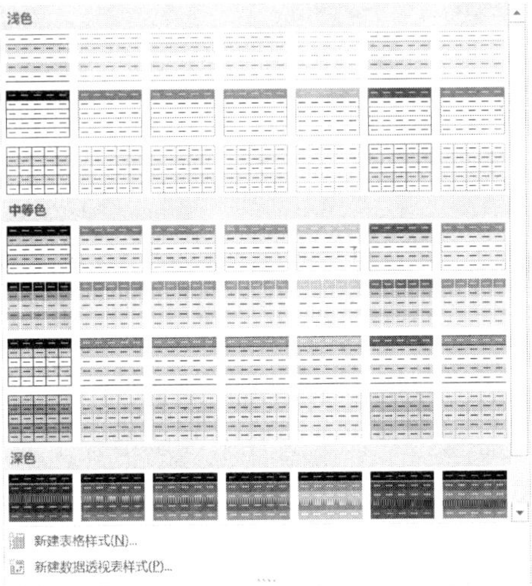

图 4-72　“套用工作表格式”下拉菜单

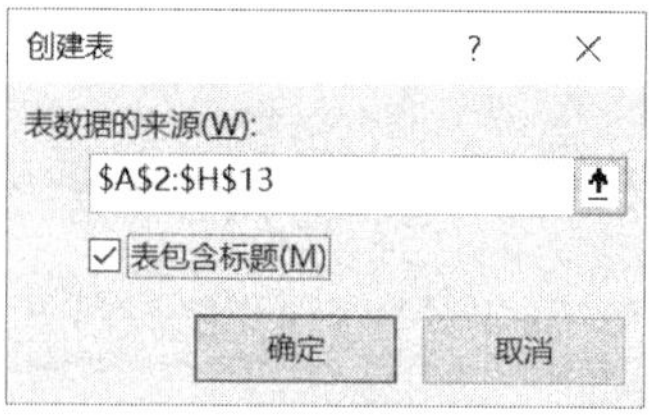

图 4-73 “套用表格式”对话框

§ 4.8 数据图表化

图表可以用来概括工作表中的数据，表示数据之间存在的关系，有助于我们发现数据的趋势和模式。Excel 2016 提供了多种图表类型，如柱形图、条形图、折线图、饼图等。用户可以根据需要选择适合的数据类型。

4.8.1 创建图表

创建图表的操作步骤为：

① 选择创建图表所需的数据区域，如图 4-74 所示。

	A	B	C	D	E	F
1	学生成绩表					
2	序号	姓名	语文	数学	英语	总分
3	1	王洋	89	98	69	256
4	2	曹朝	87	95	96	278
5	3	宁顺	85	75	95	255
6	4	李四	74	83	96	253
7	5	宋艳	95	68	69	232
8	6	高少	71	95	82	248
9	7	魏帅	85	96	76	257
10	8	宋飞	85	90	94	269
11	9	陈鹏	78	85	91	254
12	10	姚乐	89	97	96	282

图 4-74 选中创建图表的区域

② 选择“插入”选项卡，从“图表”组选择一种图表类型，如图 4-75 所示。

③ 每个图表分组都是一个下拉列表，用户可以选择图表类型中的子类型实现更精确的选择。如点击“插入柱形图或条形图”选项，弹出“柱形图或条形图”下拉列表，如图 4-76 所示，在下拉列表中选择“簇状条形图”。

在此示例中，用户也可以点击“图表”组中的“推荐”图表按钮，打开如图 4-77 所示的对话框。在该对话框中，Excel 根据用户选定的数据区域推荐了几种类型的图表，选择第一个选项“簇状柱形图”，点击“确定”即可。创建的图表如图 4-78 所示。

图 4-75　“插入”选项卡“图表”组

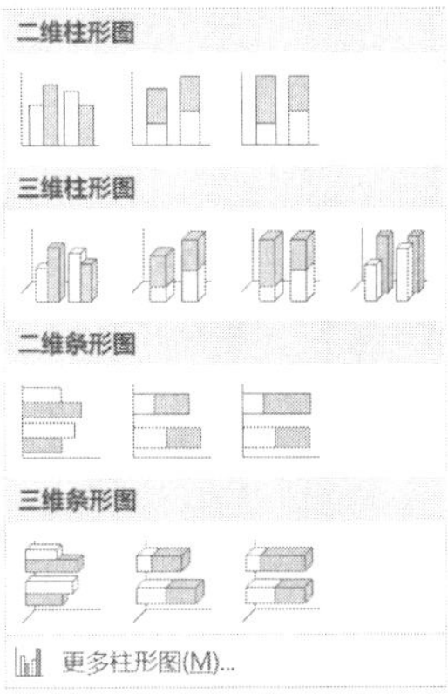

图 4-76　“柱形图或条形图”下拉列表

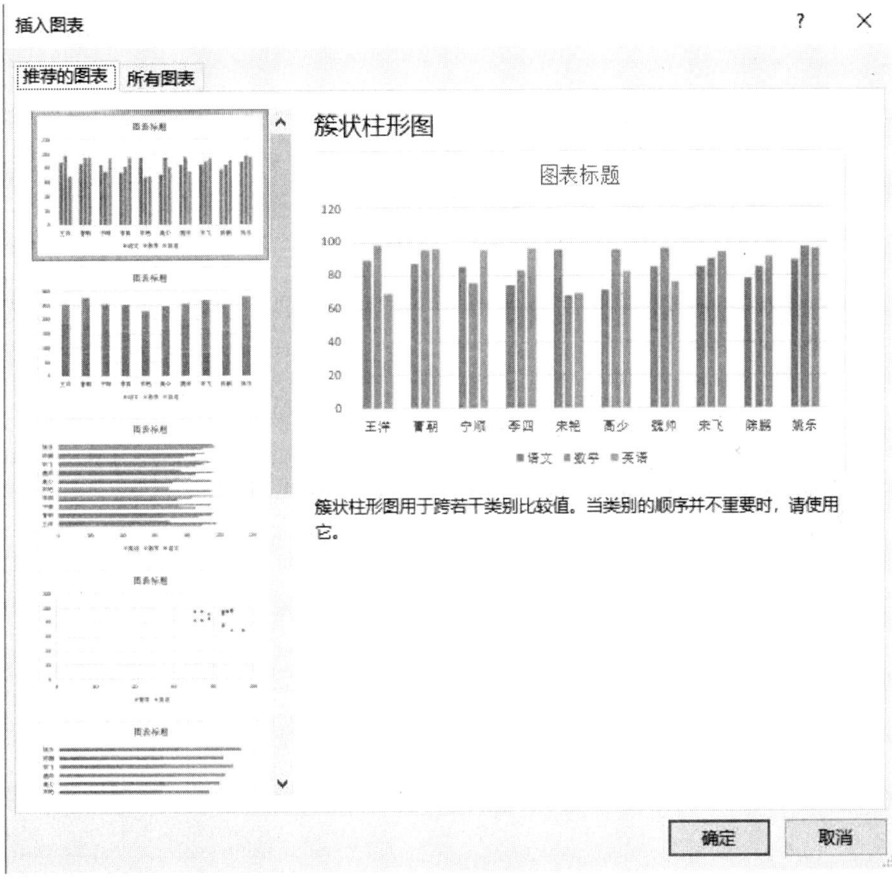

图 4-77　Excel 推荐图标类型

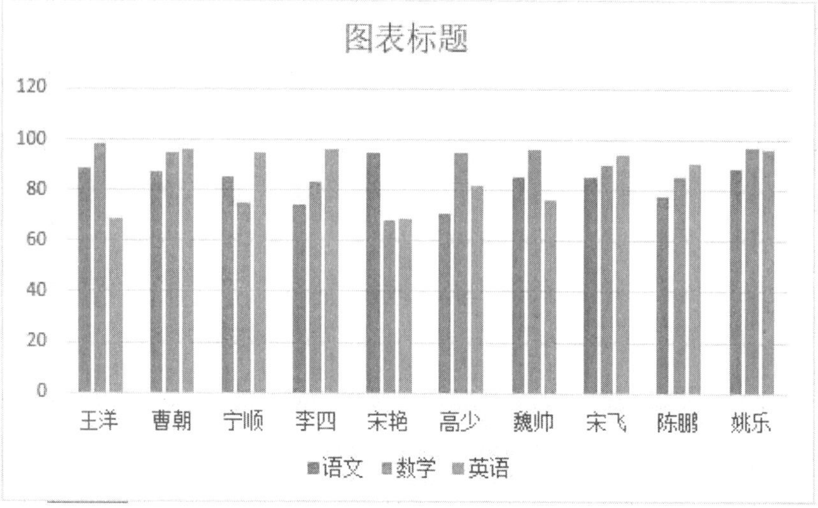

图 4-78　创建的图表

4.8.2　编辑图表

选中已创建的图表，功能区会出现“设计”选项卡，在“设计”选项卡的“图表布局”组可以对图表的布局进行设置，“图表”样式组可以对图表的样式进行设置，如图 4-79 所示。

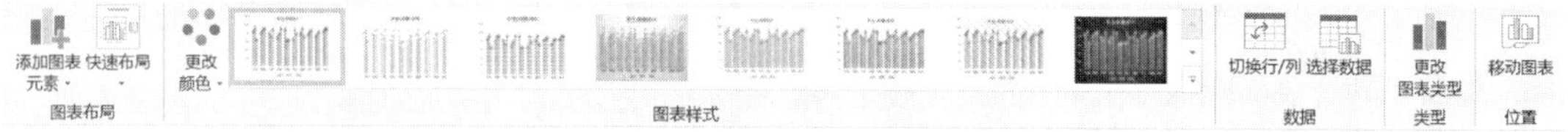

图 4-79　“设计”选项卡

1. 设计图表布局和样式

（1）添加图表元素

用户要向图表中添加元素，如标题、图例和数据标签等，可以先选中图表，使用“设计”选项卡“图表布局”组中的“添加图表元素”控件下拉列表，如图 4-80 所示。

图 4-80　“添加图表元素”控件下拉列表

①“图表标题”选项 :用于设置图表标题的样式。将鼠标移到该选项,弹出“图表标题”菜单,如图 4-81 所示,选择合适的选项即可。默认情况下,图表标题的位置为“图表上方”,标题文字为“图表标题”。用户可以对图表标题进行设置。将图表标题设置为“居中覆盖”,用鼠标单击图表标题中的文字修改标题为“学生成绩统计”,如图 4-82 所示。

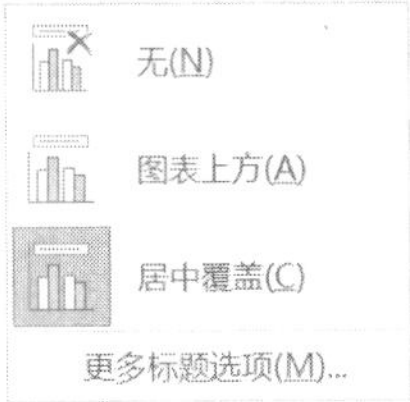

图 4-81 “图表标题”菜单

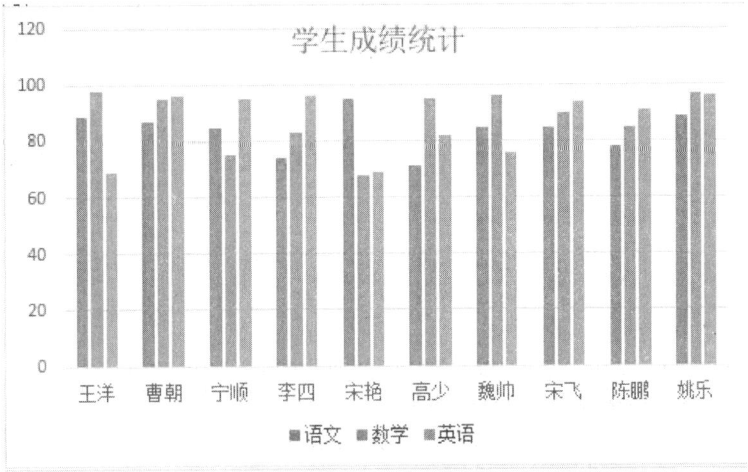

图 4-82 修改图表标题

②“坐标轴标题”选项 :用于设置坐标轴标题样式。默认情况下,图表中无坐标轴标题。单击“坐标轴标题”菜单下拉列表中的“主要横坐标轴”,如图 4-83 所示,并单击图标中的横坐标标题,将其改为“姓名”,如图 4-84 所示。

③“坐标轴”选项 :用于设置坐标轴的样式。默认情况下,图表中显示横坐标轴和纵坐标轴。单击“坐标轴”菜单中的“主要横坐标轴(H)”,如图 4-85 所示,显示的效果如图 4-86 所示。

④“图例”选项 :图例由符号和文本构成,用于标示图表中的数据序列,一个符号对应一个数据系列。默认情况下,图例显示在图表的底部。鼠标移到“图例选项”,Excel 弹出“图例”菜单,如图 4-87 所示。单击“图例”菜单中的“右侧”选项,图例显示效果如图4-88所示。

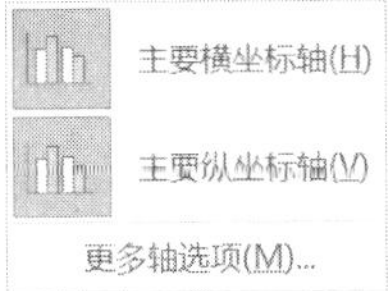

图 4-83 “坐标轴标题”菜单

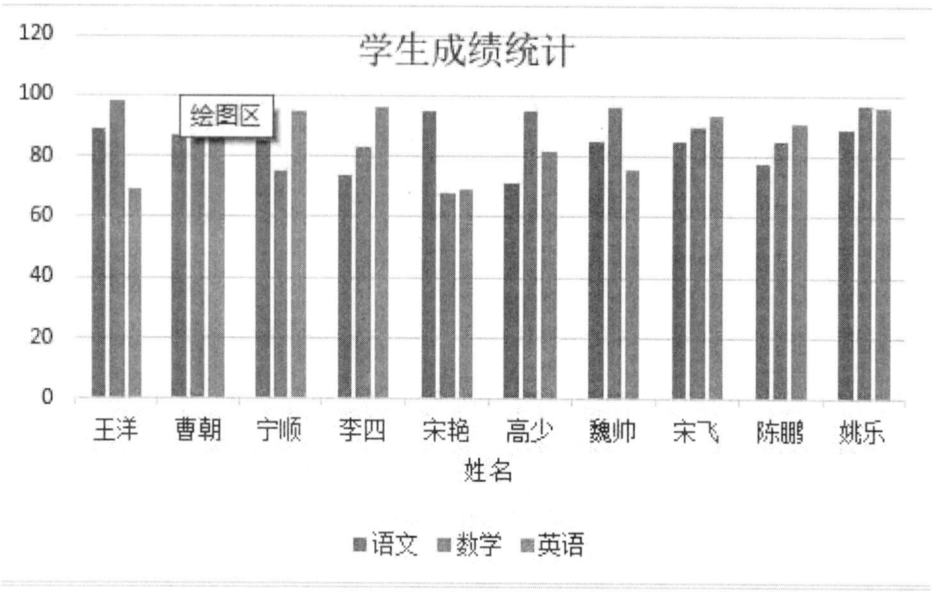

图 4-84　横坐标轴标题效果

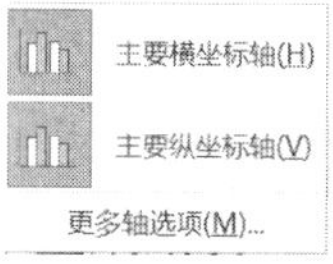

图 4-85　“坐标轴”菜单

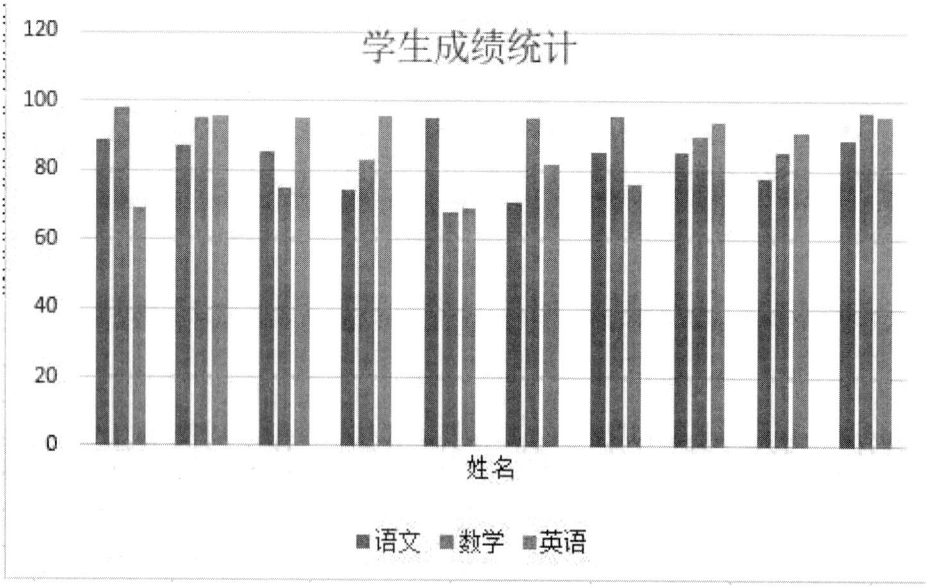

图 4-86　无横坐标轴显示效果

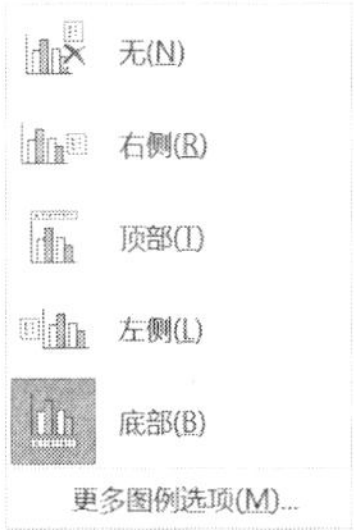

图 4-87　图例菜单

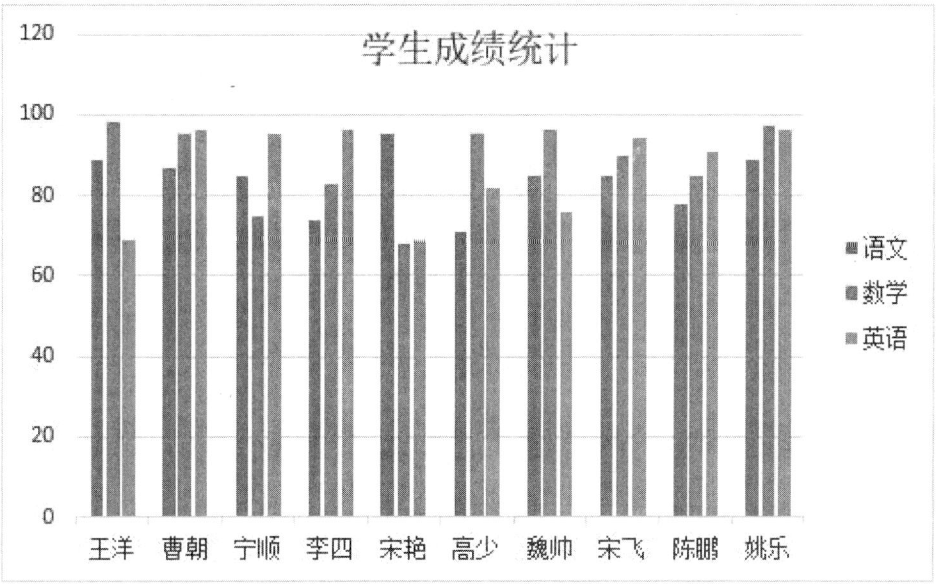

图 4-88　图例显示效果

⑤“数据标签”选项 数据标签(D) ：数据标签是图表数据系列每个数据点的真实数据，该选项用于设置数据标签的数据标签样式。默认情况下，图表中无数据标签。将鼠标放置在“数据标签”选项，Excel 弹出“数据标签”菜单，如图 4-89 所示。点击“数据标签内”选项，图表显示效果如图 4-90 所示。

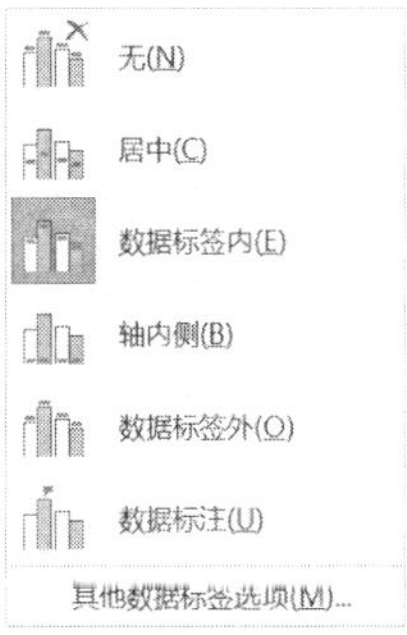

图 4-89　“数据标签”菜单

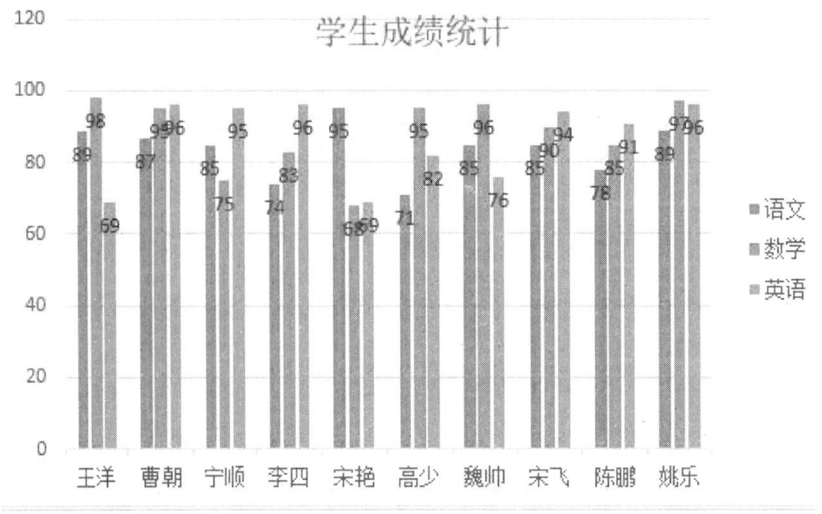

图 4-90 数据标签显示效果

(2)“快速布局”下拉列表

它主要用于设置图表标题、图例、数据标签、横坐标轴、纵坐标轴等图表元素的布局方式。

(3)“图表样式”列表框

用户可以使用“图表样式”组中 Excel 预置的图表样式,也可以使用“更改颜色”下拉列表更改图表的颜色方案。

(4)“切换行/列”按钮

它用于交换图表横坐标轴和纵坐标轴上的数据,在图 4-90 的基础上,点击该按钮,显示的效果如图 4-91 所示。

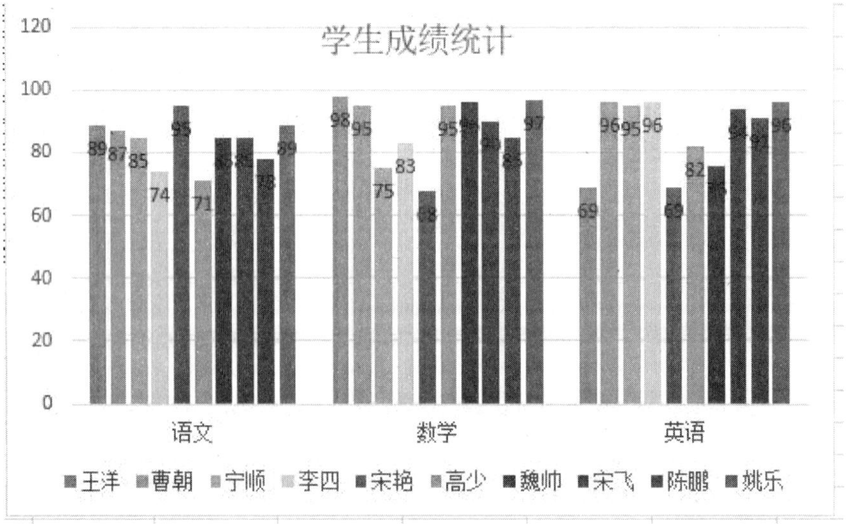

图 4-91 切换行/列显示效果

（5）“选择数据”按钮

它用于在 Excel 表格中重新选择图表的数据源。例如，想要重新选择图表的数据源。选中表格，单击该按钮，可以打开“选择数据源”对话框，如图 4-92 所示。在“图表数据区域”文本框中选择数据源“=Sheet1！$B$2：$E$6”，单击“确定”按钮。图表的显示效果如图 4-93所示。

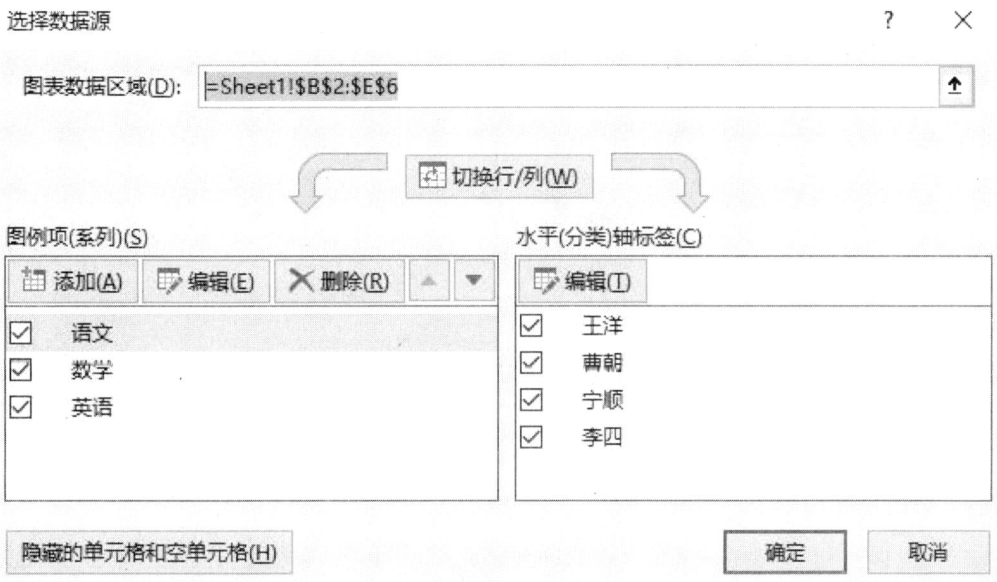

图 4-92 “选择数据源”对话框

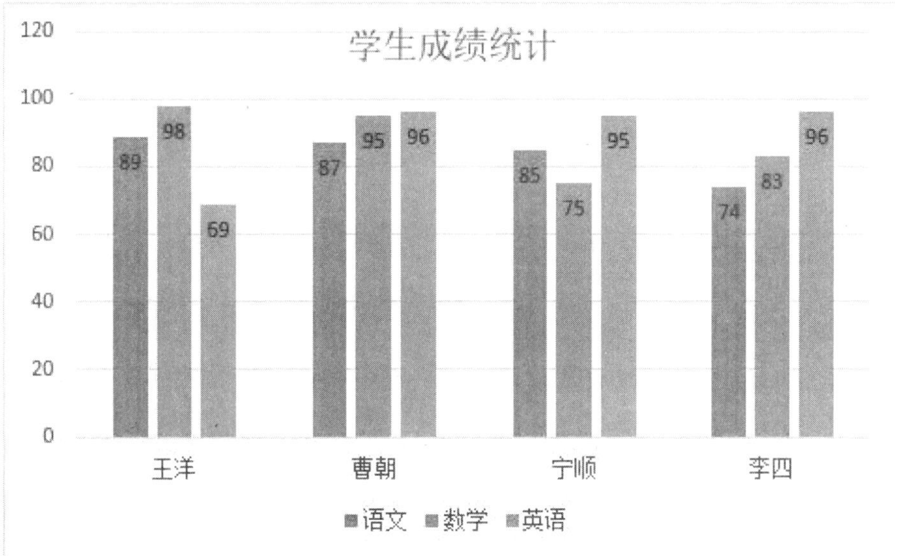

图 4-93 修改数据源显示效果

（6）更改图表类型

它用于修改图表类型。单击该按钮，可以打开“更改图表类型”对话框，用户可以重新选择图表类型。

(7)“移动图表”按钮

它用于设置图表移动的目标位置。如果需要将图表移动到图表工作表中，选中图表，点击该按钮，可以打开“移动图表”对话框，如图 4-94 所示。在该对话框中点击“新工作表”单选按钮，Excel 将新建一个命名为“Chart1”图表工作表，并将图表移动至该工作表中。

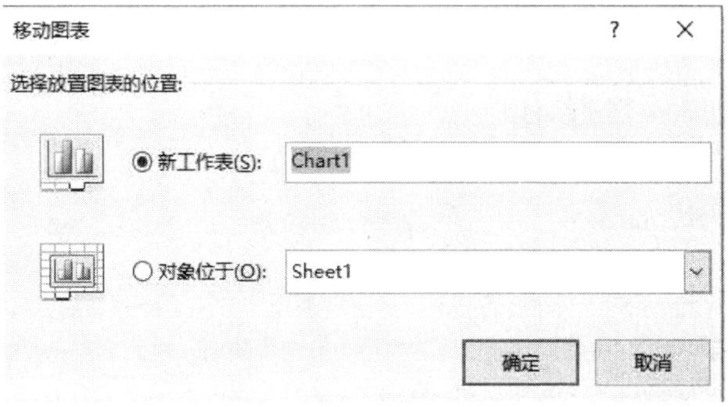

图 4-94 “移动图表”对话框

2. 设置图表的格式

选中已经创建的图表，功能区中会显示“格式”选项卡，如图 4-95 所示。用户可以对图表的格式进行设置。

图 4-95 “格式”选项卡

① “形状样式”：用于设置图表的形状样式。选中图表，在“形状样式”列表框中选择一种预设的形状样式，显示效果如图 4-96 所示。

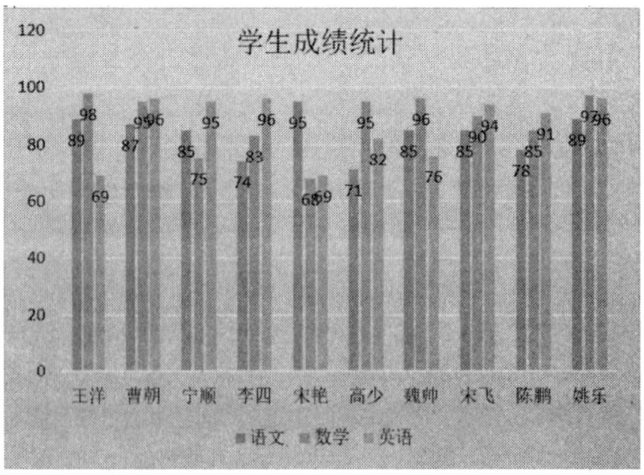

图 4-96 形状样式效果

② 形状填充 按钮：用于设置图表的填充色。点击此按钮，弹出“形状填充”下拉列表，如图 4-97 所示，在下拉列表中选择颜色即可。

③ 形状轮廓 ：用于设置图表边框。点击此按钮，弹出“形状轮廓”下拉列表，如图 4-98 所示，在下拉列表中选择合适的颜色、线型即可。

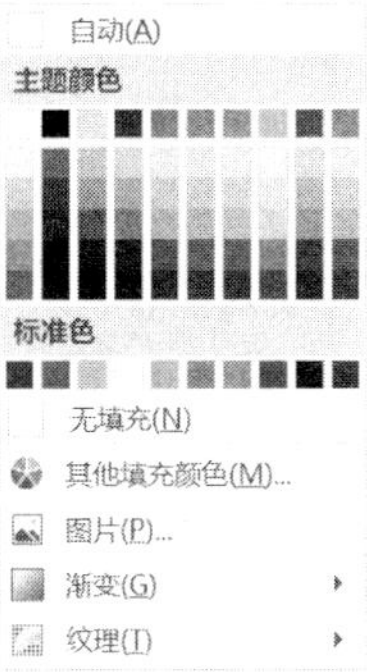

图 4-97 “形状填充”下拉列表

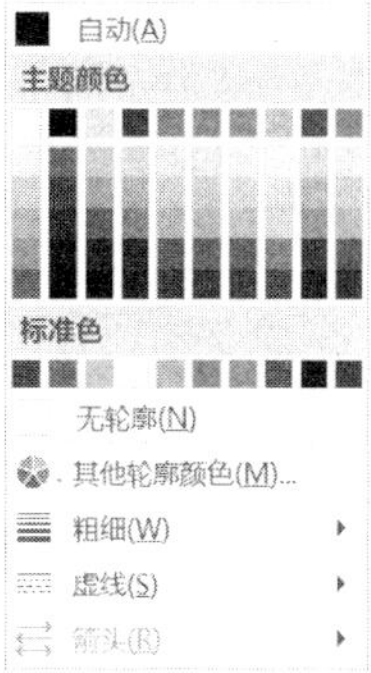

图 4-98 “形状轮廓”下拉列表

④ 形状效果 形状效果·：用于设置图表特殊的形状效果，如阴影、发光、映像等。点击此按钮，弹出“形状效果”下拉列表，如图 4-99 所示，在下拉列表中选择合适的选项即可。

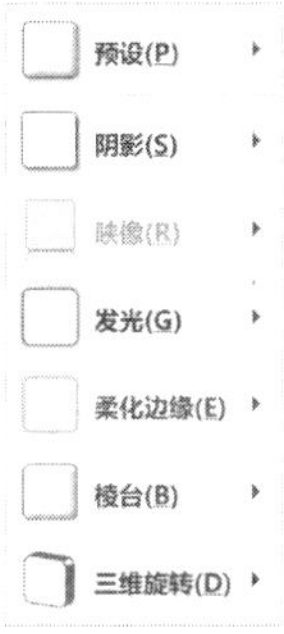

图 4-99 “形状效果”下拉列表

⑤ “艺术字样式”列表框：用于设置图表中文本的艺术字效果。如选中图表标题，在列表中选择一种艺术字效果，如图 4-100 所示。

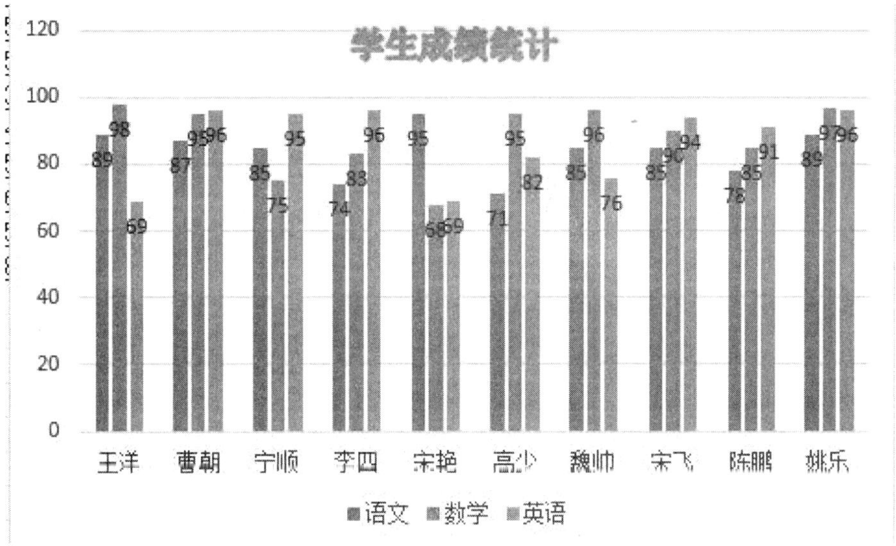

图 4-100 图表标题应用艺术字效果

⑥ 文本填充 按钮：用于设置图表中文本的填充色。点击该按钮的下拉列表，如图4-101所示，在下拉列表中选择合适的颜色即可。

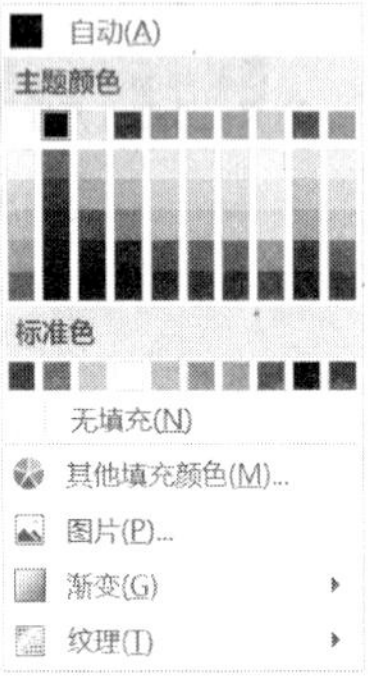

图 4-101 “文本填充”下拉列表

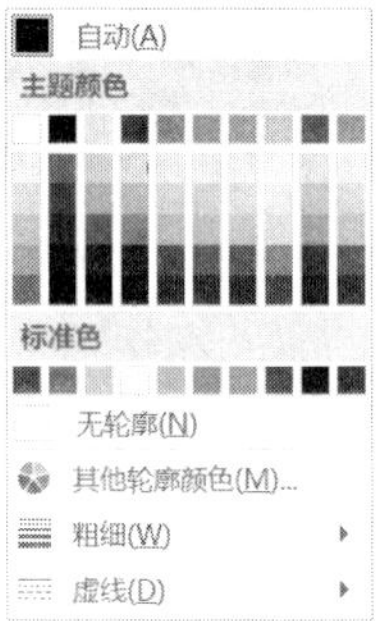

图 4-102 “文本轮廓”下拉列表

⑦ 文本轮廓 按钮：用于设置图表中文本的边框色。点击该按钮下拉列表，如图4-102所示，在下拉列表中选择合适的颜色即可。

⑧ 文字效果 ：用于设置图表中文字的特殊效果，如阴影、发光、映像等。点击此按钮，弹出“文字效果”下拉列表，如图 4-103 所示，在下拉列表中选择合适的选项即可。

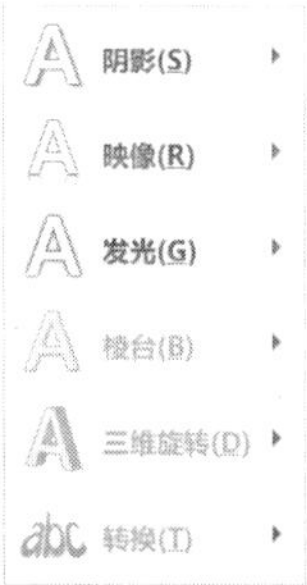

图 4-103 “文字效果”下拉列表

§ 4.9 Excel 数据分析

4.9.1 数据排序

使用 Excel 2016 可以对工作表中的数据进行简单的分析：使用数据排序功能可以使工作表中的数据按照特定的规则进行排列；使用数据筛选功能可以将满足用户条件的数据单独显示，其他数据暂时隐藏；使用分类汇总功能可以将数据进行分类或汇总。

1. 单条件排序

单条件排序是指将工作表中的数据根据一行或一列数据的升序或降序的顺序进行排序。排序的依据为：

① 数值型数据按数值大小排序。

② 常用字符从小到大为“空格—数值型文本—英文字母—汉字”。

③ 日期时间按数字大小排序。

④ 逻辑数据：TRUE>FALSE。

⑤ 无论升序还是降序，空白单元格总在最后。

单条件排序的具体操作步骤如下：

① 选中数据表需要排序列的任意一个单元格，以“学生成绩分析”工作表为例，如图 4-104所示。按照“班级”列进行排序，选中该列中的任意一个单元格。

② 单击“数据”选项卡“排序和筛选”组的“升序”按钮 或“降序”按钮 ，即可以实现数据表按排序列的升序或降序排列，图 4-105 为“学生成绩分析”工作表按班级升序排序后的结果。

	A	B	C	D	E	F	G	H	I
1	学生成绩分析								
2	序号	姓名	性别	班级	语文	数学	外语	总分	平均分
3	1	杜雷	男	一班	54.00	78.00	70.00	202.00	67.33
4	2	庞娟	女	二班	65.00	69.00	89.00	223.00	74.33
5	3	廖红	男	三班	78.00	83.50	89.00	250.50	83.50
6	4	李成儒	男	一班	96.50	95.00	85.00	276.50	92.17
7	5	刘锦华	男	二班	59.00	35.00	78.00	172.00	57.33
8	6	董洁	女	班	65.00	60.00	78.00	212.00	70.67
9	7	邓旭飞	女	二班	97.00	89.00	78.00	264.00	88.00
10	8	吴玉莲	女	二班	89.00	87.00	78.00	254.00	84.67
11	9	余志伟	女	二班	96.00	91.00	78.00	265.00	88.33
12	10	吴启华	男	二班	68.00	58.00	67.50	193.50	64.50
13	11	王瑞芳	女	三班	78.00	83.50	57.50	219.00	73.00
14	12	张大山	男	一班	89.00	73.50	65.00	227.50	75.83

图 4-104 “学生成绩分析”工作表

	A	B	C	D	E	F	G	H	I
1	学生成绩分析								
2	序号	姓名	性别	班级	语文	数学	外语	总分	平均分
3	2	庞娟	女	二班	65.00	69.00	89.00	223.00	74.33
4	5	刘锦华	男	二班	59.00	35.00	78.00	172.00	57.33
5	7	邓旭飞	女	二班	97.00	89.00	78.00	264.00	88.00
6	8	吴玉莲	女	二班	89.00	87.00	78.00	254.00	84.67
7	9	余志伟	女	二班	96.00	91.00	78.00	265.00	88.33
8	10	吴启华	男	二班	68.00	58.00	67.50	193.50	64.50
9	3	廖红	男	三班	78.00	83.50	89.00	250.50	83.50
10	11	王瑞芳	女	三班	78.00	83.50	57.50	219.00	73.00
11	1	杜雷	男	一班	54.00	78.00	70.00	202.00	67.33
12	4	李成儒	男	一班	96.50	95.00	85.00	276.50	92.17
13	6	董洁	女	一班	65.00	69.00	78.00	212.00	70.67
14	12	张大山	男	一班	89.00	73.50	65.00	227.50	75.83

图 4-105 “班级”列升序排序

2. 多条件排序

如果需要实现多条件排序，具体的操作步骤如下：

① 选中数据表的任意单元格，以图 4-104“学生成绩分析”工作表为例，按照该工作表的“性别”“总分”列进行排序。

② 单击“数据”选项卡“排序或筛选”组“排序”按钮 ，打开“排序”对话框，如图 4-106 所示。

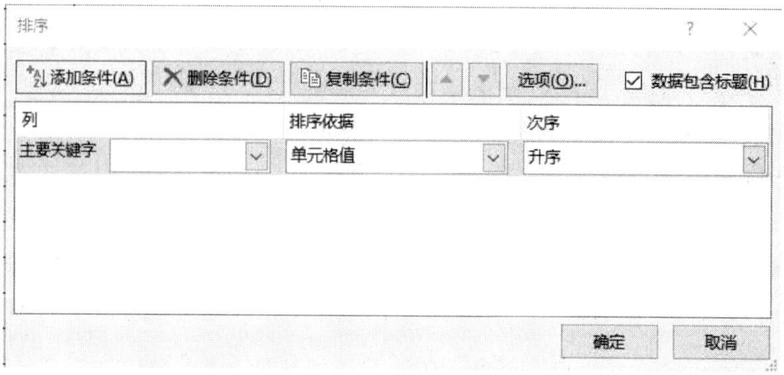

图 4-106 “排序”对话框

③ 在“排序”对话框中，选择“主要关键字”下拉列表中的“性别”，在“排序依据”下拉列表中选择“单元格值”，在“次序”下拉列表中选择“升序”。

④ 单击“添加条件”按钮，可以添加“排序”条件，如图 4-107 所示，在“次要关键字”下拉列表中选择“总分”，“排序依据”下拉列表中选择“单元格值”，“次序”下拉列表中选择“降序”。

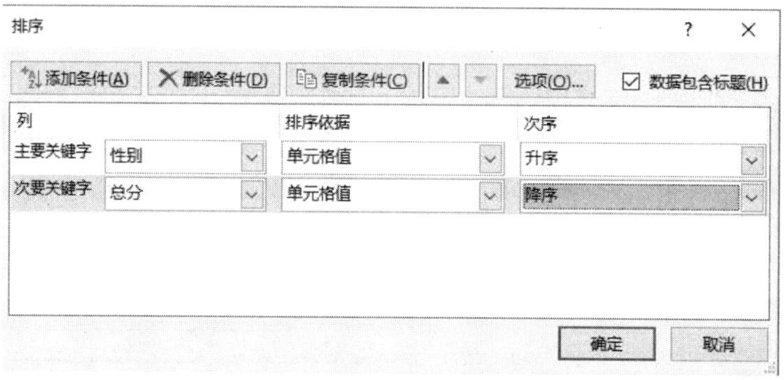

图 4-107 添加“排序”条件

⑤ 单击“确定”按钮。图 4-108 为在“学生成绩分析”数据表按照“性别”升序排序，“性别”相同情况下按照“总分”降序排序的结果。

	A	B	C	D	E	F	G	H	I
1	学生成绩分析								
2	序号	姓名	性别	班级	语文	数学	外语	总分	平均分
3	4	李成儒	男	一班	96.50	95.00	85.00	276.50	92.17
4	3	廖红	男	三班	78.00	83.50	89.00	250.50	83.50
5	12	张大山	男	一班	89.00	73.50	65.00	227.50	75.83
6	1	杜雷	男	一班	54.00	78.00	70.00	202.00	67.33
7	10	吴启华	男	二班	68.00	58.00	67.50	193.50	64.50
8	5	刘锦华	男	二班	59.00	35.00	78.00	172.00	57.33
9	9	余志伟	女	二班	96.00	91.00	78.00	265.00	88.33
10	7	邓旭飞	女	二班	97.00	89.00	78.00	264.00	88.00
11	8	吴玉莲	女	二班	89.00	87.00	78.00	254.00	84.67
12	2	庞娟	女	二班	65.00	69.00	89.00	223.00	74.33
13	11	王瑞芳	女	三班	78.00	83.50	57.50	219.00	73.00
14	6	董洁	女	一班	65.00	69.00	78.00	212.00	70.67

图 4-108 排序结果

4.9.2　数据筛选

数据筛选是从数据表中选择符合条件的数据，不满足条件的数据自动隐藏。数据筛选包括单条件筛选和高级筛选。

1. 单条件筛选

单条件筛选是将符合一种条件的数据筛选出来，即在一个字段上设置筛选条件。以图 4-104“学生成绩分析”工作表为例，具体操作步骤如下：

① 单击“学生成绩分析”工作表数据中的任意一个单元格。

② 单击“数据”选项卡“排序和筛选”组的“筛选”按钮，此时工作表的所有列名称右侧会出现一个下拉按钮，如图 4-109 所示。

③ 单击其中一列的下拉按钮，如单击“数学”列下拉列表，在下拉列表中选择相应的选项，也可以选择“自定义筛选”选项，打开“自定义自动筛选方式”对话框，如图 4-110 所示。

④ 在该对话框中设置筛选条件，在左侧下拉列表中选择“大于”，右侧下拉列表中输入“90”。

⑤ 单击“确定”按钮，图 4-111 为筛选结果。

	A	B	C	D	E	F	G	H	I
1	学生成绩分析								
2	序号	姓名	性别	班级	语文	数学	外语	总分	平均分
3	1	杜雷	男	一班	54.00	78.00	70.00	202.00	67.33
4	2	庞娟	女	二班	65.00	69.00	89.00	223.00	74.33
5	3	廖红	男	三班	78.00	83.50	89.00	250.50	83.50
6	4	李成儒	男	一班	96.50	95.00	85.00	276.50	92.17
7	5	刘锦华	男	二班	59.00	35.00	78.00	172.00	57.33
8	6	董洁	女	一班	65.00	69.00	78.00	212.00	70.67
9	7	邓旭飞	女	二班	97.00	89.00	78.00	264.00	88.00
10	8	吴玉莲	女	二班	89.00	87.00	78.00	254.00	84.67
11	9	余志伟	女	二班	96.00	91.00	78.00	265.00	88.33
12	10	吴启华	男	二班	68.00	58.00	67.50	193.50	64.50
13	11	王瑞芳	女	三班	78.00	83.50	57.50	219.00	73.00
14	12	张大山	男	一班	89.00	73.50	65.00	227.50	75.83

图 4-109　“筛选”下拉按钮

图 4-110　“自定义自动筛选方式”对话框

	A	B	C	D	E	F	G	H	I
1	学生成绩分析								
2	序号	姓名	性别	班级	语文	数学	外语	总分	平均分
6	4	李成儒	男	一班	96.50	95.00	85.00	276.50	92.17
11	9	余志伟	女	二班	96.00	91.00	78.00	265.00	88.33

图 4-111　单条件筛选结果

2. 高级筛选

如果用户需要对字段设置多个筛选条件，就可以使用 Excel 提供的高级筛选功能。使用高级筛选之前应先设置一个条件区域。条件区域需使用工作表的列标题，条件区域的输入规则如下：

① 所有条件的字段名必须写在同一行中。

② 每个条件的字段名和字段值必须写在同一列中。

③ 当多个条件之间的逻辑关系是“与”时，条件值必须写在同一行；逻辑关系是“或”时，条件值必须写在不同行，且条件区域中不允许出现空行。

【例 4－2】以“学生成绩分析”工作表为例，筛选出一班男生平均分高于 75 分的数据，具体操作步骤如下：

① 先设置条件区域，如图 4-112 所示。

性别	班级	平均分
男	一班	>75

图 4-112　设置条件区域

② 选定工作表数据中的任意一个单元格。

③ 点击“数据”选项卡“排序和筛选”组的高级，打开“高级筛选”对话框，如图 4-113 所示。

图 4-113　“高级筛选”对话框

④ 在“高级筛选”对话框的“列表区域”输入需要筛选的数据区域“sheet1！$A$2：$I$14”，在“条件区域”输入条件区域“sheet1！$L$5：$N$6”。在对话框中，也可以用鼠标分别单击“列表区域”和“条件区域”右侧的按钮，使用鼠标在工作表中选定相应的区域。

⑤ 单击“确定”按钮，图 4-114 为筛选结果。

	A	B	C	D	E	F	G	H	I
1	学生成绩分析								
2	序号	姓名	性别	班级	语文	数学	外语	总分	平均分
6	4	李成儒	男	一班	96.50	95.00	85.00	276.50	92.17
14	12	张大山	男	一班	89.00	73.50	65.00	227.50	75.83

图 4-114　筛选结果

3. 取消筛选

设置筛选后，如果要显示所有数据，需要取消筛选。取消筛选的操作步骤如下：

① 单击“数据”选项卡“排序和筛选”组中的“筛选”按钮，退出筛选模式。

② 单击“数据”选项卡“排序和筛选”组中的“清除”按钮即可取消筛选。

4.9.3　分类汇总

分类汇总是先对数据表中的数据进行分类，然后在分类的基础上进行汇总，可以按照数据的类别进行求和、求平均值和求最大值等函数运算，并将汇总结果显示出来。

1. 创建分类汇总

使用分类汇总的数据表必须要有列标题，Excel 根据列标题来确定如何创建为数据分组，如何对数据进行汇总。

【例 4－3】以“学生成绩分析”工作表为例，求表中各班语文、数学、外语三门课程的平均分。

分类汇总的操作步骤如下：

① 先按照分类字段对数据表进行排序。单击“班级”列数据的任意一个单元格，单击“数据”选项卡“排序和筛选”组的“升序”按钮，数据表按照“班级”列升序，如图 4-105 所示。

② 单击“数据”选项卡“分级显示”组中的“分类汇总”按钮，弹出“分类汇总”对话框，如图 4-115 所示。在“分类字段(A)”下拉列表框中选择“班级”字段，“汇总方式(U)”下拉列表中选择“平均值”，在“选定汇总项(D)”列表框中选择“语文”“数学”“外语”复选框。

③ 单击“确定”按钮，图 4-116 为分类汇总后的结果。

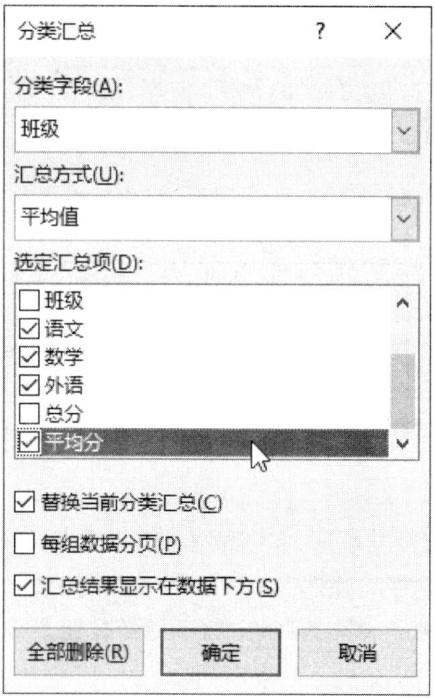

图 4-115 “分类汇总”对话框

	A	B	C	D	E	F	G	H	I
1	学生成绩分析								
2	序号	姓名	性别	班级	语文	数学	外语	总分	平均分
3	2	庞娟	女	二班	65.00	69.00	89.00	223.00	74.33
4	5	刘锦华	男	二班	59.00	35.00	78.00	172.00	57.33
5	7	邓旭飞	女	二班	97.00	89.00	78.00	264.00	88.00
6	8	吴玉莲	女	二班	89.00	87.00	78.00	254.00	84.67
7	9	余志伟	女	二班	96.00	91.00	78.00	265.00	88.33
8	10	吴启华	男	二班	68.00	58.00	67.50	193.50	64.50
9				二班 平均值	79.00	71.50	78.08		
10	3	廖红	男	三班	78.00	83.50	89.00	250.50	83.50
11	11	王瑞芳	女	三班	78.00	83.50	57.50	219.00	73.00
12				三班 平均值	78.00	83.50	73.25		
13	1	杜雷	男	一班	54.00	78.00	70.00	202.00	67.33
14	4	李成儒	男	一班	96.50	95.00	85.00	276.50	92.17
15	6	董洁	女	一班	65.00	69.00	78.00	212.00	70.67
16	12	张大山	男	一班	89.00	73.50	65.00	227.50	75.83
17				一班 平均值	76.13	78.88	74.50		
18				总计平均值	77.88	75.96	76.08		

图 4-116 分类汇总结果

2. 清除分类汇总

如果用户不再需要分类汇总，可以将其清除，操作步骤如下：

① 单击工作表中数据的任意一个单元格。

② 单击“数据”选项卡“分级显示”组中的“分类汇总”按钮，弹出“分类汇总”对话框，如图 4-115 所示。

③ 在“分类汇总”对话框中，单击“全部删除”按钮即可清除分类汇总。

§ 4.10　页面设置与打印

在打印工作表之前需要进行页面设置，使工作表看起来更加美观。

4.10.1　页面设置

单击“页面布局”选项卡“页面设置”组的对话框启动按钮，打开“页面设置”对话框，如图4-117 所示。另外，也可以使用功能区“页面布局”选项卡“页面设置”组对页面进行设置，如图 4-118 所示。

图 4-117　“页面设置”对话框

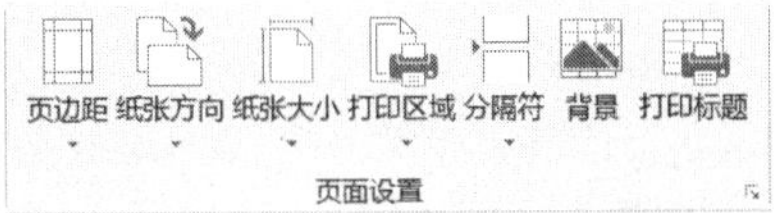

图 4-118　“页面布局”选项卡“页面设置”组

1. 设置页面

① “方向”区：页面方向是指如何在页面上打印输出内容，可以选择纵向或横向。

② “缩放”区：有些情况下，需要强制在特定数量的页面中打印输出，可以通过放大或缩小来实现。用户可以在“缩放比例”栏中输入 10%～400%的缩放比例。

③ “纸张大小”区：在“纸张大小”下拉列表中可以选择纸张大小，如 A4、B5 等。

④ “打印质量”区：Excel 打印质量默认为“600 点/英寸”，但是打印质量还与打印机相关。

⑤ “起始页码”区：设置打印的起始页码，默认情况为“自动”，即从第一页开始打印。

2. 设置页边距

页边距是指打印页两侧、顶部和底部的未打印区域。在“页面设置”对话框“页边距”选项卡中可以单击微调控件或输入一个固定值设置页边距,如图 4-119 所示。

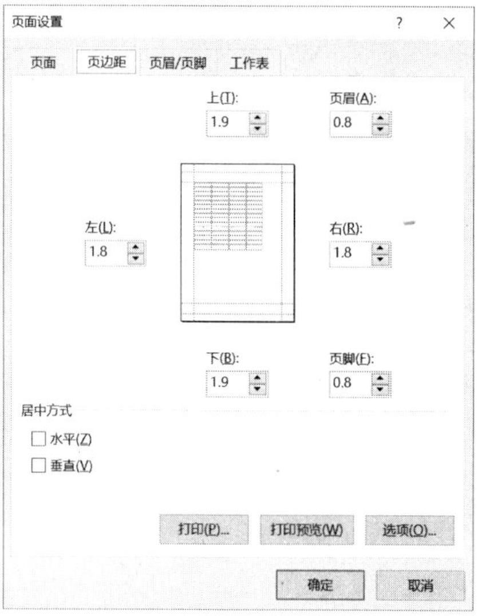

图 4-119 “页面设置”对话框“页边距”选项卡

3. 设置工作表

在“页面设置”对话框“工作表”选项卡中可以对工作表进行设置,如图 4-120 所示,具体操作步骤如下:

图 4-120 “页面设置”对话框“工作表”选项卡

① “打印区域”文本框:如果用户需要打印工作表中的部分内容,可以在直接输入区域,也可以单击该文本框,然后用鼠标在工作表中选择打印区域。

② “打印标题”区：用户可以指定在每个打印页顶部重复出现的特定行，或指定在每个打印页重复出现的特定列。单击“顶端标题行”和“从左侧重复的列数”可以输入重复打印的区域，或者用鼠标在工作表中选择重复打印的区域。

③ “网格线”复选框：用于选择是否在打印时显示网格线。

④ “行和列标题”复选框：选择打印页中是否包含行号和列标。

⑤ “批注”选项：选择该选项可以打印单元格批注。

4.10.2　页面打印

在打印之前，用户可以使用打印预览功能查看打印效果，如果满意可以在工作表中进行调整，然后再进行打印。

1. 打印预览

用户可以通过 Excel 提供的打印预览功能浏览文档的打印效果，具体操作步骤如下：

① 打开需要打印的工作表。

② 单击“文件”选项卡，在菜单中选择“打印”选项，即可打开打印窗口，窗口左侧为“打印”选项，窗口右侧为打印效果，如图 4-121 所示。

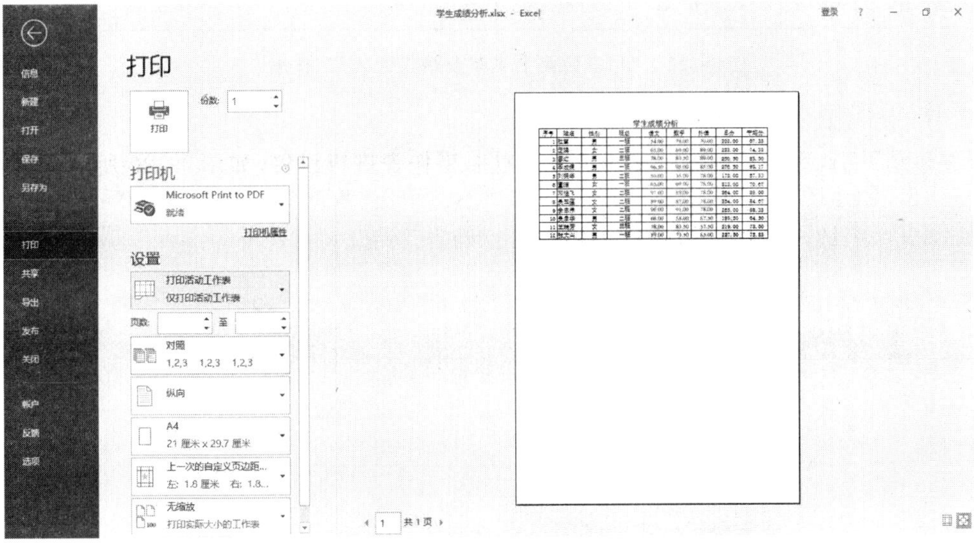

图 4-121　打印预览

2. 打印输出

打印工作表之前，用户可以对打印进行设置，如打印的页数、数量等，具体的操作步骤如下：

① 打开需要打印的工作表。

② 单击“文件”选项卡，在菜单中选择“打印”选项，即可打开“打印”窗口，在窗口左侧的设置区可以设置“打印”选项，如打印机选择、页码范围、纸张类型、边距等。

③ 设置完成后，在打印区的“份数”微调框中输入具体的份数，点击“打印”按钮即可开始打印。

§ 4.11 提高阶段

4.11.1 迷你图

迷你图是显示在单个单元格中的小图表。迷你图一般用于表示一系列数据的趋势，以“海华公司上半年业绩统计表”工作表为例，如图 4-122 所示，在 H3:H6 单元格中创建迷你折线图。

	A	B	C	D	E	F	G	H
1	海华公司上半年业绩统计表							
2	分店 月份	一月份	二月份	三月份	四月份	五月份	六月份	业绩趋势图
3	一分店	¥ 12,568.00	¥ 12,365.00	¥ 12,458.00	¥ 18,265.00	¥ 12,698.00	¥ 19,782.00	
4	二分店	¥ 18,567.00	¥ 16,452.00	¥ 20,145.00	¥ 9,876.00	¥ 9,989.00	¥ 25,431.00	
5	三分店	¥ 24,586.00	¥ 25,698.00	¥ 65,632.00	¥ 15,230.00	¥ 15,896.00	¥ 19,542.00	
6	四分店	¥ 15,962.00	¥ 15,896.00	¥ 18,521.00	¥ 50,420.00	¥ 25,390.00	¥ 29,856.00	

图 4-122 “海华公司上半年业绩统计表”工作表

① 选中需要插入迷你图的单元格 H3。

② 点击“插入”选项卡“迷你图”组中的“折线”迷你图按钮。

③ 弹出“创建迷你图”对话框，如图 4-123 所示。单击“数据范围”文本框，然后在工作表中选择 B3:G3 区域，或直接输入“B3:G3”，点击“确定”按钮。

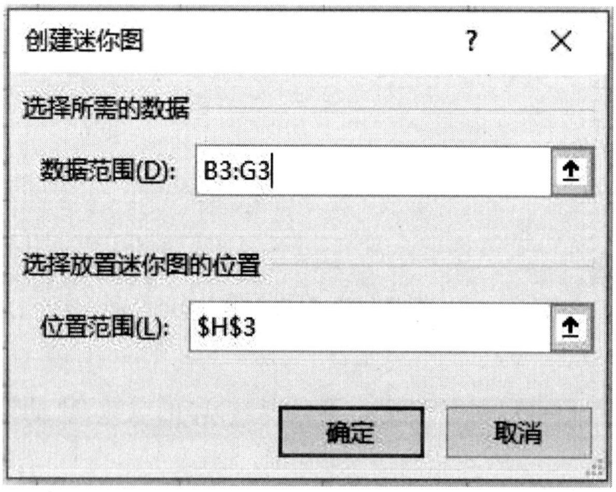

图 4-123 “创建迷你图”对话框

④ 操作完成后，即可看到 H3 单元格中的迷你图效果，如图 4-124 所示。

	A	B	C	D	E	F	G	H
1	海华公司上半年业绩统计表							
2	分店 / 月份	一月份	二月份	三月份	四月份	五月份	六月份	业绩趋势图
3	一分店	¥ 12,568.00	¥ 12,365.00	¥ 12,458.00	¥ 18,265.00	¥ 12,698.00	¥ 19,782.00	
4	二分店	¥ 18,567.00	¥ 16,452.00	¥ 20,145.00	¥ 9,876.00	¥ 9,989.00	¥ 25,431.00	
5	三分店	¥ 24,586.00	¥ 25,698.00	¥ 65,632.00	¥ 15,230.00	¥ 15,896.00	¥ 19,542.00	
6	四分店	¥ 15,962.00	¥ 15,896.00	¥ 18,521.00	¥ 50,420.00	¥ 25,390.00	¥ 29,856.00	

图 4-124 创建迷你图效果

⑤ 拖动填充柄至 H6 单元格,即可看到 H3:H6 单元格的迷你图效果,如图 4-125 所示。

	A	B	C	D	E	F	G	H
1	海华公司上半年业绩统计表							
2	分店 / 月份	一月份	二月份	三月份	四月份	五月份	六月份	业绩趋势图
3	一分店	¥ 12,568.00	¥ 12,365.00	¥ 12,458.00	¥ 18,265.00	¥ 12,698.00	¥ 19,782.00	
4	二分店	¥ 18,567.00	¥ 16,452.00	¥ 20,145.00	¥ 9,876.00	¥ 9,989.00	¥ 25,431.00	
5	三分店	¥ 24,586.00	¥ 25,698.00	¥ 65,632.00	¥ 15,230.00	¥ 15,896.00	¥ 19,542.00	
6	四分店	¥ 15,962.00	¥ 15,896.00	¥ 18,521.00	¥ 50,420.00	¥ 25,390.00	¥ 29,856.00	

图 4-125 创建迷你图效果

4.11.2 冻结窗格

如果工作表设置了列标题,当工作表垂直或水平滚动时,列标题无法固定,这时可以使用 Excel 的冻结窗格功能来解决此问题。冻结窗格可以使用户在滚动工作表时始终能看到行和列标题。冻结窗格的具体操作步骤如下:

① 首先选中单元格,该单元格必须在使用垂直滚动条时保持可见的行的下面,并且必须在使用水平滚动条时保持可见的列的右侧。

② 选择"视图"选项卡"窗口"组的"冻结窗格"按钮,并从下拉列表中选择"冻结窗格"选项。Excel 将插入深色线用于指示冻结的行和列。此时,在整个工作表中使用滚动条时,冻结的行和列始终可见,如做冻结窗格操作之前选中的是 C3 单元格,在使用垂直滚动条时,第 1、2 列始终可见;在使用水平滚动条时,第 A、B 列始终可见。

大多数情况下,需要冻结工作表的第 1 行或第 1 列。具体的操作步骤为:选择"视图"选项卡"窗口"组的"冻结窗格"按钮,再从下拉列表中选择"冻结首行"或"冻结首列"选项。

删除冻结窗格的方法为:选择"视图"选项卡"窗口"组的"冻结窗格"按钮,并从下拉列表中选择"取消冻结窗格"选项。

4.11.3 行、列的隐藏

用户使用 Excel 时，有时需要隐藏特定的行或列，当不希望用户看到特定的信息或需要打印工作表的部分内容时，则隐藏行和列的功能就非常有用。

隐藏行或列的具体方法有以下几种。

① 选中需要隐藏的行或列，右击鼠标，在快捷菜单中选择"隐藏"选项。

② 选中需要隐藏的行或列，单击"开始"选项卡"单元格"组中的"格式"按钮，在弹出的下拉列表中选择"隐藏和取消隐藏"，在下拉列表中选择"隐藏行"或"隐藏列"选项。

③ 拖动行或列的边框可以实现行或列的隐藏。向上拖动行的底部边框或向左拖动列的右边框即可将其隐藏。

取消隐藏行或列的方法有以下几种：

① 选中包含隐藏行(或列)的多个连续行(或列)，右击鼠标，在快捷菜单中选择"取消隐藏"选项。

② 选中包含隐藏行(或列)的多个连续行(或列)，单击"开始"选项卡"单元格"组中的"格式"按钮，在弹出的下拉列表中选择"隐藏和取消隐藏"，在下拉列表中选择"取消隐藏行"或"取消隐藏列"选项。

③ Excel 会为隐藏的行显示非常窄的行标题，会为隐藏的列显示非常窄的列标题；可以拖动行标题、列标题，使其重新可见。

4.11.4 SUMIF 和 VLOOKUP 函数

1. SUMIF 函数

在 Excel 操作中，可能需要执行条件求和。若区域内的值满足某个条件，则该值会被包含在求和计算中。SUMIF 函数是对单条件求和公式非常有用的函数。以"工资表"为例，用 SUMIF 函数求销售部工资总额。

① 选中 D17 单元格，如图 4-126 所示。

② 单击编辑栏按钮，打开"插入函数"对话框，在对话框中找到并单击"SUMIF"函数，单击"确定"按钮，如图 4-127 所示。

③ 在弹出的"函数参数"对话框的"Range"文本框中输入"D3:D15"，或者用鼠标在工作表中选中 D3:D15 区域。参数 Range 包含用于确定是否在求和中包含特定单元格的数值的区域，即求和需满足的条件所在区域。

④ "Range"文本框中输入"D3:D15"，或者用鼠标在工作表中选中 D3:D15 区域。参数 range 包含用于确定是否在求和中包含特定单元格的数值的区域，即求和需满足的条件所在区域。

⑤ 在"Criteria"文本框中输入"D4"。Criteria 用于确定是否在求和中包含特定单元格的表达式，即求和需满足什么样的条件。

⑥ 在"Sum_range"文本框中输入"E3:E15"。Sum_range 包含要求和的单元格的区域，即总的求和区域。若忽略这个参数，则该函数将使用第一个参数中指定的区域，如图 4-128 所示。

⑦ 单击"确定"按钮，即可得到函数计算结果，如图 4-129 所示。

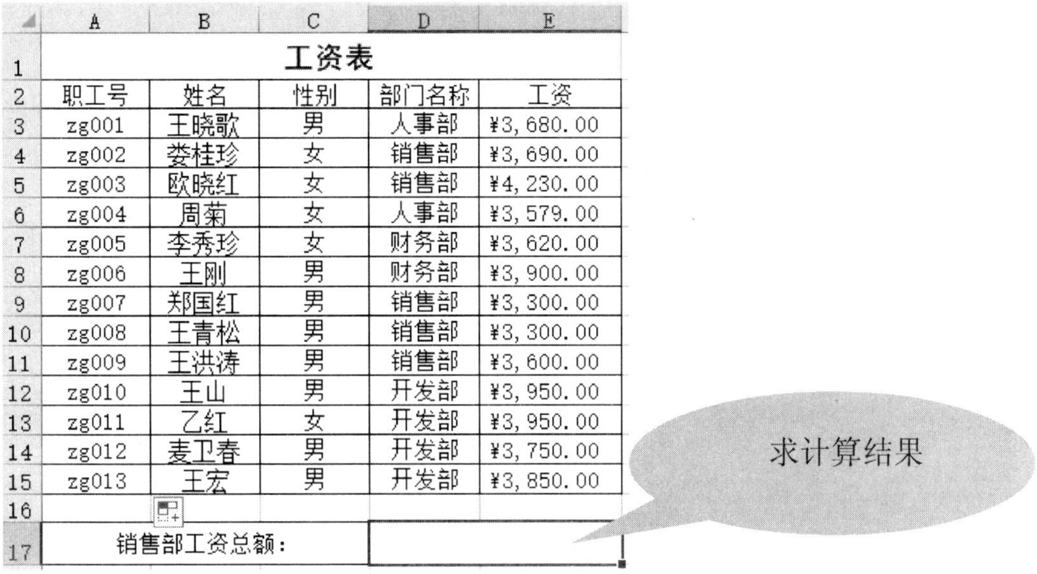

	A	B	C	D	E
1	工资表				
2	职工号	姓名	性别	部门名称	工资
3	zg001	王晓歌	男	人事部	¥3,680.00
4	zg002	娄桂珍	女	销售部	¥3,690.00
5	zg003	欧晓红	女	销售部	¥4,230.00
6	zg004	周菊	女	人事部	¥3,579.00
7	zg005	李秀珍	女	财务部	¥3,620.00
8	zg006	王刚	男	财务部	¥3,900.00
9	zg007	郑国红	男	销售部	¥3,300.00
10	zg008	王青松	男	销售部	¥3,300.00
11	zg009	王洪涛	男	销售部	¥3,600.00
12	zg010	王山	男	开发部	¥3,950.00
13	zg011	乙红	女	开发部	¥3,950.00
14	zg012	麦卫春	男	开发部	¥3,750.00
15	zg013	王宏	男	开发部	¥3,850.00
16					
17	销售部工资总额：				

图 4-126　“工资表”工作表

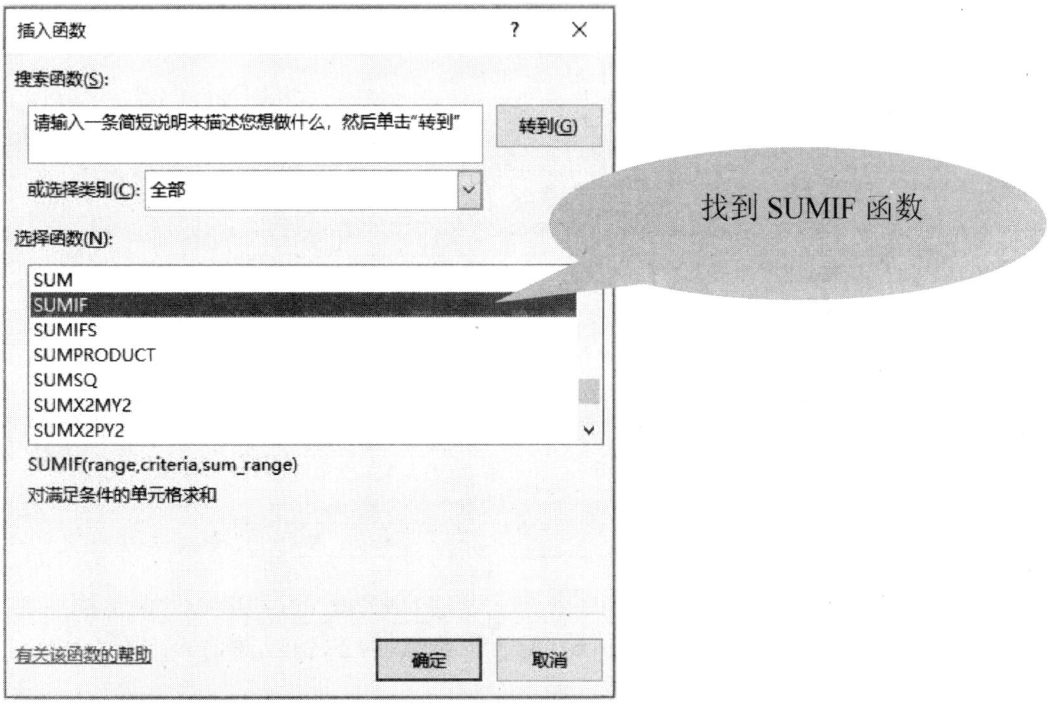

图 4-127　“插入函数”工作表

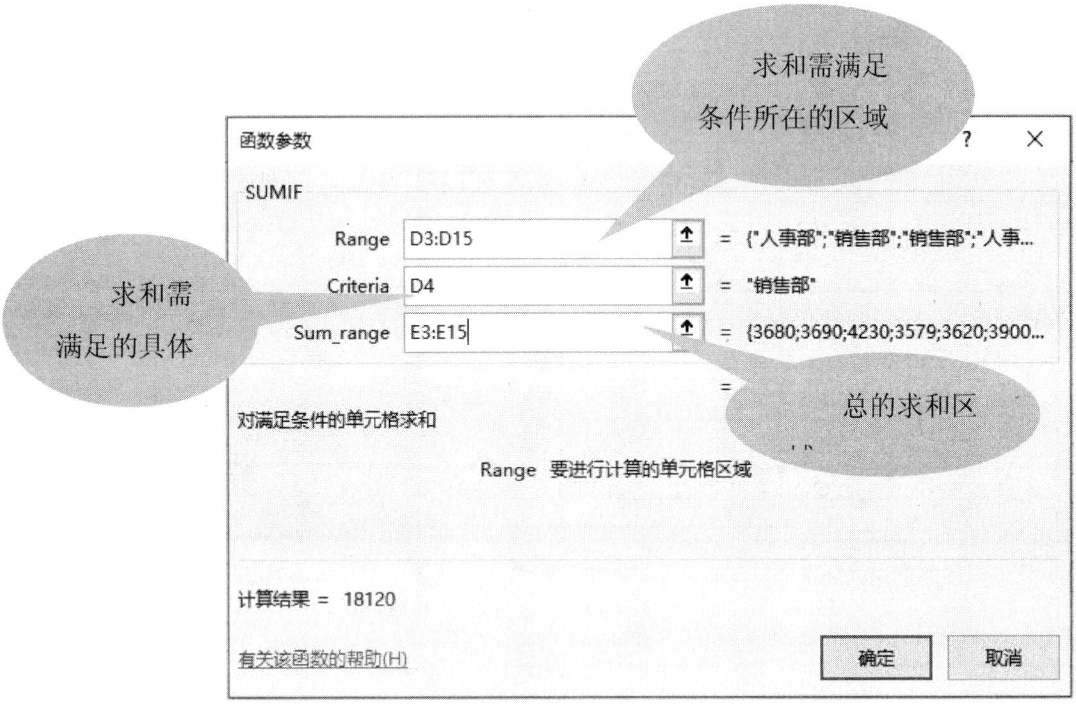

图 4-128 “函数参数”对话框

	A	B	C	D	E
1	工资表				
2	职工号	姓名	性别	部门名称	工资
3	zg001	王晓歌	男	人事部	¥3,680.00
4	zg002	娄桂珍	女	销售部	¥3,690.00
5	zg003	欧晓红	女	销售部	¥4,230.00
6	zg004	周菊	女	人事部	¥3,579.00
7	zg005	李秀珍	女	财务部	¥3,620.00
8	zg006	王刚	男	财务部	¥3,900.00
9	zg007	郑国红	男	销售部	¥3,300.00
10	zg008	王青松	男	销售部	¥3,300.00
11	zg009	王洪涛	男	销售部	¥3,600.00
12	zg010	王山	男	开发部	¥3,950.00
13	zg011	乙红	女	开发部	¥3,950.00
14	zg012	麦卫春	男	开发部	¥3,750.00
15	zg013	王宏	男	开发部	¥3,850.00
16					
17	销售部工资总额:			¥18,120.00	

函数计算结果

图 4-129 SUMIF 函数计算结果

2. VLOOKUP 函数

使用 Excel 基本查找函数可以在行或列中搜索查找值，并返回另一个值作为结果。VLOOKUP 函数是 Excel 基本的查找函数之一。VLOOKUP 函数可以在表格的首列中查找指定的值，并返回表格指定列中对应的值。

以“图书销售明细表”工作表为例，根据图书编号，在“图书销售明细表”工作表的“图书名称”和“单价”列中，如图 4-130 所示，使用 VLOOKUP 函数完成“图书名称”和“单价”列的填充。“图书名称”和“图书编号”、“单价”和“图书编号”的对应关系在“图书定价”工作表中，如图 4-131 所示。

先计算该单元格

销售订单明细表

订单编号	日期	书店名称	图书编号	图书名称	单价
BTW-08001	2011年1月2日	鼎盛书店	BK-83021		
BTW-08002	2011年1月4日	博达书店	BK-83033		
BTW-08003	2011年1月4日	博达书店	BK-83034		
BTW-08004	2011年1月5日	博达书店	BK-83027		
BTW-08005	2011年1月6日	鼎盛书店	BK-83028		
BTW-08006	2011年1月9日	鼎盛书店	BK-83029		
BTW-08007	2011年1月9日	博达书店	BK-83030		
BTW-08008	2011年1月10日	鼎盛书店	BK-83031		
BTW-08009	2011年1月10日	博达书店	BK-83035		
BTW-08010	2011年1月11日	隆华书店	BK-83022		
BTW-08011	2011年1月11日	鼎盛书店	BK-83023		

图 4-130 图书销售明细表

图书定价

图书编号	图书名称	定价
BK-83021	《计算机基础及MS Office应用》	36.00
BK-83022	《计算机基础及Photoshop应用》	34.00
BK-83023	《C语言程序设计》	42.00
BK-83024	《VB语言程序设计》	38.00
BK-83025	《Java语言程序设计》	39.00
BK-83026	《Access数据库程序设计》	41.00
BK-83027	《MySQL数据库程序设计》	40.00
BK-83028	《MS Office高级应用》	39.00
BK-83029	《网络技术》	43.00
BK-83030	《数据库技术》	41.00
BK-83031	《软件测试技术》	36.00
BK-83032	《信息安全技术》	39.00
BK-83033	《嵌入式系统开发技术》	44.00
BK-83034	《操作系统原理》	39.00
BK-83035	《计算机组成与接口》	40.00
BK-83036	《数据库原理》	37.00
BK-83037	《软件工程》	43.00

图 4-131 “图书定价”工作表

① 选中 E3 单元格。

② 单击“公式”选项卡“函数库”组中的“插入函数”按钮，弹出“插入函数”对话框，在“选择”函数下拉列表中选择“VLOOKUP”函数，单击“确定”按钮，如图 4-132 所示。

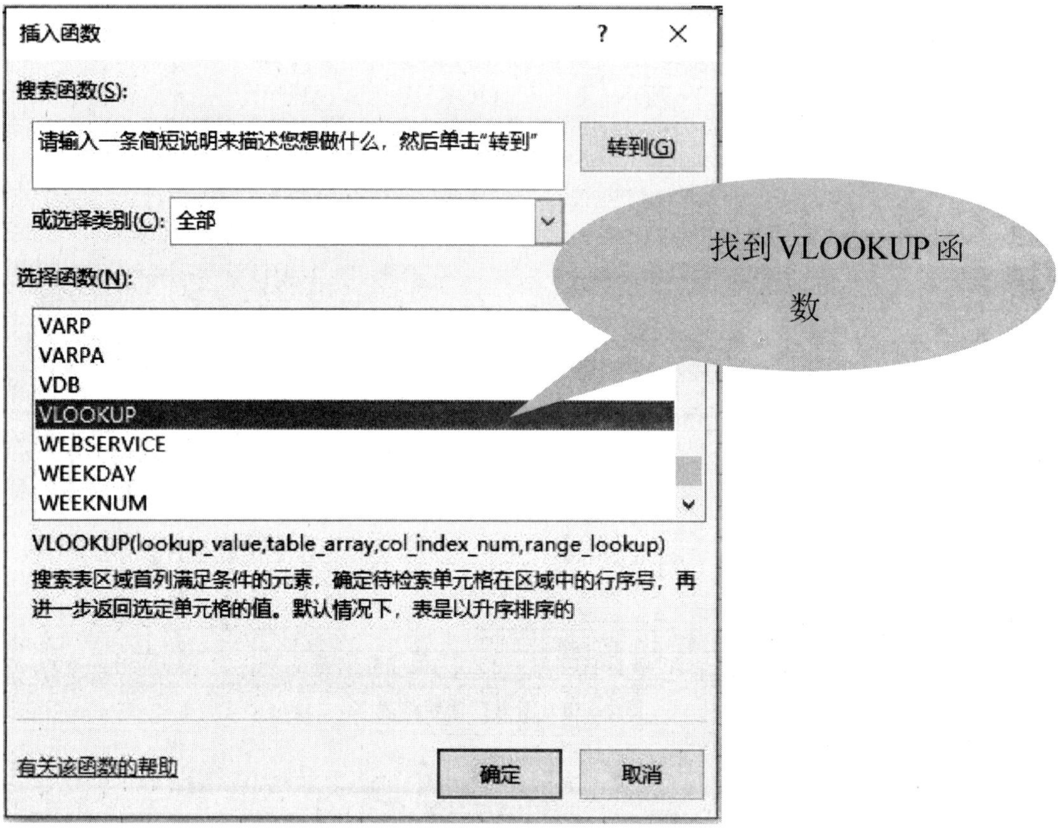

图 4-132 “插入函数”对话框

③ 弹出“函数参数”对话框，单击第 1 个参数框，在工作表中选择“D3”，即根据 D3 单元格的图书编号查找当前单元格的值。

④ 单击第 2 个参数框，在“图书定价”工作表中选择 A3:B19 区域，并将该区域设置为绝对引用，即在“图书定价”工作表的 A3:B19 区域进行查找。

⑤ 在第 3 个参数框中输入“2”，即需查找内容“图书名称”在查找区域的第 2 列。

⑥ 第 4 个参数框输入“FALSE”或“0”，即大致匹配，点击“确定”按钮，如图 4-133 所示，拖动鼠标至 E13 单元格。

⑦ 在“图书销售明细表”工作表的 F3 单元格输入“=VLOOKUP(D3,图书定价！$A$3:$C$19,3,0)”，按“Enter”键确认，然后拖动单元格右下角的填充柄，填充公式到最后一个单元格 F13，如图 4-134 所示。

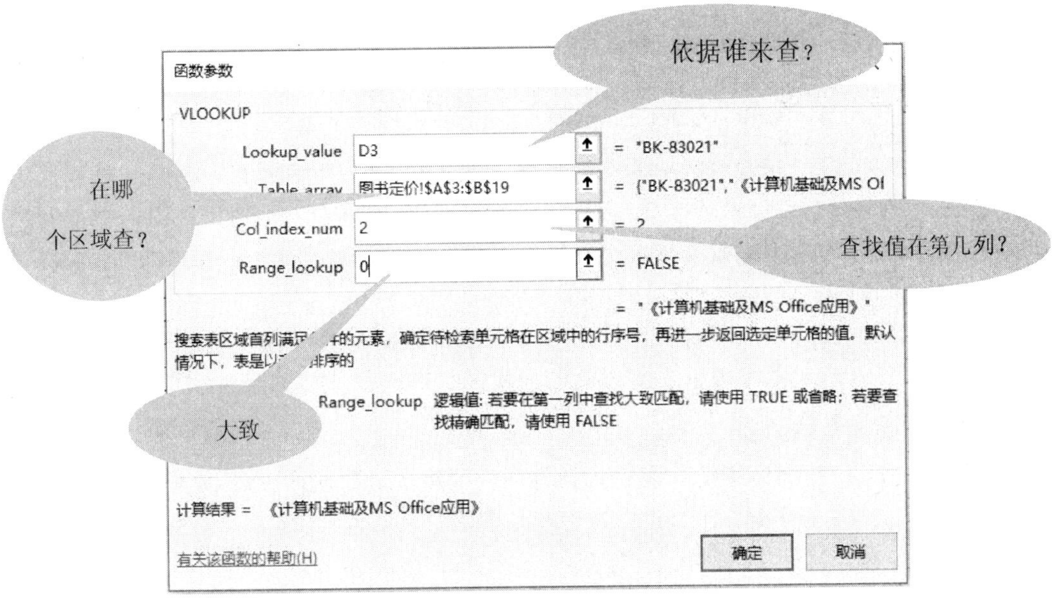

图 4-133 “函数参数”对话框

	A	B	C	D	E	F
1	销售订单明细表					
2	订单编号	日期	书店名称	图书编号	图书名称	单价
3	BTW-08001	2011年1月2日	鼎盛书店	BK-83021	《计算机基础及MS Office应用》	36.00
4	BTW-08002	2011年1月4日	博达书店	BK-83033	《嵌入式系统开发技术》	44.00
5	BTW-08003	2011年1月4日	博达书店	BK-83034	《操作系统原理》	39.00
6	BTW-08004	2011年1月5日	博达书店	BK-83027	《MySQL数据库程序设计》	40.00
7	BTW-08005	2011年1月6日	鼎盛书店	BK-83028	《MS Office高级应用》	39.00
8	BTW-08006	2011年1月9日	鼎盛书店	BK-83029	《网络技术》	43.00
9	BTW-08007	2011年1月9日	博达书店	BK-83030	《数据库技术》	41.00
10	BTW-08008	2011年1月10日	鼎盛书店	BK-83031	《软件测试技术》	36.00
11	BTW-08009	2011年1月10日	博达书店	BK-83035	《计算机组成与接口》	40.00
12	BTW-08010	2011年1月11日	隆华书店	BK-83022	《计算机基础及Photoshop应用》	34.00
13	BTW-08011	2011年1月11日	鼎盛书店	BK-83023	《C语言程序设计》	42.00

图 4-134 计算结果

4.11.5 数据透视表

1. 认识数据透视表

数据透视表是一种对大量数据快速汇总和建立交叉表的交互式动态表格，能够帮助用户分析、组织现有数据。数据透视表包括四大区域，分别是行区域、列区域、值区域和筛选器。

(1) 行区域

行区域位于数据透视表的左侧，每个字段中的每一项显示在行区域的每一行中。用户通常行区域放置分类或分组的内容。

（2）列区域

列区域由数据透视表各列顶端的数据组成，每个字段中的每一项显示在列区域的每一列中。

（3）值区域

在数据透视表中，包含数值的大面积区域就是值区域。值区域中的数据是对数据透视表中的行字段和列字段数据的计算和汇总。默认情况下，Excel 对数值区域中的数值型数据进行求和，对文本型数据进行计数。

（4）筛选器

筛选器位于数据透视表的最上方，由一个或多个数据列表组成。通过选择下拉列表中的选项，可以一次性对整个数据透视表中的数据进行筛选。

2. 数据透视表示例

【例 4－4】以“图书销售统计表”为例，为该表创建一个数据透视表，放置在名为“数据透视分析”的新工作表中，要求针对各书店比较各图书每天的销售额，其中书店名称为列标签，日期和图书名称为行标签，并对销售额求和，具体操作步骤如下：

① 打开“图书销售统计表”，如图 4-135 所示。

	A	B	C	D	E	F	G	H
1	销售订单明细表							
2	订单编号	日期	书店名称	图书编号	图书名称	单价	销量（本）	小计
3	BTW-08001	2018年1月2日	鼎盛书店	BK-83021	《计算机基础及MS Office应用》	36.00	12.00	432.00
4	BTW-08002	2018年1月4日	博达书店	BK-83033	《嵌入式系统开发技术》	44.00	5.00	220.00
5	BTW-08003	2018年1月4日	博达书店	BK-83034	《操作系统原理》	39.00	41.00	1599.00
6	BTW-08004	2018年1月5日	博达书店	BK-83027	《MySQL数据库程序设计》	40.00	21.00	840.00
7	BTW-08005	2018年1月6日	鼎盛书店	BK-83028	《MS Office高级应用》	39.00	32.00	1248.00
8	BTW-08006	2018年1月9日	鼎盛书店	BK-83029	《网络技术》	43.00	3.00	129.00
9	BTW-08007	2018年1月9日	博达书店	BK-83030	《数据库技术》	41.00	1.00	41.00
10	BTW-08008	2018年1月10日	鼎盛书店	BK-83031	《软件测试技术》	36.00	3.00	108.00
11	BTW-08009	2018年1月10日	博达书店	BK-83035	《计算机组成与接口》	40.00	43.00	1720.00
12	BTW-08010	2018年1月11日	隆华书店	BK-83022	《计算机基础及Photoshop应用》	34.00	22.00	748.00
13	BTW-08011	2018年1月11日	鼎盛书店	BK-83023	《C语言程序设计》	42.00	31.00	1302.00

图 4-135　图书销售统计表

② 单击“插入”选项卡的“数据透视表”按钮，弹出“创建数据透视表”对话框，在“请选择要分析的数据”区域中单击选中“选择一个表或区域(S)”单选按钮，在“表/区域(I)”文本框中输入或单击文本框用鼠标在工作表中选择数据源“销售情况！＄A＄2：＄H＄13”。在“选择放置数据透视表的位置”区域单击选中“新工作表(N)”单选按钮，单击“确定”按钮，如图 4-136 所示。

③ 弹出数据透视表的编辑界面，工作表中会出现数据透视表，界面右侧是“数据透视表字段”任务窗格，如图 4-137 所示。在“数据透视表字段”窗格中选择需要添加的字段到相应位置，用鼠标将“日期”“图书名称”拖动至“行”区域，将“书店名称”拖动至“列”区域，将“销量(本)”字段拖动至“值”区域。

④ 将该工作表的标签更改为“数据透视分析”。图 4-138 为创建的数据透视表。

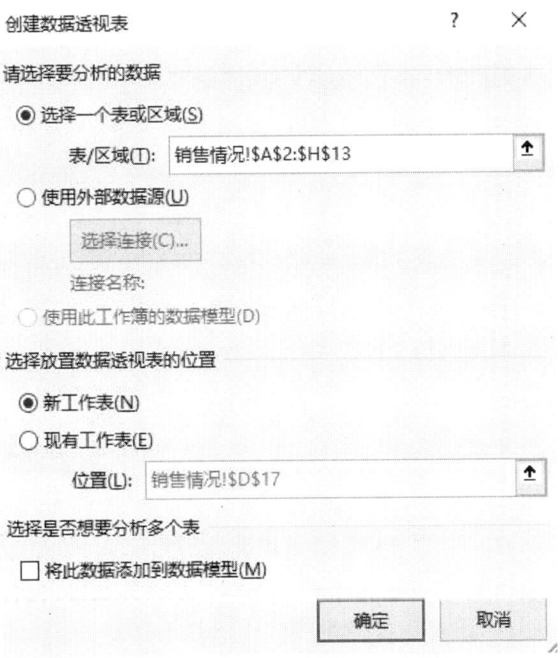

图 4-136 “创建数据透视表”对话框

图 4-137 数据透视表编辑界面

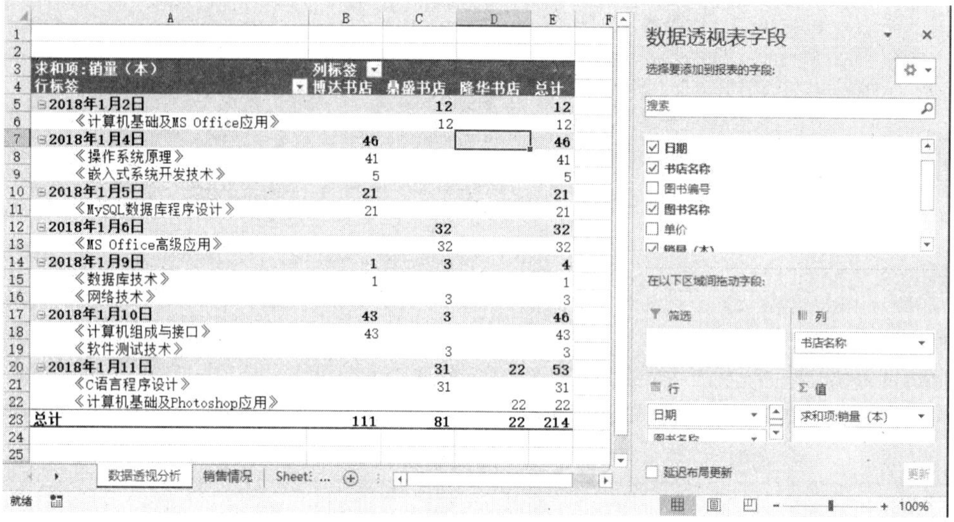

图 4-138　数据透视表结果

习　题　四

一、选择题

1. 关于 Excel 的工作簿，下面叙述中正确的是(　　)。

A. 一个工作簿只能包含一个工作表

B. 一个工作簿只能包含三个工作表

C. 一个工作簿至少包含一个工作表

D. 一个工作簿最多包含 128 个工作表

2. 在 Excel 工作表中快速选中单元格 BE370，以下最优的操作方法是(　　)。

A. 拖动滚动条

B. 在名称框中直接输入 BE370，输入完成后按“Enter”键

C. 执行“开始”选项卡下“编辑”功能组中的“查找和选择”命令，在“查找”对话框的“查找内容”框输入“BE370”，单击“查找下一个”按钮

D. 先使用“Ctrl+→”组合键移到 BE 列，再使用“Ctrl+↓”键移动 370 行

3. 初中二年级各班的成绩单分别保存在独立的 Excel 工作簿中，李老师需要将这些成绩单合并到一个工作簿文件中进行管理，最优的操作方法是(　　)。

A. 通过插入对象功能，将各班成绩单整合到一个工作簿中

B. 将各班成绩单中的数据分别通过复制、粘贴的命令整合到一个工作簿中

C. 打开一个班的成绩单，将其他班级的数据录入到同一个工作簿的不同工作表中

D. 通过移动或复制工作表功能，将各班成绩单整合到一个工作簿中

4. 在 Excel 工作表多个不相邻的单元格中输入相同的数据，最优的操作方法是(　　)。

A. 在输入区域最左上方的单元格中输入数据，双击填充柄，将其填充到其他的单元格

B. 在其中一个位置输入数据，然后逐次将其复制到其他单元格

C. 在其中一个位置输入数据，将其复制后，利用“Ctrl”键选择其他全部输入区域，再粘贴内容

D. 同时选中所有不相邻单元格，在活动单元格中输入数据，然后按“Ctrl＋Enter”键

5. 在 Excel 工作表中，要将数字 0605 作为文本处理，应输入(　　)。

A. 0605　　B. "0605"　　C. ′0605′　　D. ′0605

6. 将 Excel 工作表 A1 单元格中的公式 SUM(B＄2:C＄4)复制到 B18 单元格后，原公式将变为(　　)。

A. SUM(C＄2:D＄4)　　B. SUM(C＄19:D＄19)

C. SUM(B＄19:C＄19)　　D. SUM(B＄19:C＄19)

7. 在 Excel 工作表单元格中输入公式时，F＄2 的单元格引用方式称为(　　)。

A. 绝对地址引用　　B. 混合地址引用

C. 相对地址引用　　D. 交叉地址引用

8. 小陈在 Excel 中对产品销售情况进行分析，他需要选择不连续的数据区域作为创建分析图表的数据源，最优的操作方法是(　　)。

A. 按下“Ctrl”键不放，拖动鼠标依次选择相关的数据区域

B. 按下“Shift”键不放，拖动鼠标依次选择相关的数据区域

C. 直接拖动鼠标选择相关的数据区域

D. 在名称框中分别输入单元格区域地址，中间用西文半角逗号分隔

9. 以下 Excel 高级筛选功能，说法正确的是(　　)。

A. 高级筛选通常需要在工作表中设置条件区域

B. 高级筛选就是自定义筛选

C. 利用“数据”选项卡中的“排序和筛选”组内的“筛选”命令可进行高级筛选

D. 高级筛选之前必须对数据进行排序

10. 小王是某单位的会计，现需要统计单位各科室人员的工资情况，按工资从高到低排序，若工资相同，以工龄降序排序。以下最优的操作方法是(　　)。

A. 设置排序的主要关键字为“工龄”，次要关键字为“工资”，第二次要关键字为“科室”

B. 设置排序的主要关键字为“科室”，次要关键字为“工龄”，第二次要关键字为“工资”

C. 设置排序的主要关键字为“科室”，次要关键字为“工资”，第二次要关键字为“工龄”

D. 设置排序的主要关键字为“工资”，次要关键字为“工龄”，第二次要关键字为“科室”

二、填空题

1. “Sheet3！A1:E5”表示的是________。

2. ________是位于选定单元格或单元格区域右下角的小黑块，可用于实现复制、序列填充等操作。

3. 在单元格内输入一个公式时，应先键入________号。

4. 若 A1 单元格中的字符串是“计算机”，A2 单元格中的字符串是“应用基础”；若希望 A3 单元格中显示“计算机应用基础”，则应在 A3 单元格中键入公式________。

5. 在 Excel 工作表中，饼图通常包含________个数据序列。

实 验 四

【实验 4—1】题目要求：

一、启动 Excel 2016，在工作表 Sheet1 中进行各类数据的输入练习，如下图所示，并将工作表命名为“数据输入”。

	A	B	C	D	E	F
1	字符数据	数值数据	日期数据	时间数据	逻辑数据	
2	Excel	-13652.50	1月5日	6:20	TRUE	
3	2016	1.02E+03	2018年12月26日	6:20 AM	FALSE	
4	06033603	26.70%	2018/10/18	6时20分		
5	%25	65,895	2018-10-18	下午6时20分		
6	0371-2658123	2/5	二〇一八年十月			
7		4 1/2	十月十八日			
8		¥ 5,250.00	二〇一八年十月十八日			
9			2018/10/18 6:00 AM			
10						
11	函数		公式	公式计算结果		
12	=sum(B2:b8)		=B2*5^2/(B4+2)	-150556.9034		
13	函数计算结果		=A2&A3	Excel2016		
14	58517.67					
15						

二、将下图 Sheet2 工作表命名为“填充数据填充”，并完成以下操作：

	A	B	C	D	E	F	G	H	I	J	K	L
1	Excel2016	Excel2016				01	1	001	2			
2	Excel2016	Excel2016				02	2	002	4			
3			Excel2016			03	3	003	6			
4			Excel2016			04	4	004	8			
5			Excel2016			05	5	005	10			
6				Excel2016	Excel2016	06	6	006	12			
7				Excel2016	Excel2016	07	7	007	14			
8				Excel2016	Excel2016	08	8	008	16			
9				Excel2016	Excel2016	09	9	009	18			
10				Excel2016	Excel2016	10	10	010	20			
11						11	11	011	22			
12						12	12	012	24			
13						13	13	013	26			
14						14	14	014	28			
15						15	15	015	30			
16						16	16	016	32			
17												
18	星期一	星期二	星期三	星期四	星期五	星期六	星期日					
19	2018/9/1	2018/9/2	2018/9/3	2018/9/4	2018/9/5	2018/9/6	2018/9/7					
20	2018/1/10	2018/2/10	2018/3/10	2018/4/10	2018/5/10	2018/6/10	2018/7/10					
21									2018/10/14	作者:		
22									9:55	当前日期		
23												
24												
25												
26												

(1) 同时选择三个以上的不同区域，如在 A1:B2 和 C2:C5、D6:E10 等区域同时填写"Excel 2016"。

(2) 在 F1 输入文本数据 01，向下拖动填充柄并观察结果；在 G1 输入数值数据 1，按住“Ctrl”键向下拖动填充柄并观察结果；利用自定义数据完成 H1:H16 的填充；在 I1 和 I2 中分别输入 2 和 4，再同时选中这两个单元格，向下拖动填充柄并观察结果。

(3) 使用数据填充功能，在 18 行输入数据：星期一，并向右拖动填充柄产生自定义序列：星期二、……、星期日，在 19 行输入日期数据并向右拖动填充柄自动填充输入，利用填充功能完成 20 行的数据填充。

(4) 在单元格 I21 使用"Ctrl+;"键，输入系统当前日期，在单元格 I22 按"Ctrl+Shift+;"键，输入系统当前时间，并分别插入批注：当前日期和当前时间。

三、在 Sheet3 工作表中参照下图输入数据，将 Sheet3 更名为"学生基本信息"完成操作如下：

	A	B	C	D	E
1	学生基本信息				
2	学号	姓名	性别	出生日期	籍贯
3	012012001	刘文亮	男	1992/10/12	河南
4	012012002	许红丽	女	1992/5/18	甘肃
5	012012003	赵文渊	男	1991/6/6	海南
6	012012004	范丽娜	女	1992/3/2	河南
7	012012005	王春辉	男	1990/12/21	河南
8	012012006	李圣文	男	1993/1/28	海南
9	012012007	王亚菲	女	1991/11/15	甘肃
10	012012008	丁飞燕	女	1993/10/29	河南

(1) 输入表格标题，单元格合并居中，标题文字设置为隶书、加粗、字号 20、红色；所有列标题设置为深蓝背景、字体颜色为白色、黑体、字号 12，其他文字设置为楷体、字号 10。

(2) 所有列宽设置为"自动调整列宽"，所有行高设置为 20 磅。

(3) "出生日期"列中的数据设置为左对齐，其余列设置为水平居中。

(4) 表格边框设置为黑色粗线，内边框设置为绿色细线，表格标题的上边线和下边线设置为红色双线。

(5) 选择包含数据的单元格区域，设置背景颜色、字体颜色和底纹图案。

(6) 将表格内容复制到另一工作表，在新复制的工作表中使用条件格式把 1992－1－1 以后出生的学生的出生日期单元格填充为红色。

【实验 4－2】题目要求：

打开 Excel 2016 实验题目，按照以下要求进行操作：

一、重命名工作表 Sheet1 为"公式练习"，在该工作表中，完成下列操作：

(1) 常量公式输入。从 A3 单元格开始，向下方各单元格分别输入公式：=1+2，=1<2，="B"<"A"，="姓"&"名"，="中国"&"人民"，=2008－12－28，观察显示结果。

(2) 从 B3 单元格向下分别输入：=A1+A2，=A1+A3，=A1+A4，=A4&A5，=A7－A6(观察结果)。

二、重命名工作表 Sheet2 为"公式与函数"，在该工作表中，完成下列操作：

(1) 用公式和函数分别求每个学生的平均分和总分。

(2) 用函数求每个学生的评语，平均分大于等于 90 分的是优秀，大于等于 80 分的是良好，大于等于 60 分的是及格，其余的是不及格。

(3) 用函数求统计分析表格中的各项数据。对平均分求及格率和不及格率，结果显示为百分比的格式。

(4) 将所有显示数值的单元格保留一位小数。

三、打开工作表 Sheet3，完成下列操作：

(1) 删除表格中"服装业"与"汽车工业"之间的空行。

(2) 用公式求出各行业的增减幅度(增减幅度=就业变化人数/原有人数)。

(3) 填入“编号”栏(编号从 D001 到 D008)。

(4) 将表格中“编号”栏中的数据居中。

(5) 在“编号”栏最后的蓝色单元格内输入考试当天的日期(日期格式要求如 2018 年 11 月 1 日)。

四、打开工作表 Sheet4,完成下列操作:

(1) 在每个学号前均添加两个 0,如 2002010 变为 002002010。

(2) 计算综合成绩(平时成绩 * 20%+期中成绩 * 40%+期末成绩 * 40%)。

(3) 所有单元格对齐方式均为上下左右均居中。

(4) 在“罗凯”的名字上添加批注,批注内容为“状元!”。

(5) 为期中成绩增加“数据有效性”检验,要求输入的成绩在 70~90,并手工输入成绩。

(6) 将“夏文生”所在这一行隐藏。

(7) 给所有数据设置不同的内外边框线。

(8) 插入一个标题行,“学生成绩表”,并合并居中。

(9) 表中期中成绩数据最大的 40%部分设置不同的标识,对平时成绩大于 85 的设置为红色。

【实验 4—3】题目要求:

打开 Excel 2016 实验题目,完成以下操作要求:

一、在 Sheet1 工作表中完成以下操作要求:

(1) 设置将全部成绩值中大于或等于 90 分的分数数值为红色、加粗(使用条件格式设置)。

(2) 自动筛选,班级是一班的记录。

(3) 高级筛选使用“与”,性别是男,班级一班。

(4) 高级筛选使用“或”,性别是女,班级二班。

(5) 高级筛选使用“与”,性别是男,班级一班,并将结果复制到新的工作表中。

二、在 Sheet2 工作表中完成以下操作要求:

(1) 筛选“学历为本科或大专,部门为办公室或财务部”的所有记录。

(2) 将表格中的数据先按学历升序排列,学历相同的按实发工资降序排列,实发工资相同的按姓名升序排列。

(3) 排序后分类汇总,分类字段为学历,汇总方式为计数,汇总项为学历。

三、在 Sheet3 工作表中完成以下操作要求:

(1) 将工作表的 A1:D1 单元格合并为一个单元格,内容水平居中。

(2) 计算销售量的“总计”行和“所占比例”列(百分比型,保留小数点后两位)的内容。

(3) 按销售额计算各分店的销售排名。

(4) 选取“分店”和“所占比例”两列数据(不包括“总计”行)建立“分离型三维饼图”,图标题为“销售情况统计”,图例位置为底部。

(5) 将工作表重命名为“销售情况表”。

四、在 Sheet4 工作表中完成以下操作要求:

(1) 对工作表中的数据列表进行如下格式化操作:将第一列“学号”设置为文本,设置所有成绩列保留两位小数的数值，表格中文本字体为隶书、字号为 14。

(2) 为表格设置不同的内外边框线，外框线为红色实线，内框线为蓝色虚线，表格内容垂直水平居中对齐。

(3) 利用 SUM、AVERAGE 和 RANK 函数计算每一个学生的总分、平均分以及根据平均分排名的情况。

(4) 通过分类汇总功能求出每个班各科的平均成绩，并将每组结果分页显示。

(5) 以分类汇总结果为基础，创建一个簇状柱形图，对每个班各科成绩的平均值进行比较，设置坐标轴的最大刻度为 100，主要刻度为 5。

五、在 Sheet5 工作表中完成以下操作要求：

(1) 将本工作表的 A1:H1 单元格合并为一个单元格，内容水平居中；计算平均成绩。

(2) 计算平均成绩，计算各月考试的最高分和最低分，按平均成绩的降序进行排名。

(3) 将工作表命名为“第一学期成绩统计表”。

(4) 选取 A2:A12 和 G2:G12 单元格区域建立“簇状条形图”(系列产生在列)，图表标题为“第一学期成绩统计图”，清除图例；设置分类轴字体大小为 10，数据轴字体大小为 10，刻度最大值为 700，主要刻度单位为 100，将图插入到 J1:Q15 区域。

第 5 章　PowerPoint 2016

学习目标：

1. 掌握创建和保存 PowerPoint 2016 演示文稿的方法。
2. 掌握 PowerPoint 2016 幻灯片的基本操作。
3. 掌握在幻灯片中添加和处理文本的方法。
4. 掌握在幻灯片中插入各种对象的方法。
5. 掌握幻灯片动画效果和切换效果的设置方法，并能够灵活运用各种动画的效果。
6. 掌握幻灯片的多种放映方式及其设置方法。
7. 了解演示文稿的多种打印方式及打包方法。

本章主要介绍使用 PowerPoint 2016 制作演示文稿的基本方法，包括演示文稿的创建和编辑、幻灯片对象的添加与处理、幻灯片动态效果的设置，以及幻灯片的放映、打印和导出等。

§5.1　PowerPoint 2016 概述

5.1.1　初步认识 PowerPoint 2016

外出演讲、做报告，展示的不仅是一种个人技巧，还是一种精神面貌，更是一种个人素质的体现。一场有声有色的报告通常会让听众惊叹，而制作一个好的演示文稿是基础。

PowerPoint 2016 是微软公司的一款演示文稿软件，与前面章节介绍的 Word 和 Excel 一样，是较为主流且十分重要的办公软件。它结合了文字、图片、音频、视频等多种表现元素，是一款上手简单、适用性极强的软件，被广泛应用于课堂、演讲、会议等多种场合。用户可以利用投影仪或者直接在计算机上进行演示，也可以将演示文稿打印出来，以便应用到更广泛的领域中，因而深受用户的喜爱。

PowerPoint 2016 生成的文件叫演示文稿，其默认生成文件的扩展名为 PPTX，也可以设置并为其保存为 PDF 文件、图片格式文件等，PowerPoint 2010 及以上版本中还可以保存为视频格式文件。

每一个演示文稿中通常包含若干张幻灯片，每张幻灯片都是演示文稿中既相互独立又相互联系的部分。

5.1.2　PowerPoint 2016 的启动和关闭

1. 启动

PowerPoint 2016 的启动方法与其他 Microsoft Office 软件类似，常用的启动方法有以下三种。

① 打开“开始”菜单找到“Microsoft Office PowerPoint 2016”并单击启动，具体方式如下：单击“开始”菜单图标，而后在展开的二级菜单中找到“Microsoft Office 2016”文件夹，即可看到“Microsoft Office PowerPoint 2016”的图标，单击启动即可，如图 5-1 所示。

图 5-1　“开始”菜单

也可以利用“开始”菜单中的搜索栏，直接输入 Microsoft Office PowerPoint 2016，就能找到并启动 PowerPoint 2016。在搜索栏输入的过程中，由于智能检索系统的辅助，只需输入“pow”即可显示 Microsoft Office PowerPoint 2016 图标。

② 通过桌面快捷方式启动。对于成功安装 PowerPoint 2016 的电脑，其桌面或者任务栏上往往会创建该软件的图标，双击打开即可。

③ 直接打开已保存的演示文稿，就能启动 PowerPoint 2016 并对文稿进行编辑。

2. 关闭

退出 PowerPoint 2016 的工作环境，有很多种方法，常用有以下三种。

① 单击 PowerPoint 2016 窗口右上角的“关闭”按钮。

② 单击“文件”选项卡，在弹出的下拉菜单中选择“关闭”命令。

③ 在选中 PowerPoint 2016 窗口的情况下，按组合键“Alt+F4”。

5.1.3 工作界面

PowerPoint 2016 成功启动后，就可以看到它的工作界面，总体风格与之前看到的 Word 2016 和 Excel 2016 类似，如图 5-2 所示。

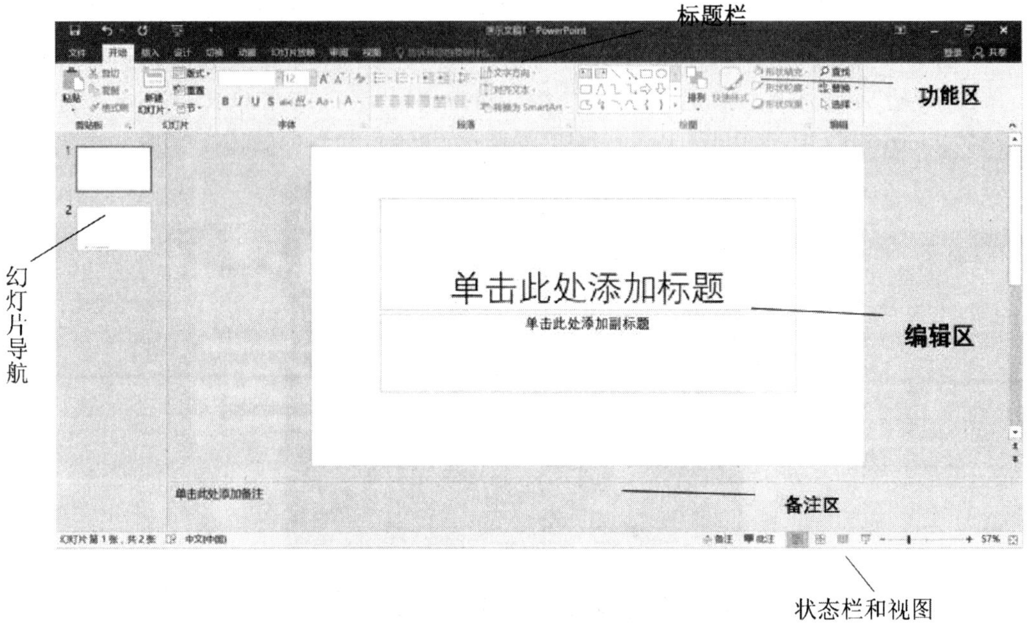

图 5-2 工作界面

它主要由以下几个部分组成。

1. 快速访问工具栏

在“标题栏”的左侧是快速访问工具栏，提供了最常用的功能键，如“保存”、“撤销键入”和“重复键入”、“从头开始放映”等，单击可执行相应的操作。

2. 标题栏

标题栏用于显示正在操作的文档名称、程序名称及窗口最小化、最大化和关闭控制按钮。

3. 功能区

在 PowerPoint 2016 中，传统的菜单和工具栏已被功能区所取代。功能区中包括多个选项卡，单击某个选项卡即可打开相应的功能区，在功能区各组内为用户提供了常用的命令按钮，可以很方便地执行各种操作。

4. 编辑区

该窗格位于操作界面的中间，用于显示和编辑幻灯片，是整个演示文稿的核心，所有幻灯片都是在编辑区中制作完成的。

5. 幻灯片导航

该窗格位于演示文稿的左侧，用于显示幻灯片的数量及位置，通过它可更加方便地掌握演示文稿的结构。

6. 备注区

该窗格位于幻灯片编辑窗格的下方，在其中输入内容，可供演讲者查阅该幻灯片信息。

7. 状态栏和视图区

状态栏显示了当前文档页数、总页数、当前文档检错结果和输入法状态等内容，在其右侧视图栏中包括视图切换按钮、当前页面显示比例和调节页面显示比例的控制杆。单击不同的视图按钮可使用不同的模式查看演示文稿内容。单击显示比例控制区的+按钮，可放大显示窗口；单击−按钮，可缩小显示窗口；单击按钮，可使幻灯片适应当前窗口显示。

§ 5.2 PowerPoint 2016 基本操作

5.2.1 演示文稿的基本操作

1. 创建

在 PowerPoint 2016 中，可以根据不同需求创建丰富多彩的演示文稿，常用的可归纳为以下几种。

(1) 创建空白演示文稿

在启动 PowerPoint 2016 后，系统会自动创建一个名为“演示文稿 1”的空白演示文稿，可以方便快捷地制作幻灯片。也可以利用“开始”选项卡中的“新建”按钮，选择“空白演示文稿”并单击，完成空白演示文稿的创建；或者直接利用快捷键“Ctrl＋N”，完成相同的操作，如图 5-3 所示。

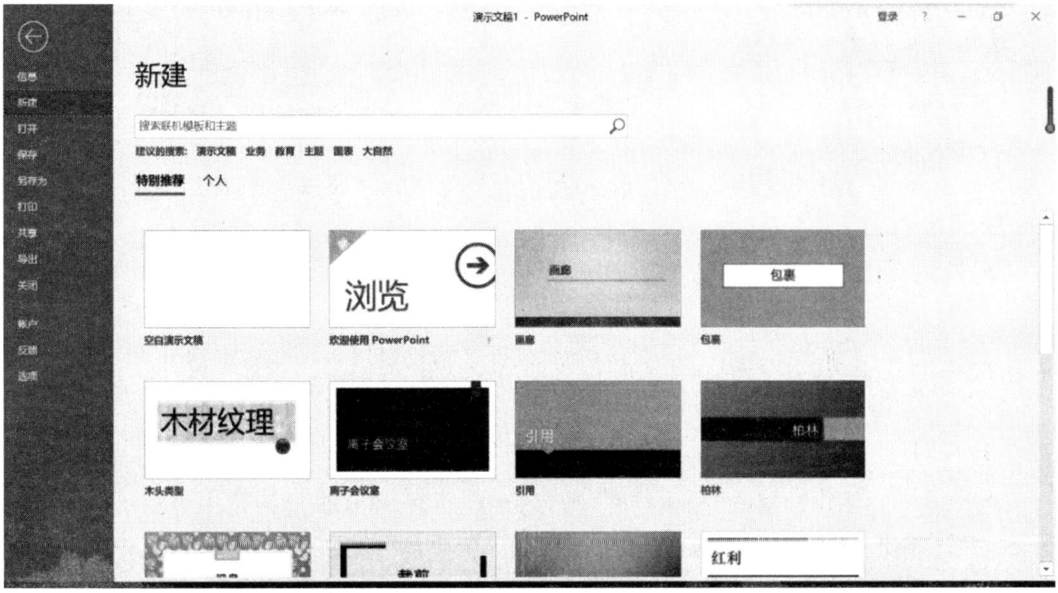

图 5-3 新建演示文稿

（2）创建带有主题的演示文稿

PowerPoint 2016 中内置了多个主题，主题的选取应用于所有的幻灯片，可以快速完成幻灯片中背景、文本及段落格式的设计。具体步骤是：在“开始”选项卡中找到“新建”按钮，选择带有“主题”的演示文稿，同时也可为不同的主题选择不同的“变体”，最后单击“创建”，如图 5-4 所示。

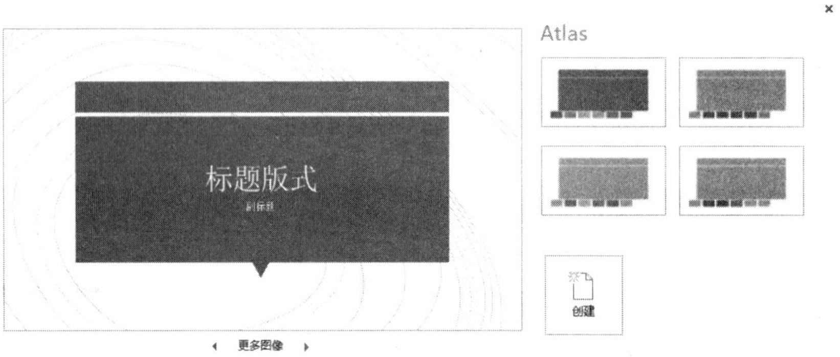

图 5-4　新建带有主题的演示文稿

2. 保存

在演示文稿制作完成后，需要将其保存到合适的位置。对于首次保存的演示文稿，单击“文件”选项卡，从下拉菜单中选择“保存”命令，或者直接在“快速访问工具栏”点击“保存”，会弹出“另存为”界面，如图 5-5 所示。

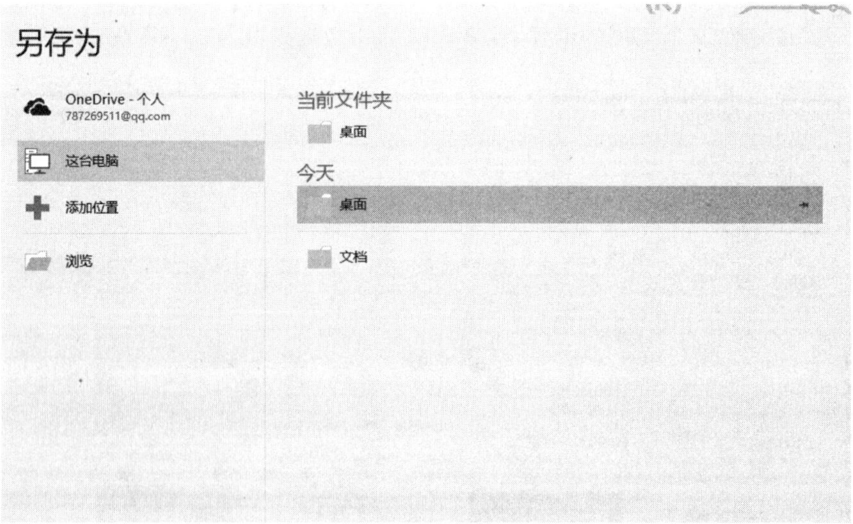

图 5-5　“另存为”界面

单击“这台电脑”或“浏览”按钮打开“另存为”对话框，可在该对话框中为演示文稿输入文件名并选择保存路径，单击“保存”按钮即可。对于非首次保存的演示文稿，用户可以根据实际需求选择“保存”或者“另存为”的方式进行保存。在弹出的“另存为”对话框中，根据实际的需求去选择合适的文件保存类型，如图 5-6 所示。

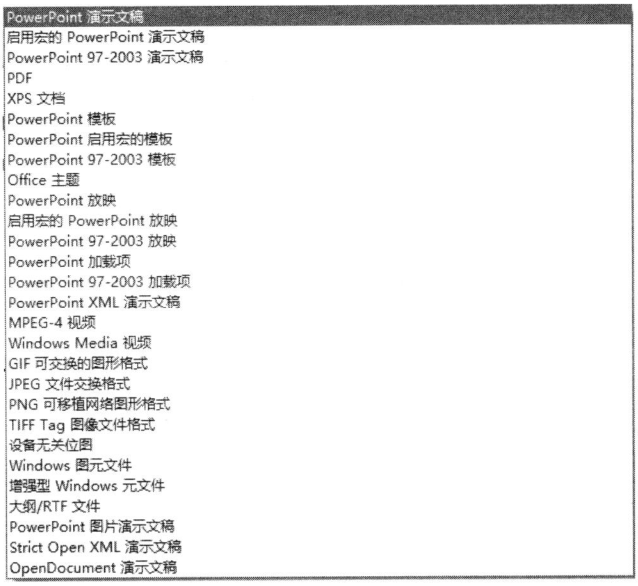

图 5-6 演示文稿保存类型菜单

当需要把一些演示文稿作品保存为模板时，应该选取文件的保存类型为“PowerPoint 模板”。当需要在低版本的 PowerPoint 软件中打开演示文稿时，应该选取文件的保存类型为“PowerPoint 97-2003 演示文稿”。当需要把演示文稿打开直接放映时，应该选取文件的保存类型为“PowerPoint 放映”。

3. 打开

当需要打开一个现有的演示文稿时，通常有以下两种方法。

① 直接双击需要打开的演示文稿图标。

② 在 PowerPoint 2016 已经启动的情况下，单击“文件”选项卡，在下拉菜单中选择“打开”命令，将弹出如图 5-7 所示的“打开”对话框。

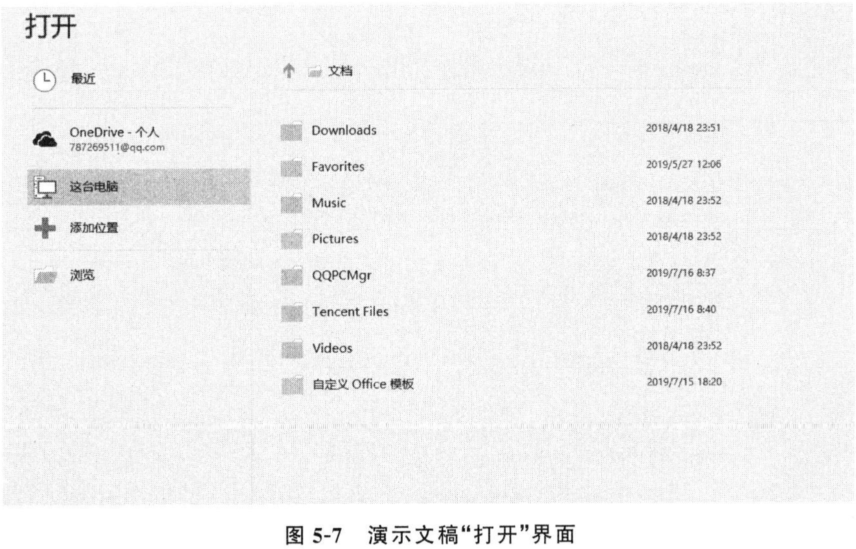

图 5-7 演示文稿“打开”界面

用户可以选择最近打开的文件，也可以通过单击“浏览”按钮，去选择需要打开文件的具体路径。

4. 关闭

对演示文稿完成了编辑之后就要将其关闭，通常有以下两种方法。

① 单击窗口右上角的“关闭”按钮。

② 按组合键“Alt＋F4”。

5.2.2 幻灯片的基本操作

1. 新建幻灯片

对于新的演示文稿，通常只有一张版式为“标题”的幻灯片，显然不足以满足用户的需求，这就需要添加更多不同版式的幻灯片，下面有两种插入幻灯片的方式。

① 除了首张“标题”版式幻灯片外，在幻灯片导航区域选中某张幻灯片后，按下键盘“Enter”键或者“Ctrl＋M”组合键，可以新建一张与当前选中幻灯片相同版式的幻灯片，也可以通过在幻灯片导航区的相应位置，通过鼠标右键打开菜单，选择“新建幻灯片”，完成同样操作。

② 在幻灯片导航区域把鼠标定位到合适的位置后，单击“开始”选项卡“幻灯片”组的“新建幻灯片”按钮，根据不同的需求去选取合适的幻灯片版式，即可添加一张新的幻灯片，如图 5-8 所示。

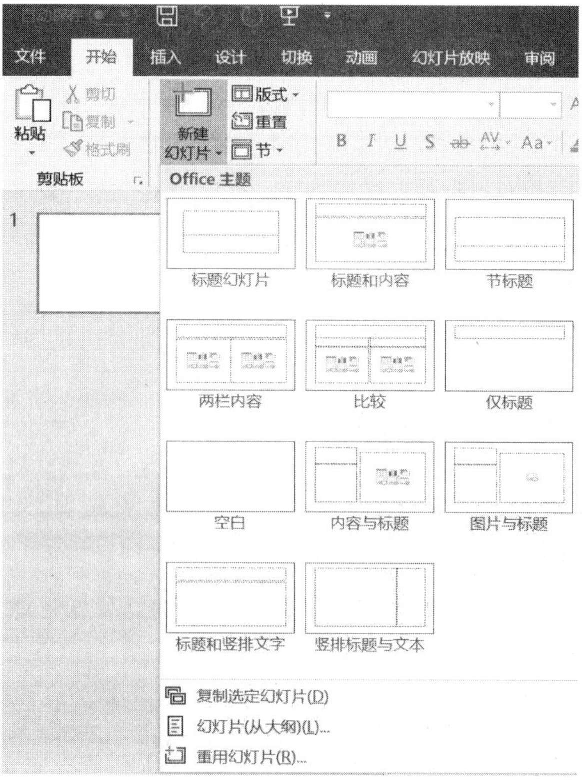

图 5-8 “新建幻灯片”菜单

从上述界面中可以看到，默认的演示文稿提供了 11 种不同版式的幻灯片，常用的版式包括“标题幻灯片”“标题和内容”“两栏内容”等。版式的差异主要体现在幻灯片中的占位符类型及其位置，用户需要根据幻灯片的具体内容，选择合适的幻灯片版式。

2. 选择幻灯片

当需要对某一张或多张幻灯片完成统一的操作，就要去选中幻灯片，对于单张幻灯片，只需在普通视图下，在幻灯片导航区域直接选中即可。对于多张幻灯片的选中操作，具体分以下两类。

① 选中不连续的多张幻灯片：按住“Ctrl”键，分别去单击多张幻灯片。

② 选中连续的多张幻灯片：先选择一张幻灯片，然后按住“Shift”键，单击其他幻灯片，即可选中首尾两张幻灯片之间的连续多张幻灯片。

为了更加方便地对连续多张幻灯片进行管理，也可以对演示文稿进行分节，这与 Word 中涉及的“节”的概念很类似。在幻灯片导航的区域单击选中某张幻灯片，在“开始”选项卡的“幻灯片”组中找到“节”，在展开的下拉菜单中单击“新增节”，即可在当前选中的幻灯片之前插入节标题。

输入一个合适的节标题，单击“重命名”按钮后，就完成了节的插入，如图 5-9 所示。根据幻灯片的内容，用户可以去设置多个节，单击节标题，即可选中该节中的所有幻灯片，这方便了进行后续的幻灯片的主题、版式、切换方式等各种设置。

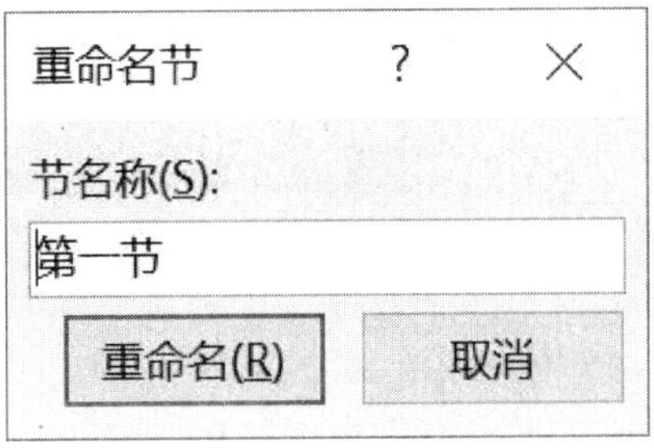

图 5-9 “重命名节”对话框

掌握这些操作，在复制、移动或者删除幻灯片时，是十分必要的。

3. 删除幻灯片

如果在编辑过程中，发现有些幻灯片不需要，就可以选择删除这些幻灯片。首先选中需要删除的幻灯片，通过以下两种方法实现幻灯片的删除。

① 直接按“Delete”键即可将其删除。

② 用鼠标右键单击幻灯片缩略图，从弹出的快捷菜单中选择“删除幻灯片”命令。

需要注意的是，近期删除的幻灯片是可以通过“撤销”操作恢复的。

4. 复制幻灯片

在演示文稿的制作过程中，往往需要一些背景、版式，甚至内容文字完全相同的幻灯片，这就用到了幻灯片的复制功能，可以在幻灯片导航区域选中一张或多张幻灯片后，鼠标右键选取“复制幻灯片”指令，就可以直接复制并粘贴所选中的幻灯片；或是利用快捷键“Ctrl+C”，具体剪贴操作与之前章节讲述的操作一致。需要注意的是，在选取“粘贴”位置时，总是把复制的幻灯片粘贴在幻灯片导航区域选定幻灯片之后。

5. 移动幻灯片

在演示文稿中，若要移动幻灯片，可以使用鼠标拖拽的方法，把需要移动的幻灯片选中后在幻灯片导航区域用鼠标将其拖拽到相应的位置，或者可以利用"剪切"操作，此处不再赘述。

5.2.3 文本编辑与格式化

演示文稿往往是为了辅助表达演讲者的思想，那么其中文字是不可或缺的一部分，然而相比于 Word 而言，长篇大论的文字不会出现在演示文稿中，文字部分只取提要即可。但基本的文字输入和编辑还是必不可少的，同时利用 PowerPoint 2016 多样的文本效果，会给幻灯片增色不少。

1. 文字的输入

在一张幻灯片内，文字无法被直接输入到占位符和文本框以外的位置上。所谓占位符，就是在不同版式的幻灯片上由虚线围成的矩形方框，往往内部含有"单击此处添加标题"或者"单击此处添加文本"等提示性文字，占位符被选中后，出现光标且内部文字消失，就可以直接输入文本了。在输入文本的过程中，PowerPoint 2016 会自动将超出占位符的部分转到下一行，如果文字字号太大无法显示完全，PowerPoint 2016 还会自动调整文字大小，保证文本只能存在于占位符的内部。

当选中某个占位符时，可以调整其大小和位置，也可以在格式选项卡中调整其形状样式或者艺术字样式等。

通常，由于不同版式提供占位符的位置和大小仍比较单一，用户仍需输入文字，则可以借助文本框，在前面的章节中，已经详细介绍了文本框的使用方式，在此不再赘述。

在此需要说明的是，文本框和文本占位符是有区别的，具体表现在以下三个方面。

① 文本框通常是根据需要人为添加的，并可以拖动到任何地方放置。而文本占位符是在添加新幻灯片时，系统自动添加的，其数量和位置只与幻灯片的版式有关，通常不能直接在幻灯片中添加新的占位符。

② 文本框里的内容在大纲视图中是无法显示出来的，而文本占位符中的内容则可显示出来。

③ 在文本占位符中输入的文本已经根据所选主题版式自动设置了某种文本格式，这种格式取决于母版样式，而在文本框中输入的文本只是系统默认的文本格式。

2. 格式设置

对于已经输入的文本，可以利用"字体"对话框进行字体格式的设置，在对话框中可以设置文本的字体、字号、字形、字体颜色、下画线线型及颜色、文字效果和字符间距等格式。

相比于文字格式的设置，段落格式设置显得更为必要，特别是项目符号的添加，以及列表级别的更改。段落格式的设置与 Word 2016 段落格式设置相似，不再赘述。

项目符号设置步骤为：打开项目符号的下拉菜单，点击"项目符号和编号"选项，如图 5-10所示。

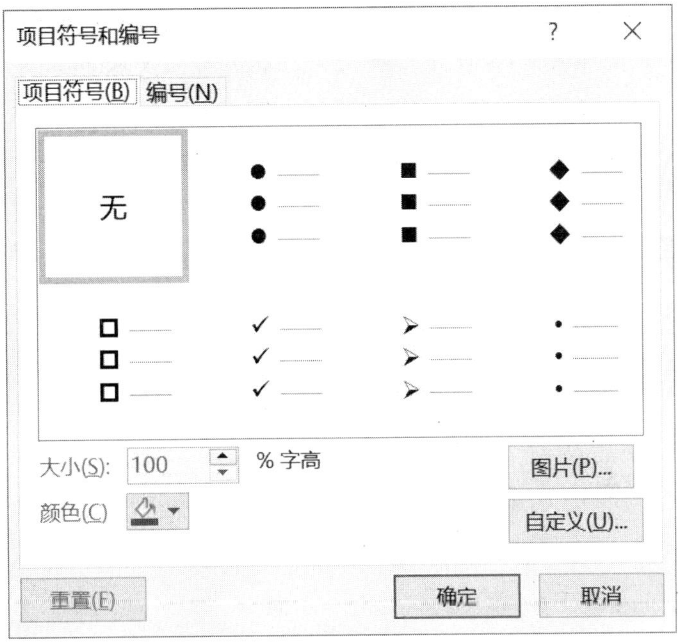

图 5-10 “项目符号和编号”对话框

在占位符中添加的文本，在进行换行操作时，系统已经自动添加项目符号，在“项目符号和编号”对话框中可以选择更加合适的项目符号并对其做大小和颜色的设置，同时也可以选择自己喜欢的图片作为项目符号，点击“图片”，进入如图 5-11 所示界面。

图 5-11 自定义图片作为项目符号

即可选择自己电脑上的图片或者网络上的图片作为项目符号，这会使幻灯片更加个性化。

利用段落这一组别的“降低列表级别 ”和“提高列表级别 ”来更改段落的显示级别，这可以使文字的表述更加清晰，条理性更强，这也为文本转化成为“SmartArt 图形”做铺垫。

§5.3 幻灯片的美化与设计

5.3.1 表格及图表的插入

在制作幻灯片的过程中，当要显示如课表、会议议程安排、销售数据时，往往可以采用表格或图表的形式，将数据分类显示。

在“插入”选项卡下可以找到“表格”和“图表”的按钮，具体的插入方式和相关设置与 Word 和 Excel 中大致相同，在此不再赘述。

5.3.2 图片的插入及格式设置

在 PowerPoint 2016 中，为了制作丰富多彩的幻灯片，图片与剪切画的利用必不可少，图文并茂的幻灯片更加生动形象，能使幻灯片与众不同。

1. 图片的插入

在“插入”选项卡中，找到“图片”的按钮，就能打开“插入图片”对话框，如图 5-12 所示。

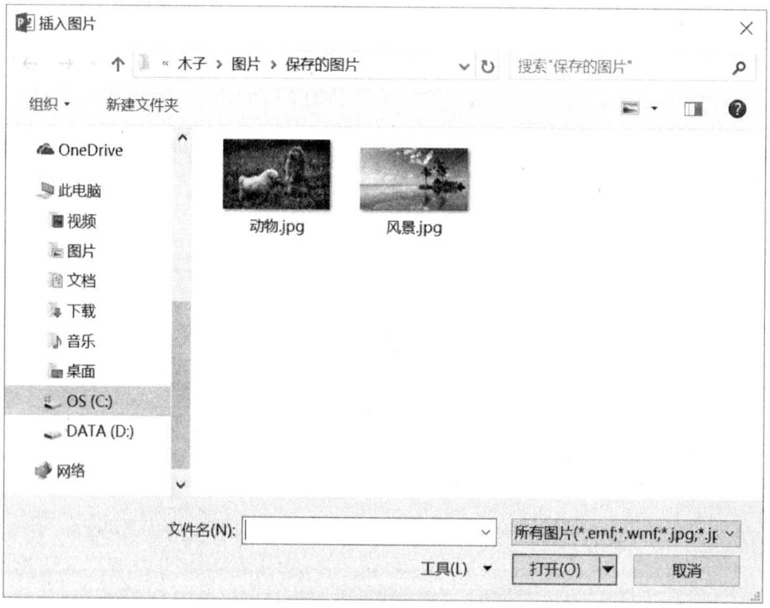

图 5-12 “插入图片”对话框

选择所要插入的图片的路径，点击“插入”按钮，即可完成图片的插入。如果计算机联网，还可以利用“联机图片”的按钮插入网络上的美图，这项功能在先前的版本是所不具备的。

2. 图片的相关设置

为了更加合理地应用图片，通常会对插入的图片进行相关的美化工作，PowerPoint

2016 提供了强大的图片设置功能。

首先介绍调整图片大小和位置。借助图片边缘的八个控制点，可以通过拖拽的操作改变图片的大小，选中图片之后，可以把图片拖拽到合适的位置。如果要精确设置图片的尺寸和位置，可在选中图片后出现的格式选项卡中找到“大小”的组别，打开该组别的对话框，如图 5-13 所示。

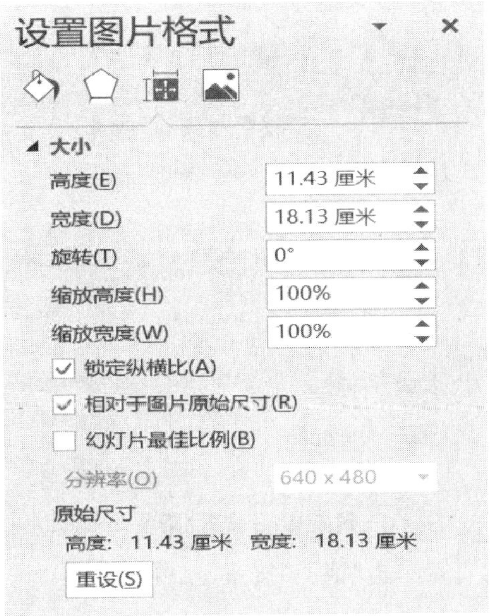

图 5-13 设置图片格式

① 从弹出的对话框中，单击“大小”这一菜单，可以看到“高度”和“宽度”这一选项，用户可以输入具体的数值来改变图片的大小。应注意，对于某些图片，其“锁定纵横比”选项前的复选框处于被选中的状态，在设置“高度”后，“宽度”这一数值会根据纵横比做相应的变化（单独设置宽度同理）；如果要强制改变其宽度和高度，需要把“锁定纵横比”选项前的复选框勾选掉，再进行数值的设置。想要设置精确的位置，可以单击“位置”下拉菜单，如图 5-14 所示。

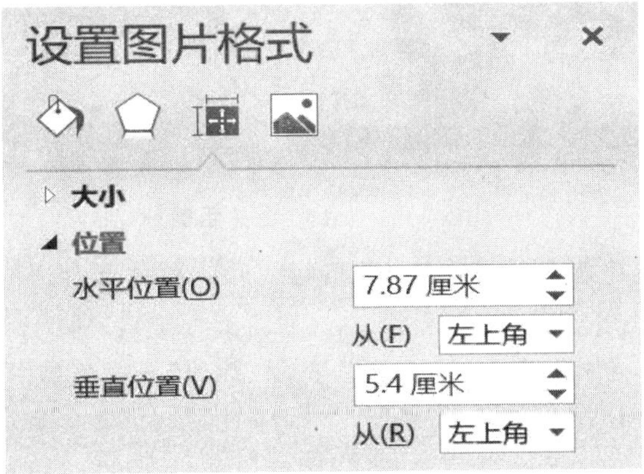

图 5-14 图片位置设置

根据需要去进行相关设置即可。

② 旋转图片。如果要旋转某张图片，可以拖动图片上方的旋转手柄箭头进行手动旋转，也可以在上文中提到的"大小"下拉菜单中找到"旋转"这一参数，设置精确的旋转角度。

③ 裁剪图片。利用裁剪功能，选取图片中合适的部分。在"大小"这一组别中，找到"裁剪"按钮，如图 5-15 所示。

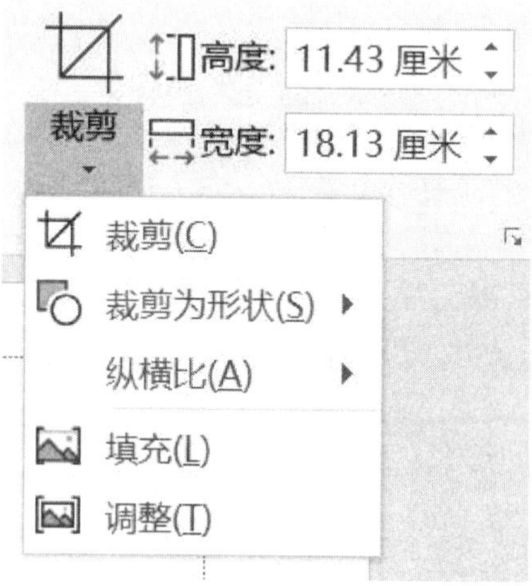

图 5-15 "裁剪"菜单

打开其下拉菜单，或者直接单击"裁剪"按钮，就可以对图片进行裁剪，如图 5-16 所示。

图 5-16 "裁剪"图片示例

利用裁剪界面上八个黑色的控制点，调整剪裁后的图片至合适的大小后，再次点击"裁剪"按钮就可以完成图片的裁剪。

如果觉得这种裁剪方式比较单一，还可以选择"裁剪"下拉菜单中的"裁剪为形状"，如图 5-17 所示。

这样可以把图片裁剪成为合适的形状，让图片更加的个性化，更加漂亮。

④ 调整图片属性。在"格式"选项卡中找到"调整"组别，如图 5-18 所示。

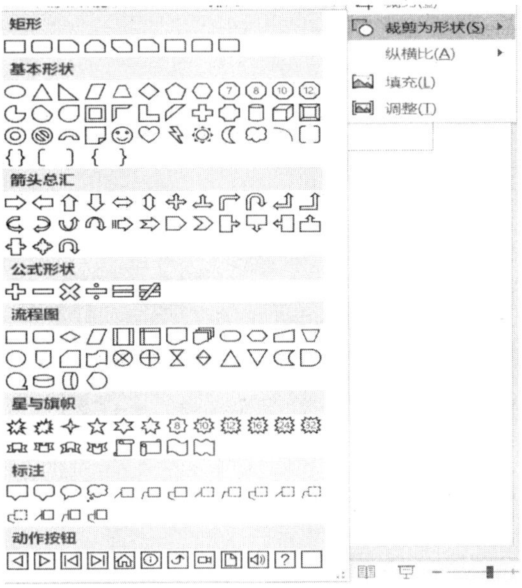

图 5-17　“裁剪为形状”菜单

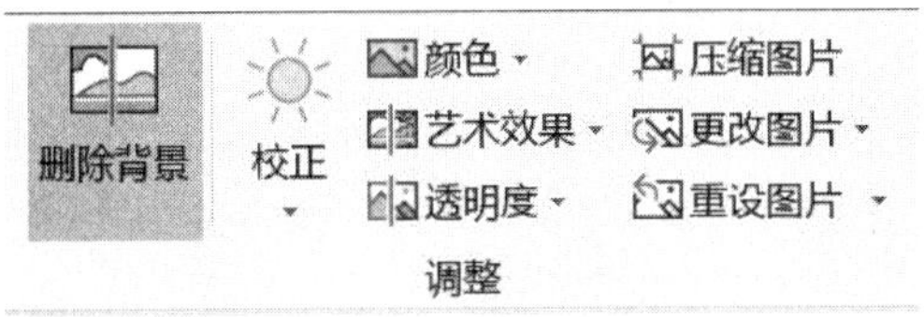

图 5-18　“调整”组别

利用该组别的按钮，可以删除图片的背景，有些类似于抠图的操作，还可以对图片的拍摄效果进行校正，改变图片的颜色及艺术效果等，功能实属强大，用户可以自行体验。

⑤ 设置图片样式。利用“图片样式”组别的相关功能，可以设置图片的不同样式，如图 5-19 所示。

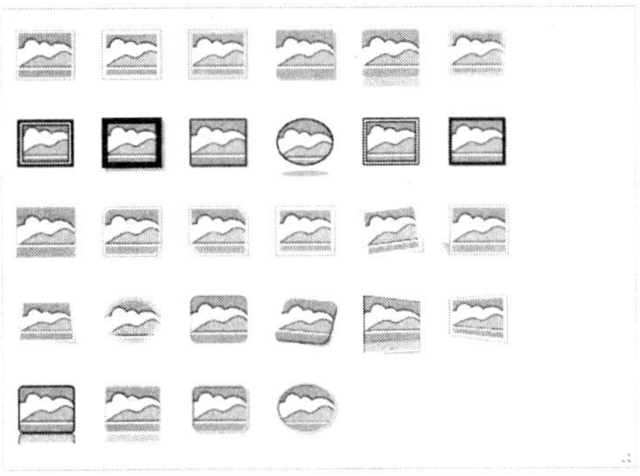

图 5-19　“图片样式”组别

下拉菜单中的多种样式都可以应用到图片上，还可以利用“图片边框”和“图片效果”为图片添加喜欢的边框和效果。在“图片版式”中，可以把图片放置到 SmartArt 图形中，与文字结合使之更加直观。

⑥ 多个图层。当同一张幻灯片中有多个图片时，可根据需要，改变图片的堆叠顺序，如图 5-20 所示。

图 5-20　多个图层示例

在选中某张图片后，在“格式”选项卡“排列”组别中，单击“上移一层”使图片上移一个图层，或者利用“下移一层”使图片下移一个图层。在“选择窗格”的界面中，用户也可以利用拖拽的操作改变图片的位置，最上方为第一层，往下依次递减，当然，上层的图片会遮挡住下层的图片，不过当设置图片的动画效果后，这种遮挡则不会对幻灯片放映产生任何影响。

5.3.3 SmartArt 图形的添加与编辑

SmartArt 图形是信息和观点的视觉表示形式，可以通过从多种不同布局中进行选择来创建 SmartArt 图形，从而快速、轻松、有效地传达信息。在 PowerPoint 2016 中，可以把幻灯片中的文字内容直接转化为 SmartArt 图形，如上文所述，占位符中的文字内容是分级别的，对于不同级别的文字，在做 SmartArt 图形转化时，图形的布局也会不同，如图 5-21 所示。

图 5-21　文字转化为 SmartArt 图形

选中要进行图形转化的文字,鼠标右键找到"转换为 SmartArt"的选项,在展开的二级菜单中,选择合适的 SmartArt 图形布局,对于本例,应选择"组织结构图"较为合适,转化之后的效果如图 5-22 所示。

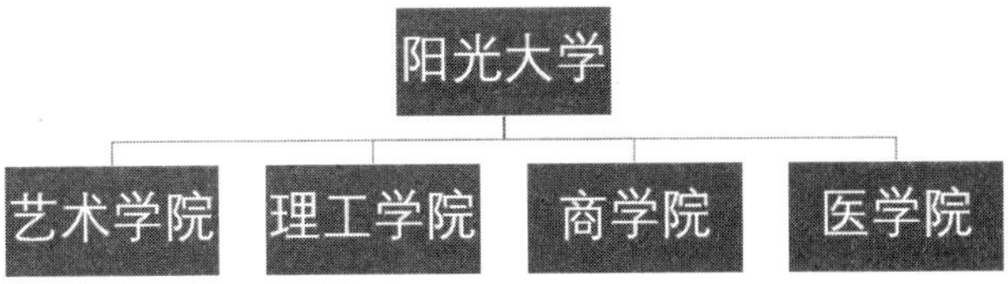

图 5-22 SmartArt 图形示例

很显然,这种 SmartArt 图形要比单纯的文字表达效果更加直观。SmartArt 图形的布局分为以下几类,如图 5-23 所示。

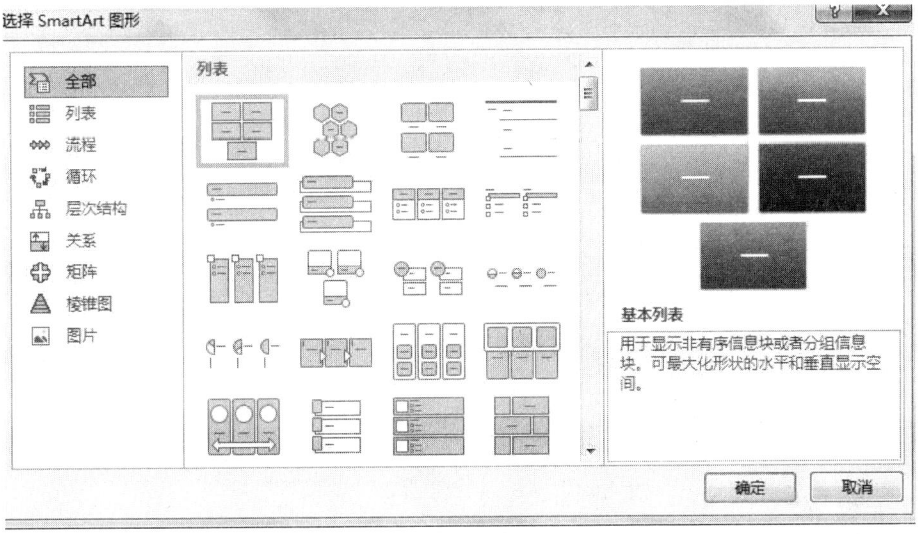

图 5-23 SmartArt 图形分类列表

在实际应用中,要根据具体情况选择合适的布局。在诸多布局中,最基本的元素被称作"形状",选中图形中的某一形状后,可以去修改它的文本内容、级别、位置、大小、样式、边框轮廓、填充效果等,也可以选中整个 SmartArt 图形,设置效果,这些与图片的相关设置非常类似,在此不再赘述。

5.3.4 音频及视频的插入及相关设置

PowerPoint 2016 是一款能够发出声音的办公软件,它能给用户带来视觉和听觉的感受,下面介绍如何添加音频和视频。

1. 在幻灯片中添加音频

在"插入"选项卡中的"媒体"组别,找到"音频"按钮并单击,在展开的下拉菜单中单击"PC 上的音频"即可打开"插入音频"的对话框,如图 5-24 所示。

选择电脑上的音频文件即可完成插入,也可以在下拉菜单中找到"录制音频"的选项,录制用户自己的声音作为幻灯片的旁白。"录制声音"对话框如图 5-25 所示。

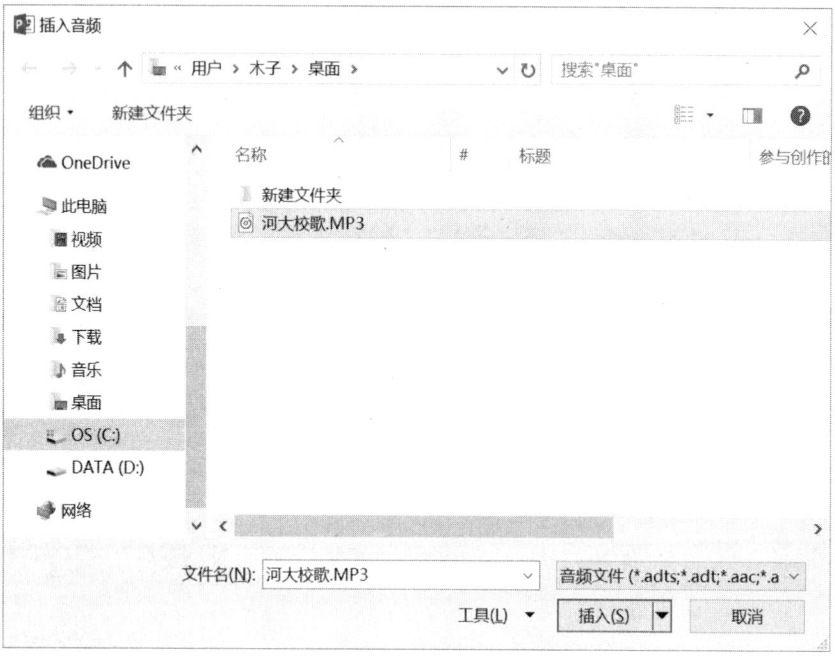

图 5-24　"插入音频"对话框

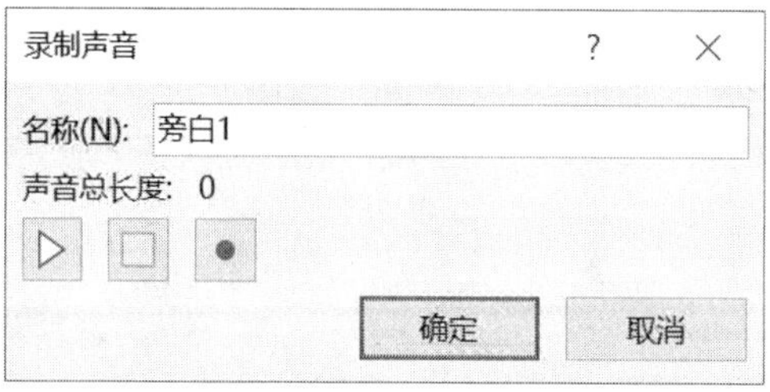

图 5-25　"录制声音"对话框

在"名称"的文本框中可以修改录制声音的名称，单击 开始录制， 结束录制。

对于已经插入的音频，其默认显示的图标是 ，可以在"格式"选项卡中"调整"组别找到"更改图片"，把图标设置成为更丰富多彩的样式。如果音频的长度不合适，可以利用"播放"选项卡中"剪裁音频"功能，对音频进行剪裁，拖动浅色指针定位音频开始的位置，拖动深色指针定位音频结束的位置，如图 5-26 所示。

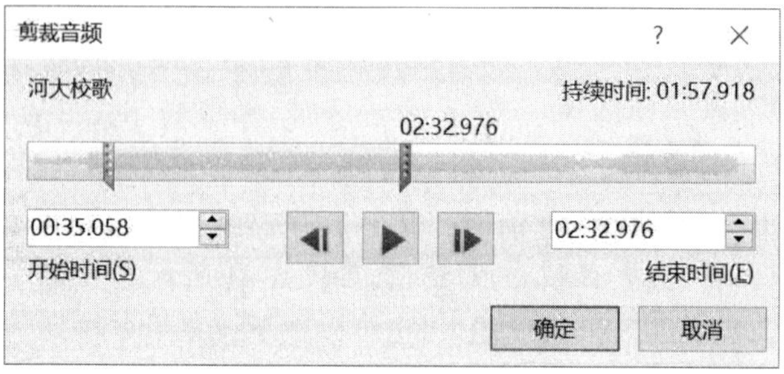

图 5-26　"剪裁音频"对话框

音频文件默认为单击时开始播放，放映下一张幻灯片时停止，有时候需要把音频文件作为整个演示文稿的背景音乐，相比先前版本，PowerPoint 2016 做出优化，用户只需在“播放”选项卡“音频样式”组别，单击“在后台播放”即可，此时，音频变为自动播放，并且“跨幻灯片播放”“循环播放直到停止”“放映时隐藏”这些选项的复选框同时被勾选上了。

2. 在幻灯片中添加视频

除了可以在幻灯片中插入音频外，还可以插入视频，在放映幻灯片时，便可以直接在幻灯片中放映视频，使幻灯片看起来更加丰富多彩。

可支持的文件类型包括 WMA、AVI 等常见的视频格式。其具体操作步骤如下：

① 单击“插入”选项卡，在“媒体”组中单击“视频”下拉按钮，从弹出的下拉列表中选择“文件中的视频”命令，即可打开“插入视频”对话框。

② 在该对话框中选择需要的视频文件，然后单击“确定”按钮。此时将弹出提示框，单击“自动”按钮或“在单击时”按钮决定何时开始播放视频文件即可。

③ 调整视频对话框的大小，并将其放置在适当的位置上。

在幻灯片中插入外部视频后，PowerPoint 2016 窗口中显示“视频工具”选项卡，可对视频进行外观和播放设置，如图 5-27 所示。

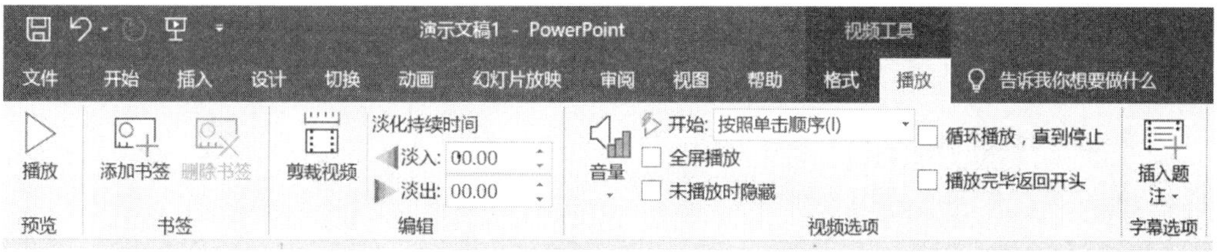

图 5-27 “播放”选项卡

在该选项卡中可以设置视频窗口的样式，也可以设置与视频播放相关的内容。

在这个自媒体、短视频如雨后春笋般蓬勃发展的时代，有太多的视频软件和视频格式供用户选择，当插入的视频格式在 PowerPoint 2016 中不被支持时，可以利用格式工厂对视频格式进行转换，或是利用超链接，在设备已经安装播放器的基础上，直接链接到视频文件即可。

5.3.5 主题

1. 主题

演示文稿的主题是一套统一的设计元素和配色方案，可以快速设定幻灯片中的背景颜色、字体排版和显示效果。利用主题，可以非常容易地制作出具有专业水准、设计精美、美观时尚的演示文稿。用户选择“设计”选项卡即可看到“主题”这一组别，如图 5-28 所示。

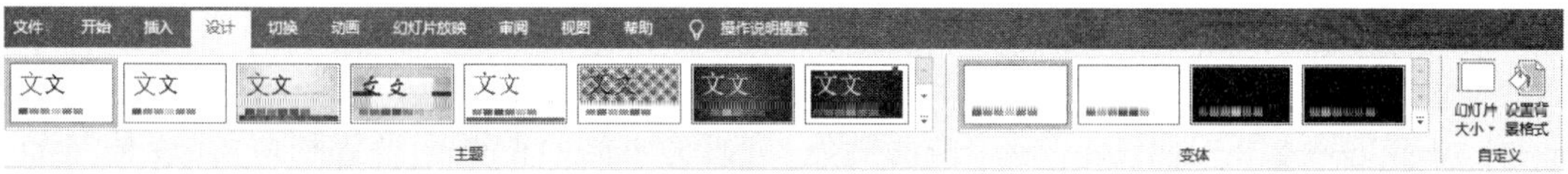

图 5-28 “设计”选项卡

选中任意主题，即让所有幻灯片应用此主题。若在某一主题上单击鼠标右键，则可以设置"应用所有幻灯片"或者"应用于选定幻灯片"。

除此之外，打开"主题"组别的下拉菜单，可以通过"浏览主题"功能键进行主题的自选，自选内容可以来自个人收藏的主题，也可以从网上自行下载，如图5-29所示。

图5-29 "主题"下拉菜单

单击"浏览主题"按钮后，弹出对话框如图5-30所示，用户可以自行选择主题文件。

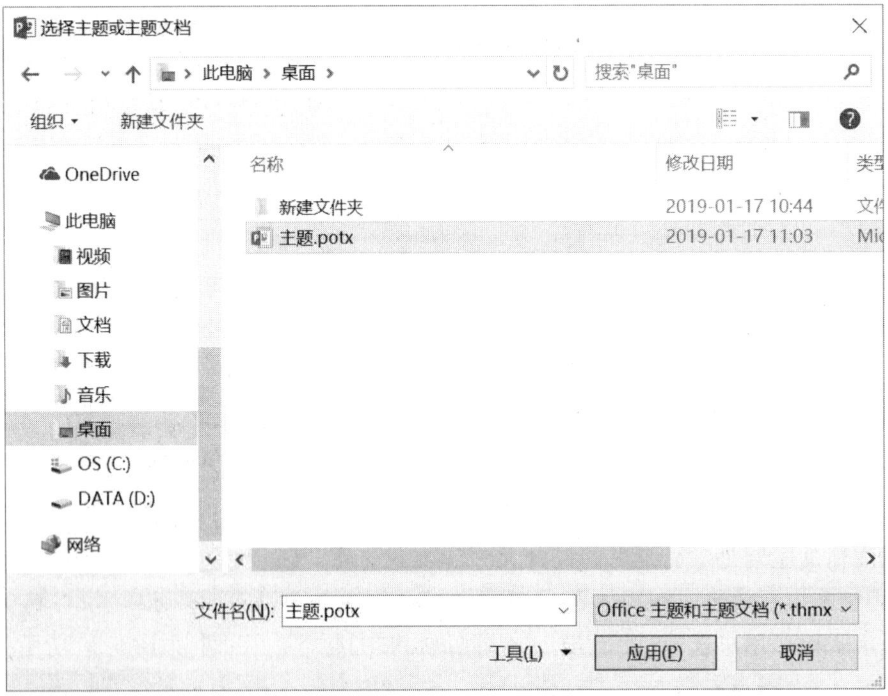

图5-30 "选择主题或主题文档"对话框

PowerPoint 2016还增加了一个新的功能，可以为不同的主题去设置相应的"变体"，如图5-31所示。

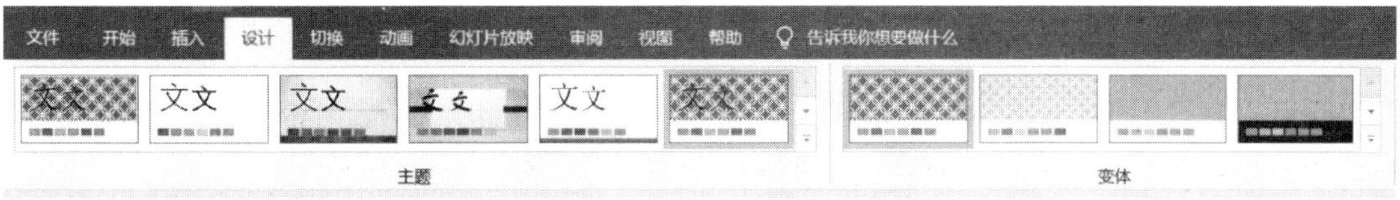

图 5-31 “变体”组别

在该组别可以调整相关主题的颜色、字体、效果和背景样式，让演示文稿更加与众不同。

2. 背景

正如上文所说，当为一个演示文稿设置某个主题后，每一张幻灯片都会自动添加背景颜色，用户也可以通过自定义的方式为幻灯片设置丰富多彩的背景。在“设计”选项卡，找到“自定义”组别，可以看到“设置背景格式”的图标，单击之后如图 5-32 所示。

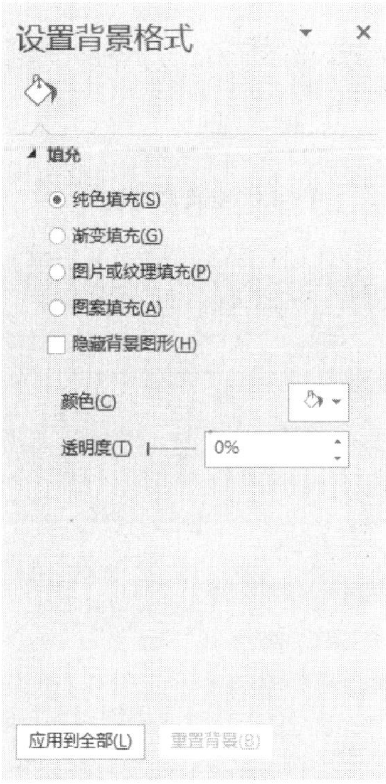

图 5-32 设置背景格式

“设置背景格式”的界面中包含四种不同的添加背景色的方式。

(1) 纯色填充

顾名思义，以一种单一的颜色作为幻灯片的背景。打开“颜色”的下拉菜单并选择“其他颜色”可以看到更多丰富的颜色供用户选择，如图 5-33 所示。

无论选择哪种颜色，都可以去设置其透明度。

(2) 渐变填充

单击此选项后，可以以一种渐变的色彩作为幻灯片的背景，每种渐变方式都有十分丰富的设置选项，如图 5-34 所示。

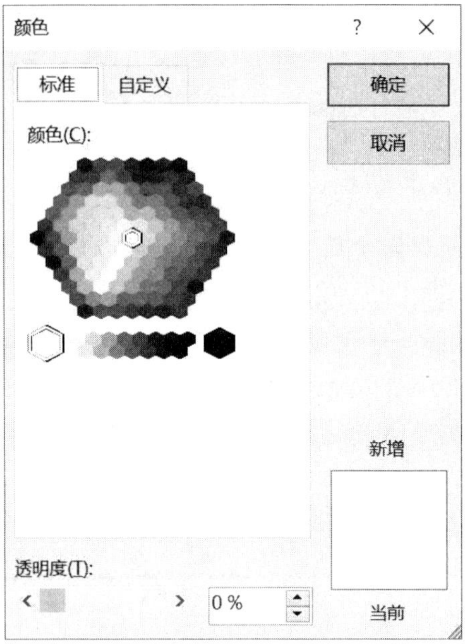

图 5-33　标准颜色填充

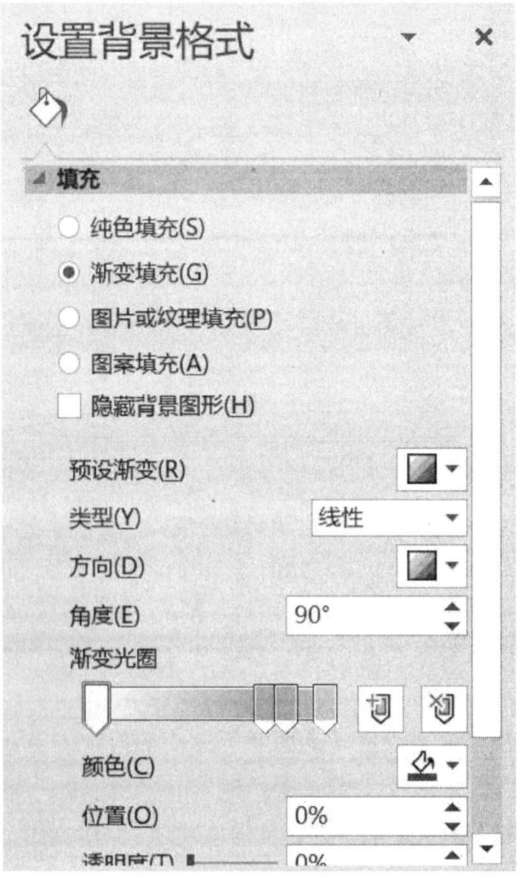

图 5-34　渐变填充

用户可以根据实际情况做微调，以达到满意的配色。

(3) 图片或纹理填充

当觉得使用颜色填充背景较为单调时，可以选择使用系统自带纹理或自定义的图片作为幻灯片的填充效果。

在该设置下，点击“文件”按钮，就能打开“插入图片”选项卡，根据自选的图片位置，选择相应的图片就可以设置为幻灯片的背景，如图 5-35 所示。

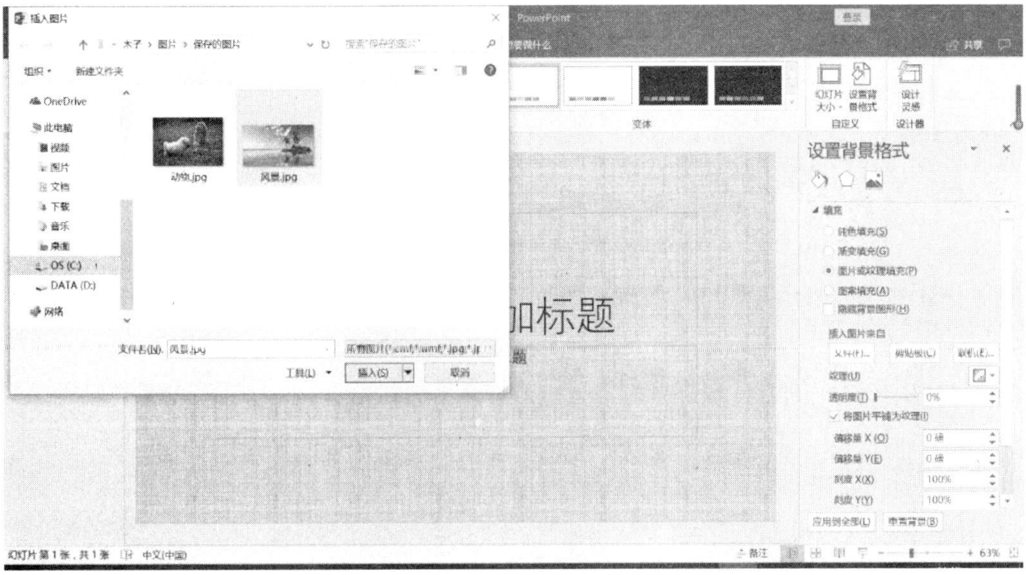

图 5-35 图片填充

除此之外，PowerPoint 2016 还具备了丰富的纹理素材，打开“纹理”的菜单可以看到如图5-36所示的多种纹理图片。

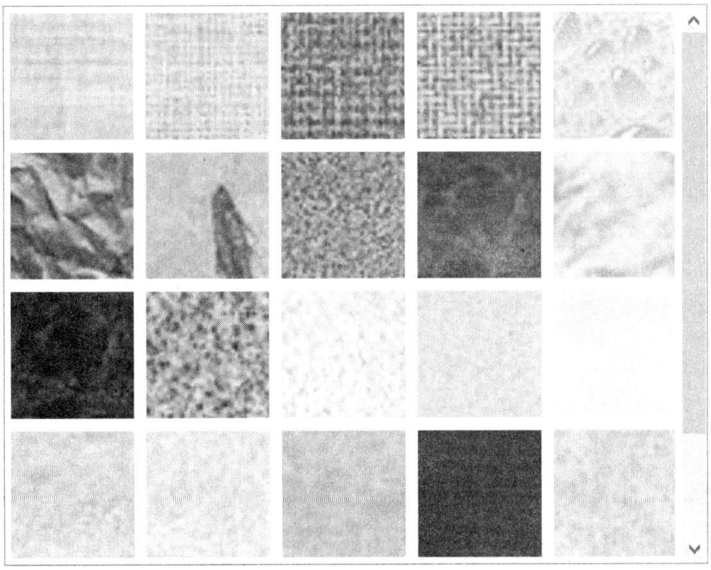

图 5-36 纹理图片

选择任意一张图片作为背景时，都可以为其做以下设置：

① 选择“将图片平铺为纹理”复选框，当选中的图片较小时，会将其平铺为纹理，否则，将图片拉伸后作为背景填充。

② “平铺选项”区：“偏移量 X”和“偏移量 Y”微调框分别用来设置所选图案在平铺时的相对水平和垂直偏移量，“缩放比例”微调框用于设置图案在水平或垂直方向的缩放比例，“对齐方式”下拉列表框用于设置图案在幻灯片中的相对对齐方式，“镜像类型”下拉列表框用于设置是否需要将图案的水平或垂直镜像作为平铺图案。

③ “透明度”滑动条：通过拖动滑块或修改其值改变图案的透明度。

(4) 图案填充

在这种填充方式下，用户可以选择一些有趣的图案作为幻灯片的背景色，如图 5-37 所示。

图 5-37　图案填充

无论对于哪种背景设置方式，都有一个“隐藏背景图形”复选框。选中该项可将背景中的所有图形暂时隐藏起来，只显示各种颜色、纹理和图片的填充效果。对背景格式设置完成后，若单击“关闭”按钮，则所做设置将应用于当前幻灯片；单击“应用到全部”按钮，则所做设置将应用于所有幻灯片；单击“重置背景”按钮，则所做设置将被取消，幻灯片背景恢复到设置前的状态。

3. 母版

对于应用了同一种主题的幻灯片来说，它们就像是某个“人”的“孩子”，而这个“人”被称之为母版，就像孩子会遗传父母的双眼皮一样，拥有相同母版的幻灯片也会继承一些同样的东西，如企业标志、背景图像、颜色等。在“视图”选项卡下单击“幻灯片母版”按钮，就可以进入母版的设置界面，如图 5-38 所示。

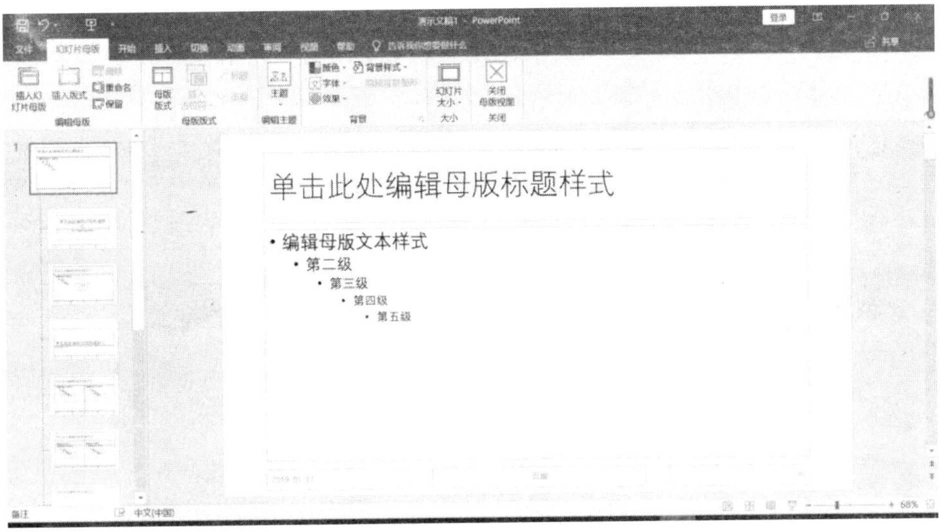

图 5-38　母版视图

需要注意一点，有关母版的设置工作，最好放到创建所有幻灯片之前，这样，添加到演示文稿中的所有幻灯片都会基于自定义样式。若在创建各张幻灯片之后再编辑幻灯片母版或者版式，则需要在"普通"视图中对演示文稿现有的幻灯片重新应用已更改的版式。如图 5-38所示，PowerPoint 2016 中的幻灯片母版由两个层次组成，分别是位于首位的"主题母版"，以及其下为每个版式单独设置的"版式母版"。"主题母版"是对演示文稿幻灯片共性的设置，"主题母版"中的设置会体现在所有"版式母版"中，"版式母版"则是对演示文稿幻灯片个性的设置。当用户将鼠标指针置于幻灯片母版缩略图附近时，可以查看该母版已被应用于哪些幻灯片。如图 5-39 所示，在"标题和内容"的版式母版中插入一张图片。

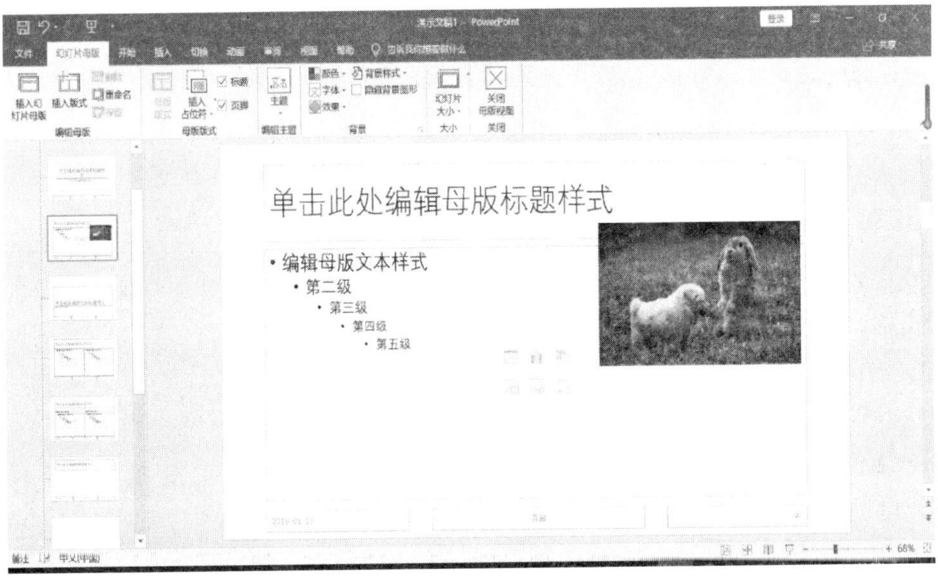

图 5-39　编辑"版式母版"

这张图片会以背景的形式出现在所有应用“标题和内容”版式的幻灯片中，且只会应用于该版式的幻灯片。而若在“主题母版”中插入的对象会出现在所有幻灯片背景中，也会出现在所有“版式母版”的背景中。如图 5-40 所示，在“主题母版”中插入了一张图片。

图 5-40 编辑“主题母版”

如果想在“版式母版”中隐藏这些背景中的对象，可选中“背景”组中的“隐藏背景图形”复选框。同样的设置也可以应用于文字、段落、页脚等，母版的功能非常强大，它主要是解决了应用相同主题的多张幻灯片需要做相同设置的问题，这大大提高了用户的工作效率。

§ 5.4 幻灯片动态效果设计

早些年间的动画片，是由一幅幅图片连续翻页实现的，是运动让纸上的人物活了起来。在 PowerPoint 2016 中，可以去给各种元素设置丰富多彩的动画效果，这仿佛赋予了演示文稿生命一般。

5.4.1 设置不同元素的动画效果

对于不同的元素，在添加动画效果时有一些共性的设置，下面以图片为例。

1. 添加动画效果

具体步骤如下：

① 选中要添加动画效果的对象。

② 单击“动画”选项卡，在“动画”组中单击“动画”下拉列表右侧的按钮，弹出下拉列表框，如图 5-41 所示。

该列表中包含了五类常用的动画类型，分别是“无”“进入”“强调”“退出”和其他更多效果，用户可根据需要选择合适的动画效果。单击选中某种动画效果之后，图片会立即播放该动画，如果想再次观看该动画效果，可以单击“动画”选项卡中的“预览”按钮。

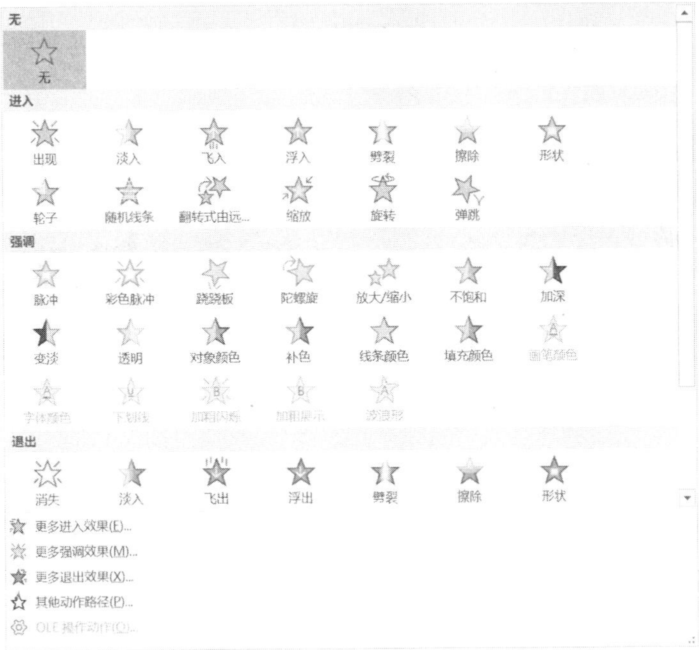

图 5-41　“动画”菜单

2. 设置动画效果

给图片添加动画效果之后，可以对其进行时间、属性、声音等的设置，使其与幻灯片主题更加贴切，具体的设置有：

① 效果选项的设置。当给图片添加了“飞入”的动画效果之后，打开“效果选项”的下拉菜单，可以看到如图 5-42 所示效果，PowerPoint 2016 给用户提供了八种不同的飞入效果选项，当然，不同的动画其效果选项也不尽相同。

图 5-42　“效果选项”菜单

② 设置开始的方式。一般来说，默认的动画开始方式是单击鼠标左键。用户可在“计时”这个组别去设置不同的开始方式，如图 5-43 所示。其中包括“单击时”“与上一动画同时”和“上一动画之后”，可以根据不同的情况做相应的设置。除此之外，在该组别还可以设置动画的持续时间，以及延迟开始的时间，单位均为秒。

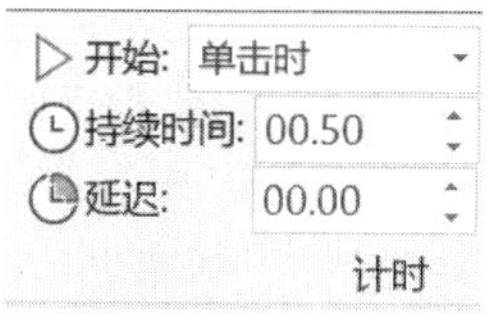

图 5-43 “计时”组别

③ 设置动画播放声音。在“高级动画”组别，找到“动画窗格”按钮并单击打开，在右侧的动画窗格区域可以看到已经设置动画的图片元素，如图 5-44 所示。

图 5-44 “动画窗格”菜单

选中该图片，单击鼠标右键，在展开的菜单中可以找到该动画更多的“效果选项”，如图 5-45 所示。

图 5-45 “飞入”动画的效果选项

在该界面上可以去设置动画播放时的声音，以及动画播放结束后的效果，包括“其他颜色”“不变暗”“动画播放后隐藏”或“下次单击后隐藏”等属性。在动画窗格中不难发现，在图片的右侧有一个绿色的矩形，动画窗格的右下方有一个时间轴，这个矩形的起点位置表示动画的开始时间，而矩形的长度则表示动画的持续时间，了解这些，对设置多个元素的动画效果是很有帮助的。

3. 特殊动画效果的设置

① 文字。给文字添加动画效果之后，在“动画窗格”中找到“效果”选项并打开，如图 5-46所示。

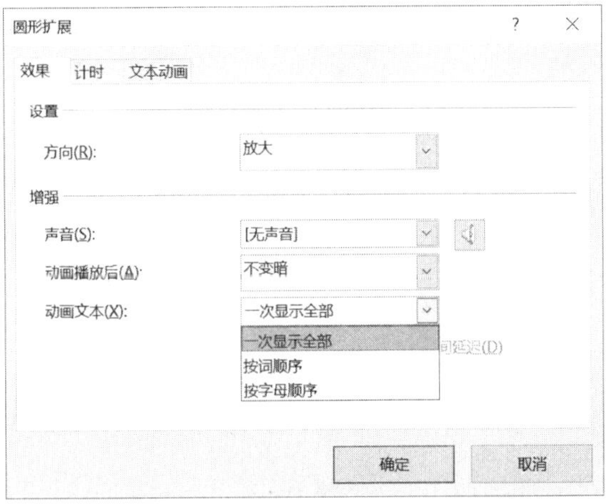

图 5-46　“圆形扩展”动画的“效果”选项

可以看到，在动画文本的下拉菜单中，选择“一次显示全部”，即文本对象作为一个整体进行相应动画演示。若选择另外两个选项，则可使动画效果按字母或按词进行相应演示。

② SmartArt 图形。给 SmartArt 图形添加动画效果之后，在效果选项的下拉菜单中可以看到更丰富的设置，如图 5-47 所示，相比于单个图片来说，用户可以根据具体情况，选择更为合适的动画播放序列。

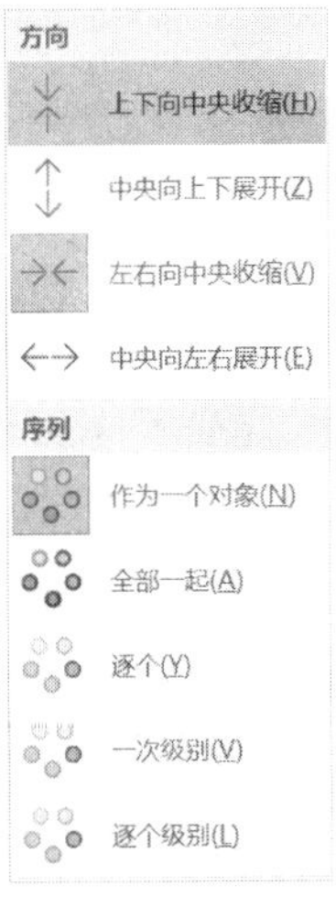

图 5-47　SmartArt 图形效果选项设置

③ 设置动作路径。选中幻灯片中的某一文本或图片对象，在“动画”选项卡中单击“动画”下拉按钮，将鼠标指向其下拉列表中的“其他动作路径”选项，则会出现其他选项，如图5-48所示。在子菜单中选择一种需要的动作路径动画效果，即可在文本或对象上出现一条路径控制线。可以用鼠标改变路径控制线的起点或终点位置，从而调整动作路径的长短和方向。用户也可以自己去设置一些自定义的路径，如图 5-49 所示。

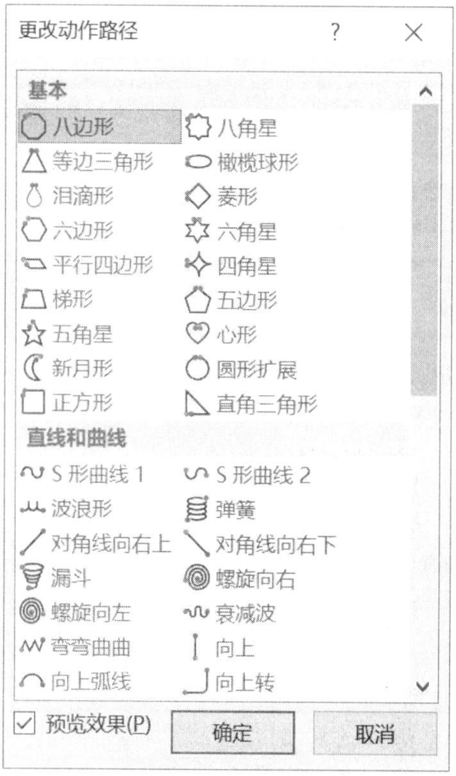

图 5-48 “更改动作路径”菜单

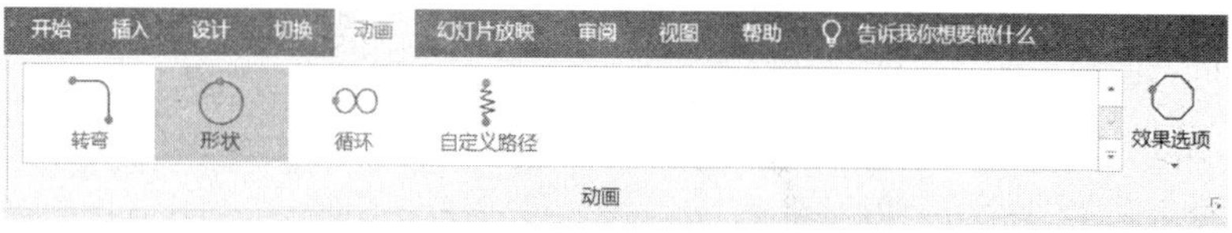

图 5-49 设置自定义路径

单击“自定义路径”即可去绘制动画的路径，需要注意的是，单击表示路径的起点，双击左键表示路径的终点，这需要一定的绘画功底，当熟练掌握该动画效果的设置之后，可以去制作一些简单的动画片。

④ 多个动画效果的组合。往往对于单一的元素，有时会需要给它添加多个不同的动画效果，比如一张图片，用户希望它“飞入”后做一个“跷跷板”的动作然后再“飞出”，这就利用到了“添加动画”的下拉菜单，如图 5-50 所示。

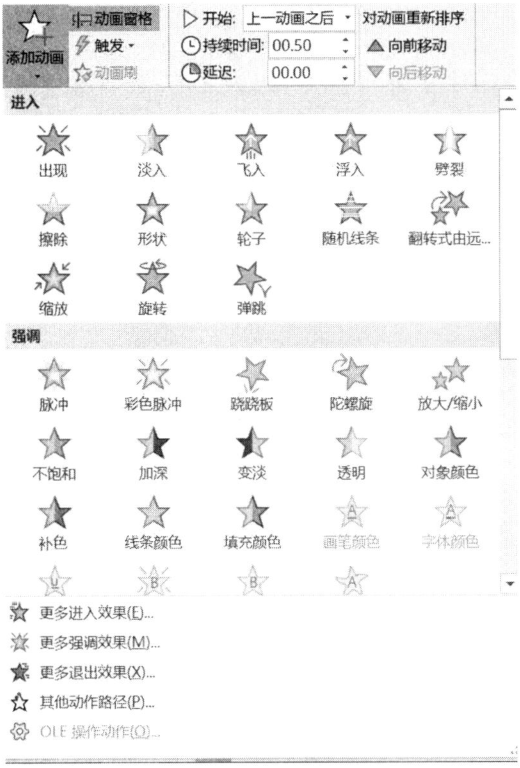

图 5-50　“添加动画”菜单

首先给示例图片添加“飞入”的动画效果，然后利用“添加动画”的菜单，依次添加“跷跷板”动画和“飞出”动画。添加完成后，在“动画窗格”中可以看到如图 5-51 所示。

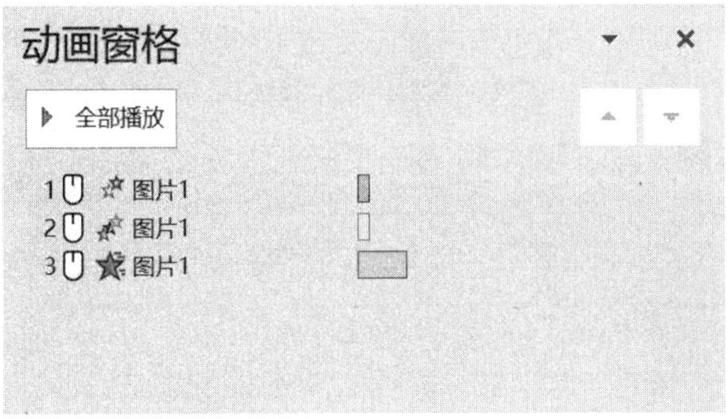

图 5-51　多个动画效果在“动画窗格”中的显示

此时已经给图片添加了三个动画效果，它们在幻灯片放映时均以“鼠标单击”的方式依次触发，编号的顺序表示放映动画的顺序，用户也可以通过拖拽的方式改变他们的顺序，对于不同类型的动画效果，其前方“星星”图标的颜色与样式也是不同的，绿、黄、红色依次代表进入效果，强调效果以及退出效果。上文中提到，可以去设置各个动画效果的播放方式、持续时间等，在此不再赘述。如果想要删除某个动画效果，选中该动画，鼠标右键找到删除命令，或者直接利用“Delete”键就可以删除该动画。

5.4.2 设置超链接

通过动画效果的添加，幻灯片活了起来，除此之外，利用超链接，可以让幻灯片之间，甚至幻灯片与外界元素有机联合起来，使得演示文稿有更强的实用性。通常使用的超链接设置包括以下两类：

1. 为文本和图片添加超链接

其具体操作步骤如下：

选中想要添加超链接的文本或者图片，鼠标右键单击，在弹出的快捷菜单中找到“链接”，并选择“插入链接”，或者在“插入”选项卡中也能找到“链接”的按钮，同样选择“插入链接”，如图 5-52 所示。

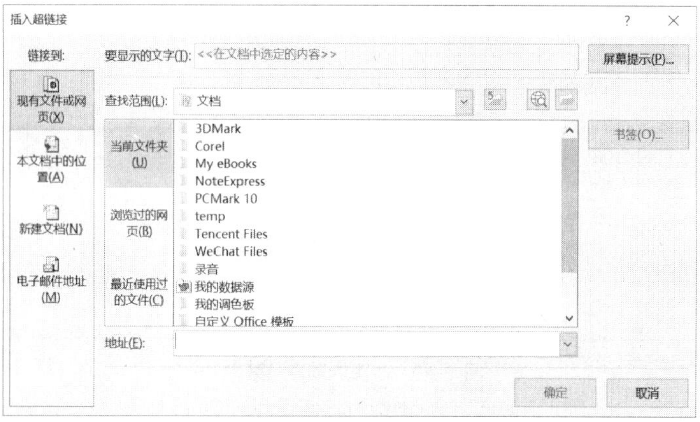

图 5-52 “插入超链接”对话框

用户可以把图片或者文字超链接到别的文件，或者是某一个网站(在地址栏中直接输入网址即可)。当然，最常用的就是链接到当前演示文稿中的某一张幻灯片，单击“本文档中的位置”，选中具体的某张幻灯片即可，通常，幻灯片的名称就是该幻灯片的标题，如图 5-53 所示。

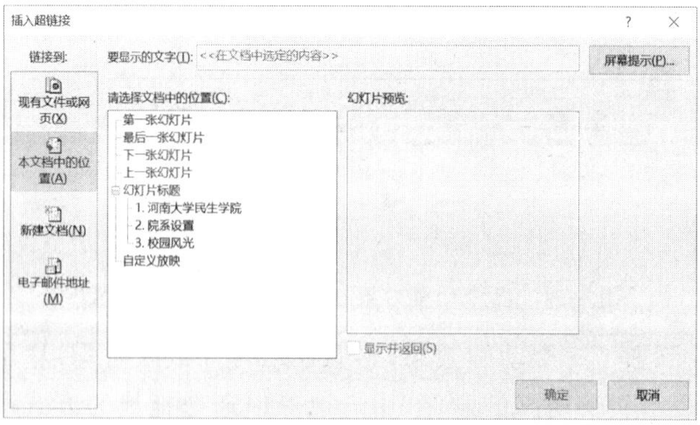

图 5-53 链接到本文档中的位置

超链接设置完成之后，文字下方会自动添加下划线，在幻灯片的放映过程中，当鼠标悬浮在有超链接的文字上方时，会变成“小手”的样式，单击即可完成超链接的跳转。

2. 利用动作按钮完成超链接

一般来说，通过设置的超链接完成不连续的幻灯片间的跳转后，需要返回到原幻灯片上，这时候往往会借助“动作按钮”。它的位置位于“形状”按钮的下拉菜单最下方，如图 5-54 所示。

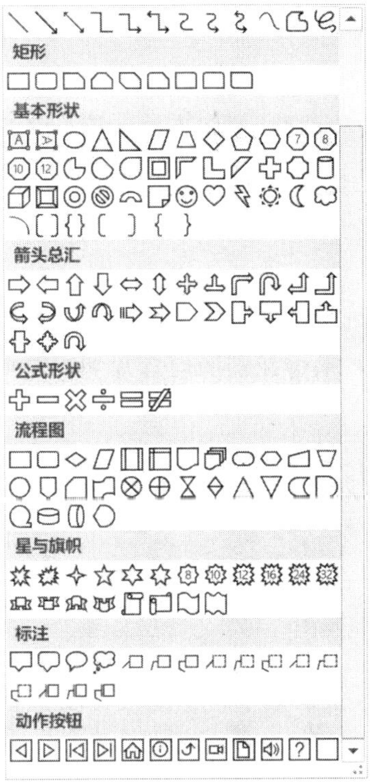

图 5-54　“形状”菜单

单击选择需要的按钮后，鼠标指针将变成“＋”形状。按住鼠标左键，在需要添加按钮的位置拖动或单击鼠标，将绘制出所选“动作按钮”，并弹出“操作设置”对话框，如图 5-55 所示。

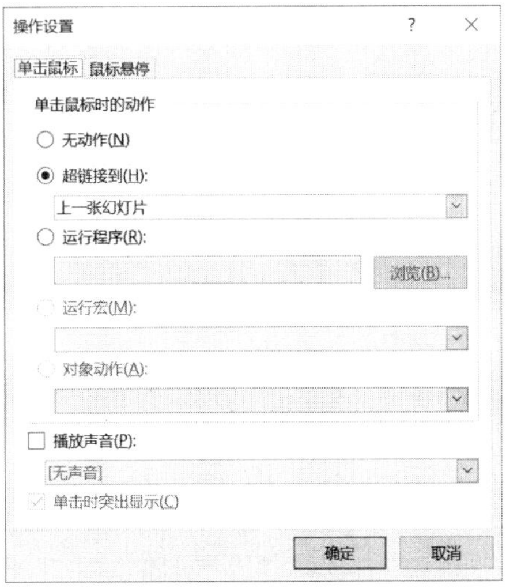

图 5-55　“操作设置”对话框

在该对话框中，可设置动作按钮的相应动作，如超链接到某张幻灯片或运行某个选定的程序等。PowerPoint 2016 给用户提供的动作按钮形式比较单一，虽然可以通过按钮配备的“格式”选项卡对其美化，但往往也无法达到用户的需求，相比而言，自选一些漂亮的图片，并去设置其超链接，让其完成如同动作按钮一样的功能，反而更加适合。

5.4.3 设置幻灯片切换效果

幻灯片的切换是指在幻灯片放映时，两张连续的幻灯片之间的衔接过程，默认的切换效果一致且单一，用户可以为每次切换设置不同且绚丽的效果，包括切换时的动画效果、音效以及切换的触发方式等。其具体的设置如下：

1. 添加切换效果

选中每一张幻灯片后，利用“切换”选项卡中的“切换到此幻灯片”组别中的按钮，去设置当前选中幻灯片的切换效果，该效果会在别的幻灯片切换至此时被触发，具体选项在打开下拉菜单中展示，如图 5-56 所示。

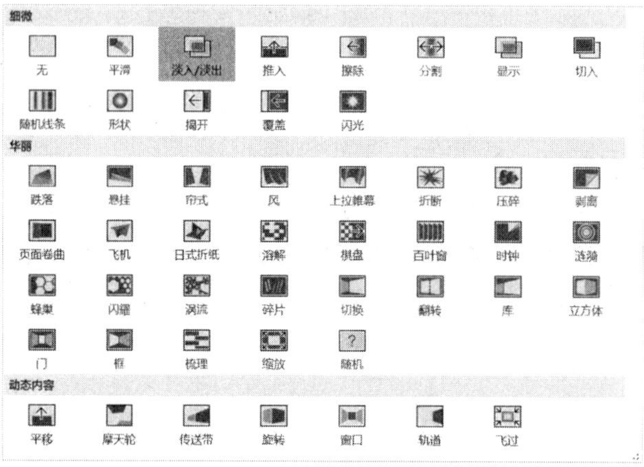

图 5-56 “切换效果”菜单

其中包含了若干个切换效果的选项，当选中某一切换效果之后，和上文中提到的动画效果设置一样，在“效果选项”中可设置该切换效果的不同样式，如在选中“形状”的切换效果之后，打开“效果选项”如图 5-57 所示。

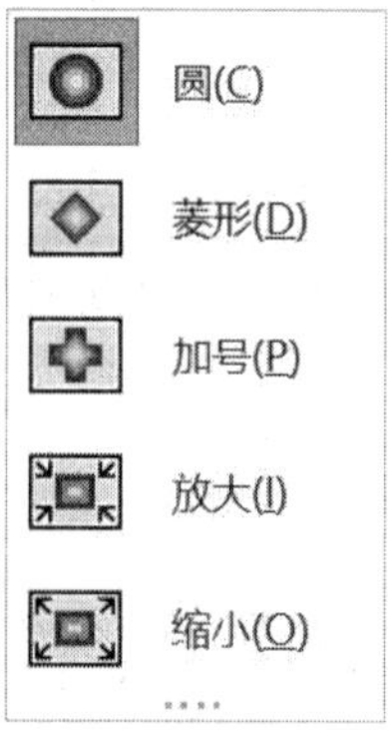

图 5-57 切换效果的“效果选项”菜单

在该下拉菜单中用户可以去设置其切换的具体形状。每次设置好切换效果之后,都会立即放映该切换效果,也可以利用该选项卡下的“预览”功能键再次查看该切换效果。若选中多张幻灯片同时设置切换效果,就能完成批量设置。

2. 为切换效果添加声音和设置持续时间

与设置对象的动画效果类似,也可为幻灯片切换效果添加声音,其操作方法更简便,直接在“计时”组中单击切换“声音”下拉菜单,在其中选择一种声音,即可在上一张幻灯片过渡到当前幻灯片时播放该声音。另外,在该组别有设置持续时间的选项,可以根据实际需要去设置切换动画的持续时间。

3. 设置换片方式

系统默认的换片方式是“鼠标单击时”,在某些场合,如婚礼的现场,需要自动且循环播放新人的照片,可以在“计时”组别勾选“设置自动换片时间”前的复选框,并设置相应的时间,以达到自动切换的效果。

提示:幻灯片切换的设置默认应用于当前幻灯片,若单击“切换到此幻灯片”组中的“全部应用”按钮,则可将所设置的切换效果应用到该演示文稿的所有幻灯片中。

§5.5 幻灯片的放映、打印与导出

制作演示文稿的最终目的当然是为了把它放映出来,而且只有在放映时,幻灯片所包含的音频、动画、切换效果等动态的东西才能展现出来。另外,用户也可以把演示文稿作品打包起来,在不同的环境中去播放它。

5.5.1 启动放映及相关设置

启动幻灯片的放映有两种方式,在“幻灯片放映”的选项卡中,可以看到如图 5-58 所示按钮,其对应的快捷键分别是“F5”键和“Shift+F5”组合键。选中“从头开始”则表示从第一张幻灯片开始放映,而选中“从当前幻灯片开始”则表示从当前选中的幻灯片开始放映。

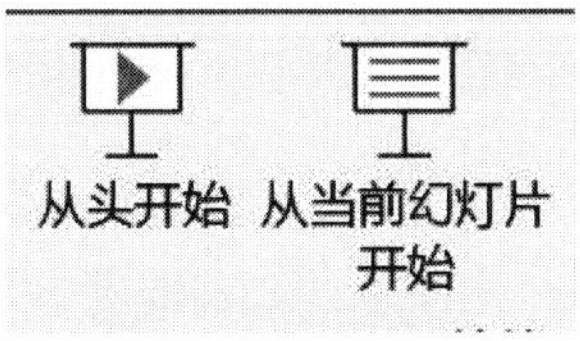

图 5-58 幻灯片放映

有些情况下,需要放映演示文稿中的一部分幻灯片,可以借助“自定义幻灯片放映”的按钮完成相关设置,打开其下拉菜单进入“自定义放映”对话框,如图 5-59 所示。

单击“新建”按钮,并利用勾选的方式把需要演示的幻灯片添加到右侧区域即可,如图 5-60所示。

用户可以根据实际情况去设置此放映方式的名称,相关设置完成之后单击“确定”按钮,就完成了此自定义放映方式的添加。在放映过程中,打开“设置幻灯片放映”对话框中选中该放映方式并使用它,如图 5-61 所示。

图 5-59 “自定义放映”对话框

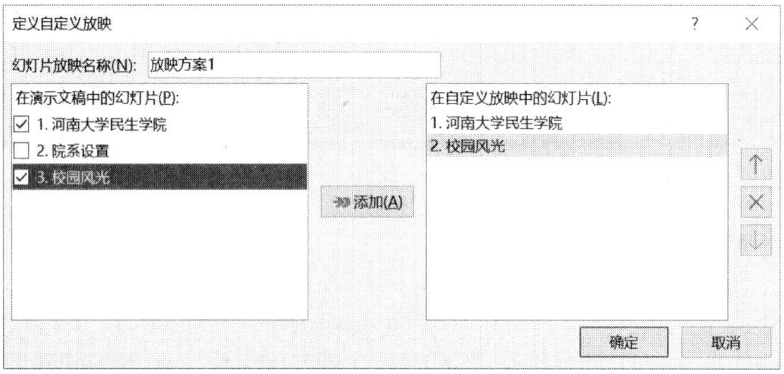

图 5-60 “定义自定义放映”对话框

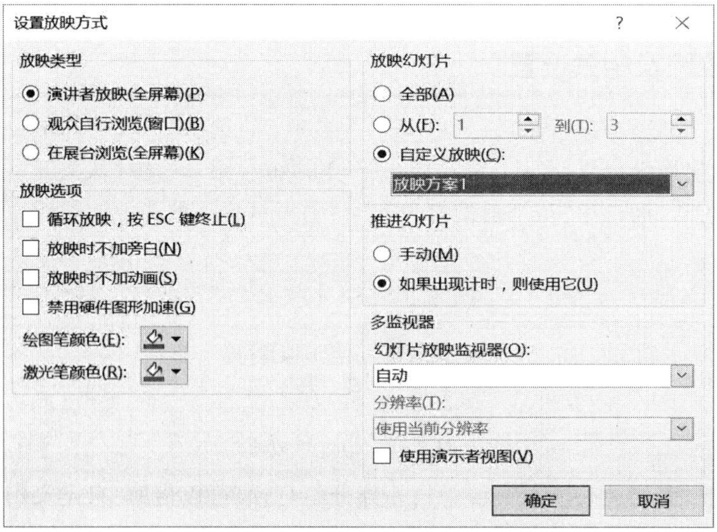

图 5-61 “设置放映方式”对话框

在“幻灯片放映”的选项卡中可以找到“隐藏幻灯片”的按钮，当只是需要某几张幻灯片在本次放映中不出现时，可以利用该按钮去把那些幻灯片在放映时隐藏起来，相比定义一个新的“自定义放映”，这种方式显然更为方便一些。

在“设置放映方式”的选项卡中，有以下三种不同的放映类型。

① 演讲者放映(全屏幕):它主要用于演讲者手动播放演示文稿,也是系统默认的播放方式。在放映时,幻灯片全屏幕放映,可在单击鼠标时进行放映,也可以自动控制放映,并且可以控制幻灯片的放映进度和放映效果。

② 观众自行浏览(窗口):它是一种较小规模的幻灯片放映方式。放映时,演示文稿会出现在一个可缩放的窗口中。在此窗口中,观众不能用鼠标来切换播放的幻灯片,但可以通过滚动条下方的"下一张幻灯片"按钮或"上一张幻灯片"按钮来浏览所有幻灯片。

③ 在展台浏览(全屏幕):它是一种自动运行放映演示文稿的方式,不能用鼠标激活任何菜单,放映只能依赖计时方式来切换幻灯片,演示文稿会在放映结束后重新开始。若要结束幻灯片的放映,按"Esc"键,返回到普通视图中。

更多的相关设置,读者可以自行去探索。

5.5.2　打印幻灯片

在某些特定的场合,需要把演示文稿打印出来,或者是作为纸质文件进行存档,这就需要对演示文稿进行打印设置。在"文件"选项卡中,选择"打印"功能,即可进入到下面的界面,如图 5-62 所示。

图 5-62　打印设置

在该界面上，可以设置打印的份数、页码、打印机等，与 Word 和 Excel 所不同的是，往往幻灯片内容颜色绚丽，而常用的打印机只具备黑白打印的功能，此时可以借助"颜色"的下拉菜单，根据实际的情况去选择"颜色""灰度""纯黑白"合适的选项。

另外，在打印时，如需要添加日期、编号，乃至一些文字性的页眉内容，可以单击"页眉和页脚"选项，进行幻灯片的页眉页脚设置。需要注意的一点，幻灯片的页眉页脚与 Word 有所不同，它们的位置不局限于页面的上下方，而是会随着幻灯片版式的变化而做出相应的调整。"页眉和页脚"对话框打开后如图 5-63 所示。

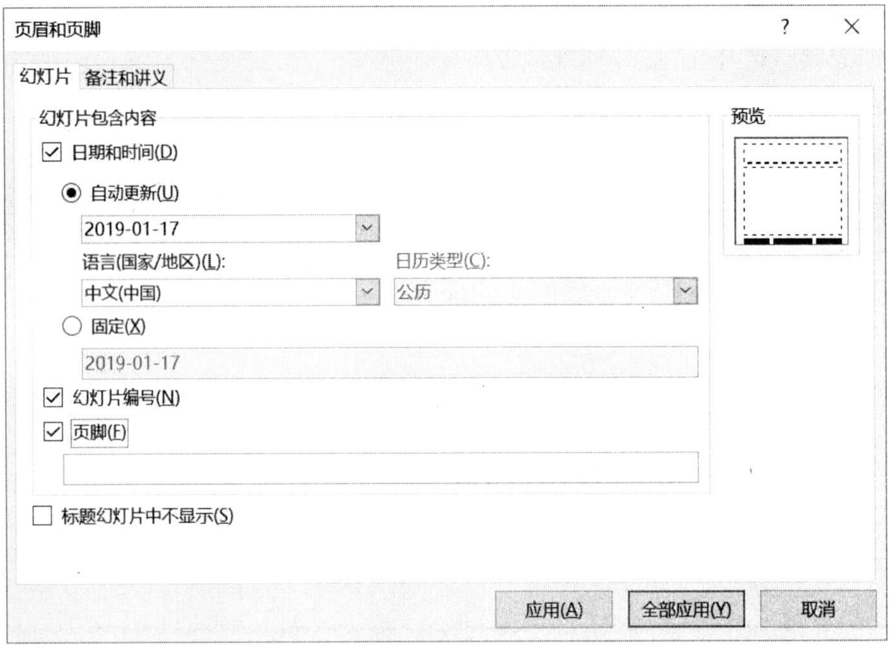

图 5-63 "页眉和页脚"对话框

在此界面上，可以添加"日期和时间""幻灯片编号""页脚"等，并且可以设置标题幻灯片是否显示以上内容，在每次的设置之后，"预览"区域会有所体现。打印格式设置完成之后，单击"打印"按钮即可完成打印。当然，打印之前一定要先看看打印预览区域，看一看是否符合打印标准。

5.5.3 导出幻灯片

当制作完演示文稿，并不局限于把它保存成扩展名为 PPTX 的演示文稿文件，还可以保存成为 PDF/XPS 文档、视频、Word 讲义等，亦可以打包成 CD，以满足用户在不同的设备、不同的环境下的需求。选择"文件"选项卡中的"导出"设置，如图 5-64 所示。

① 利用"创建 PDF/XPS 文档"功能键可以生成 PDF 或者 XPS 文件，方便了用户在更为广阔的环境下播放演示文稿。

② 利用"创建视频"按钮，把演示文稿做成视频，可以上传到视频网站，或者在演示时直接播放即可。在生成的视频中，所有利用鼠标单击而触发的动画效果会被按照动画顺序自动播放，不必担心动画效果失效。

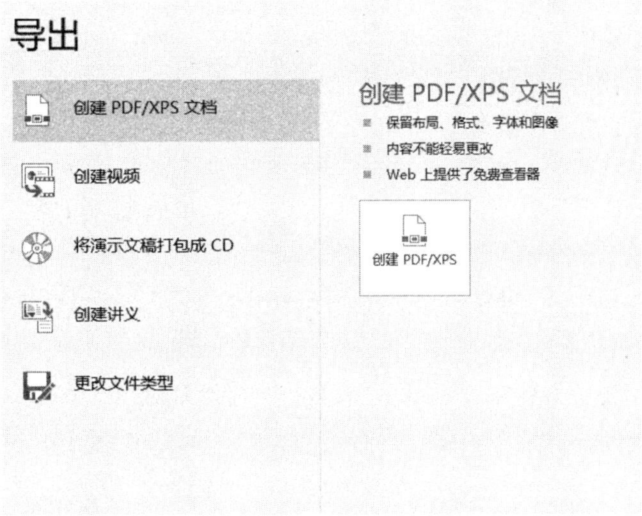

图 5-64 "导出"设置

③ 利用"将演示文稿打包成 CD"按钮，可以把演示文稿拷贝到 CD 或者是本地文件夹中，在打包演示文稿时，既可打包演示文稿中的文件和字体，还可打包 PowerPoint 播放器，这样就不用担心所用的计算机上有没有安装新版本的 PowerPoint。

④ 利用"创建讲义"功能键，生成一份讲义，方便在发言或者是演讲之前的准备工作。

⑤ "更改文件类型"选项，与文件另存为时的操作类似，在此不再赘述。

习 题 五

一、选择题

1. 在 PowerPoint 2016 中，以文档方式存储在磁盘上的文件称为(　　)。

A. 幻灯片　　B. 工作簿　　C. 演示文稿　　D. 影视文档

2. 下列哪种文件类型是 PowerPoint 2016 的模板格式(　　)。

A. PPTX　　B. PPSX　　C. POT　　D. POTX

3. 在 PowerPoint 2016 的(　　)视图中，以条目的形式显示，并在右边显示幻灯片的预览效果。

A. 大纲　　B. 幻灯片游览　　C. 备注页　　D. 幻灯片

4. PowerPoint 2016 中创建超链接，不能链接到(　　)。

A. 幻灯片　　B. 外部文件　　C. 网页　　D. 幻灯片中的某个图片

5. 王玲在编辑"雾霾让人窒息.PPTX"时，要在所有幻灯片右上角添加"保护环境，刻不容缓"文本，她应该(　　)。

A. 执行"视图""大纲视图""幻灯片母版"　　B. 执行"设计""母版视图""幻灯片母版"

C. 执行"视图""母版视图""幻灯片母版"　　D. 执行"设计""大纲视图""幻灯片母版"

6. 关于打上隐藏标记的幻灯片，说法正确的是(　　)。

A. 播放时可能会显示　　B. 不能在任何视图方式下编辑

C. 可以在任何视图方式下编辑　　　　D. 播放时不能显示

7. 选定图形对象时，如选择多个图形，需要按下（　　）键，再用鼠标单击要选定的图形。

A. Ctrl　　　B. Shift　　　C. Tab　　　D. Alt

8. 幻灯片中占位符的作用是（　　）。

A. 表示文本长度　　　　B. 限制插入对象的数量

C. 表示图形大小　　　　D. 为文本图形预留位置

9. 若要设置幻灯片的切换效果及切换方式，应该在（　　）选项卡下操作。

A. 文件　　　B. 设计　　　C. 审阅　　　D. 切换

10. 如果将做好的演示文稿在另外一台没有安装 PPT 软件的设备上播放，需要对演示文稿进行（　　）操作。

A. 复制　　　B. 打包　　　C. 移动　　　D. 打印

二、填空题

1. 在 PowerPoint 2016 中，可以在＿＿＿＿＿视图下，通过拖拽的方式改变幻灯片的顺序。

2. 如果要从一个幻灯片淡入到另外一张幻灯片，应该在＿＿＿＿选项卡中执行相关操作。

3. 在 PowerPoint 2016 中，合理地利用＿＿＿＿图形，可以制作出结构清晰、层次分明的各种结构关系，相比文字描述更加的直观清晰。

4. 启动幻灯片的放映有两种方式，“从头开始”对应的快捷键是＿＿＿＿，“从当前幻灯片开始”对应的快捷键是＿＿＿。

5. 除了在幻灯片版式自带的占位符中输出文本外，还可以利用＿＿＿完成文本的添加。

实　验　五

【实验 5－1】

母校是一支永远的乐曲，我们是她一个放飞的音符；无论我们将来汇入哪一首诗歌里，都跳动着她的一节旋律！

母校是一处温馨的港湾，我们是她怀中驶出的小船，无论我们将来停泊在哪一个码头里，都闪烁着她的一盏航灯！

母校承载了我们无尽的欢笑和泪水，既然我们选择了她，就让我们来好好爱她，呵护她！我们一起在这片乐土上拼凑起曾经属于我们的那美丽的回忆，留下我们成长的足迹！

××大学××学院，作为我们的母校，我们的家，你足够了解她吗？为了感谢她，利用软件 PowerPoint 2016 制作一个有关她的演示文稿，具体要求如下：

(1) 第 1 张幻灯片为标题板式，主标题为“××大学××学院”，副标题为本人姓名。

(2) 第 2 张幻灯片要求展示学院简介，文字内容如下，请选择合适的板式，并调整合适的页面布局。

建院以来，学院秉承××大学“明德新民，止于至善”的校训，逐渐形成了“团结、勤奋、严谨、朴实”的优良院风。学院坚持以人为本、建设一流独立学院的办学理念，立足于培养高素质应用型人才，注重改革创新，注重培养质量，注重特色办学。依托××大学与××日报报业集团的大力支持，学院以市场和社会需求为导向，现设有 7 个二级分院、46 个本科专业，涵盖文、理、工、经、管、法、医、教育、艺术等 9 大学科门类，省级重点学科 1 个，省级特色专业 4 个，省级品牌专业 5 个，省级专业综合改革试点专业 2 个，在校生 15000 余人，已发展成以本科教育为主体、应用型学科门类齐全、专业结构合理、综合实力较强、办学特色鲜明的应用教学型独立学院。

(3) 第 3 张幻灯片要求展示学院现任领导，请选择合适的板式，并以表格形式呈现文本内容。具体职务包括院长、党委书记、党委常务副书记、常务副院长。

(4) 第 4 张幻灯片要求展示院系设置，请插入合适的 SmartArt 图形。具体包含院系有理工学院、人文学院、商学院、经济学院、艺术学院、传媒学院、基础学院、医学院，并为每个二级学院添加一个所属专业。

(5) 在第 2 张幻灯片之前插入一个新的幻灯片，编辑一个大纲，要求显示 2～4 张幻灯片的内容梗概，并插入合适的超链接以访问相应的幻灯片内容。

(6) 为每张幻灯片添加一个图片背景，图片内容在“图片文件夹”内，并为所有的幻灯片设置不同的切换效果和合适的动画效果。

(7) 设置幻灯片的放映类型为“演讲者放映”，放映选项为“循环放映”。

(8) 使用母版功能为每张幻灯的右上角增加××学院的校徽，具体位置在“图片文件夹”。

(9) 保存为以“我的母校”为名的 PPTX 文件。

【实验 5－2】

一生最好是少年，一年最好是青春。我们不羡慕别人的青春，因为我们正青春。请利用软件 PowerPoint 2016 制作一个我的青春纪念册，具体要求如下：

(1) 创建一个相册，包含“图片文件夹”中的 12 幅摄影作品。在每张幻灯片中包含 4 幅图片，并将每幅图片设置为“居中矩形阴影”相框形状。

(2) 设置相册主题为图片文件夹中的“相册主题.PPTX”样式。

(3) 修改第 1 张幻灯片的标题为“青春纪念册”，副标题为你的姓名

(4) 在第 1 张幻灯片之后插入一张新的幻灯片，利用动画制作一个“5 秒倒计时”。

(5) 在最后一张幻灯片之后插入一张新的幻灯片，版式自选，为自己书写青春寄语。

(6) 为每张幻灯片设置不同的切换效果，至少设置 3 张图片丰富的动画效果。

(7) 至少为演示文稿中的两张图片添加超链接，可链接到自定义的文本或者其他幻灯片。

(8) 将文件夹中的“青春纪念册.mp3”声音文件作为该相册的背景音乐，并在幻灯片放映时自动播放。

(9) 将该相册保存为“我的青春纪念册.PPTX”文件。

【实验 5－3】

设想一下你马上要进入一个全新的工作环境，领导决定为了让同事们尽快相互了解，也为了让新入职员工更好地展示自己，现在要求你制作一个有关个人介绍的演示文稿，具体要求如下：

(1) 幻灯片的数量不少于5张，具体内容应该包括工作或学习经历、家庭概况、兴趣爱好、获奖情况、理想和抱负等。

(2) 幻灯片中应至少包含图片、表格、SmartArt图形、小视频其中两种元素。

(3) 为幻灯片设置合适的主题。

(4) 为每张幻灯片设置不同的切换效果及丰富的动画效果。

(5) 利用“母版”把图片文件夹中的“××校徽”添加到每张幻灯片的右上角。

(6) 添加“排练计时”，合理分配每张幻灯片的放映时长，要求总时长控制在3分钟以内。

(7) 将该演示文稿保存为“个人简介.PPTX”文件。

第 6 章　常用的工具软件

学习目标：

1. 掌握文件压缩与解压工具 WinRAR 的使用方法。
2. 熟悉高德地图的使用方法。
3. 熟悉驱动精灵的使用方法。
4. 了解虚拟光驱 Daemon Tools 的使用方法。
5. 熟悉金山毒霸的使用方法。

为了满足用户不同领域、不同问题的应用需求而出现了应用软件。应用软件是和系统软件相对应的，是利用计算机解决某类问题而设计的程序应用。

借助于专业的应用软件，用户可以在计算机上轻松完成不同的工作。熟练地使用各种工具软件可以使用户在轻松愉快地完成工作的同时，进一步提高工作的质量和效率。

本章将介绍几种常用的工具软件的使用方法，包括文件压缩与解压工具、地图搜索、驱动精灵等。

6.1　文件压缩工具

计算机中存储的一些较大文件，如图像、声音和视频数据等多媒体文件的大小一般比较大，会占据大量的存储空间，而且在传输时，速度也会比较慢。因此，如果能减小文件的大小而不损失数据，或者在允许的范围内丢失少量数据，这样既可节省存储空间又可减少传输时间，而压缩软件就是为达到此目的而诞生的。在网上，为了缩短文件传输时间，通常提供的下载资源为压缩文件类型。

6.1.1　概述

压缩是一种通过特定的算法来减少计算机文件大小的机制。压缩文件的基本原理是查找文件内的重复字节，并建立一个相同字节的“词典”文件，并用一个代码表示重复字节，比如在文件里有几处有一个相同的词“中华人民共和国”，用一个代码表示并写入“词典”文件，这样可以达到缩小文件的目的。由于计算机处理的信息是以二进制数的形式表示的，因此压缩软件是将二进制信息中相同的字符串用特殊字符标记达到压缩的目的。

压缩分为有损压缩和无损压缩两种。

1. 有损压缩

有损压缩是利用人类对图像或声波中某些频率成分不敏感的特性，允许压缩过程中损失一定的信息；虽然不能完全恢复原始数据，但是所损失的部分对原始图像的影响较小，却换来了较大的压缩比。它广泛应用于动画、声音和图像文件中，典型的代表就是影片文件格式 mpeg、音乐文件格式 MP3 和图像文件格式 JPG。

以 JPG 格式为例，介绍一下有损压缩。表 6-1 是对同一张图片的两种格式进行对比，能够发现 JPG 格式的图片的大小远远小于 PNG 格式的图片。

JPG 格式的图片是采用一种有损压缩的格式进行保存的。这种压缩是不可逆的，以牺牲掉一些细节为代价，达到压缩的目的。而扩展名是 JPEG、JPE、JFIF 以及 JIF 的图片与扩展名是 JPG 的图片文件，使用均为 JPEG 标准压缩。

表 6-1　PNG 图片与 JPG 图片的对比

图片类型	PNG 图片	JPG 图片
同一张图片（分辨率均为 4000 * 2248）		
大小	8.24MB 	1.98MB 

2. 无损压缩

无损压缩是对文件本身的压缩，和其他数据文件的压缩一样，是对文件的数据存储方式进行优化，通过采用统计被压缩数据中重复数据的出现次数进行编码，文件可以完全还原，不会影响文件内容，对于数码图像，不会使图像细节有任何损失。它广泛用于文本数据、程序和特殊应用场合的图像数据（如指纹图像、医学图像等）的压缩。

在日常工作、学习和生活中，常用的压缩文件格式 RAR 文件即为无损压缩。这种文件，可以解压得到源文件，在进行压缩和解压缩时，需要使用压缩软件。

压缩软件是利用压缩原理压缩数据的工具，压缩后所生成的文件称为压缩包，体积只有原来的几分之一甚至更小。如果想使用压缩包中的数据，需要使用压缩软件将数据还原，即解压缩。典型无损压缩软件有 WinRAR、WinZip 等。

6.1.2　压缩工具 WinRAR

WinRAR 是一款功能强大的压缩包管理器。该软件可用于备份数据，如缩减电子邮件附件的大小。WinRAR 可以解压从 Internet 下载的 RAR、ZIP 及其他类型文件，同时可以新建 RAR 及 ZIP 格式等的压缩类文件。WinRAR 不仅支持 RAR 和 ZIP 格式的压缩文件，也支持诸如 CAB、ISO 和 ARJ 等大量非 RAR 格式的压缩文件。

1. 安装过程

在使用 WinRAR 进行压缩和解压缩之前，需要事先安装 WinRAR 压缩软件。在安装结束后，进入如图 6-1 所示的界面，选择 WinRAR 可以进行压缩和解压缩的文件格式，关联文件类型，以及界面形式等参数设置。

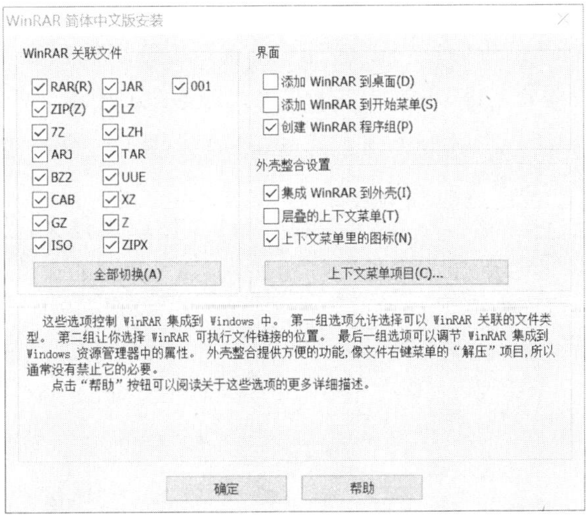

图 6-1　选择关联文件类型

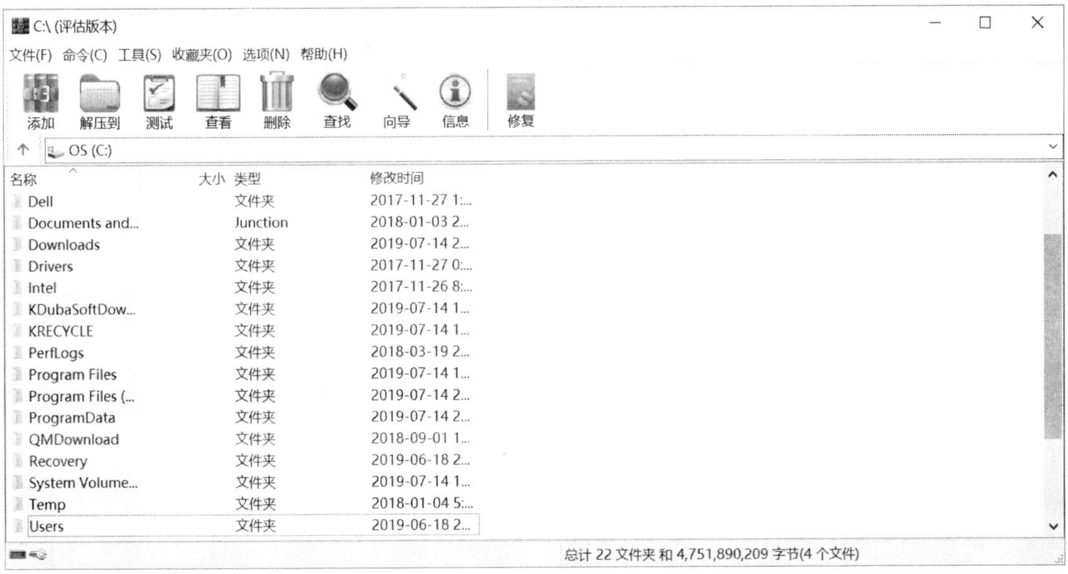

图 6-2　WinRAR 5.7 的运行界面

安装成功后，在“开始”菜单的“程序”列表中，能够找到“WinRAR”菜单中的“WinRAR 命令；也可以在任务栏上的“小娜”搜索框中输入“WinRAR”，找到程序，并运行，其运行界面如图 6-2 所示。

在 WinRAR 运行界面中，主要提供了添加压缩文件、解压压缩文件、测试压缩文件是否能正常解压、查看压缩文件、删除压缩文件中选中的文件或文件夹等功能，其中添加压缩文件和解压压缩文件是用户使用频率最高的两个功能。

利用 WinRAR 进行压缩时，用户常常使用下面两种方式：一是利用 WinRAR 运行界面进行压缩，二是利用右键菜单进行压缩。

2. 文件压缩

（1）利用 WinRAR 运行界面进行压缩

在 WinRAR 中运行界面中，点击“浏览”按钮，在弹出的下拉列表中，选择需要压缩的文件。如果只需要压缩一部分文件，借助于“Ctrl”键，选择部分文件。在选择需要压缩的文件后，点击“添加”按钮，打开“压缩文件名和参数”的对话框，如图 6-3 所示。

（2）利用右键菜单进行压缩

在利用右键菜单进行压缩时，先选择需要压缩的文件或文件夹，然后点击鼠标右键，在弹出的右键菜单中选择“添加到压缩文件”或“添加到 XXX.rar”的命令，其中图 6-4 所示为利用右键菜单进行压缩。

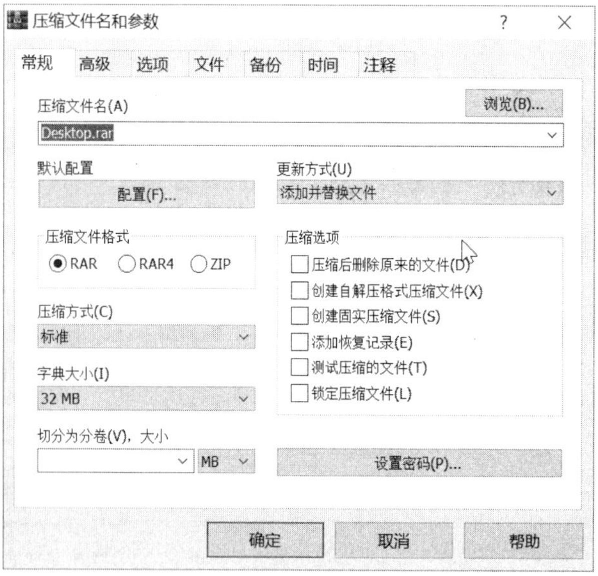

图 6-3 “压缩文件名和参数”对话框

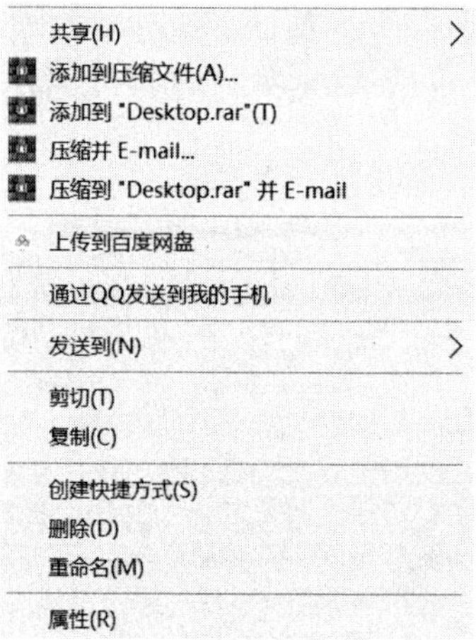

图 6-4 利用右键菜单压缩文件

3. 解压文件

经过压缩的文件，通常先解压，然后才使用。而解压时，一般是两种方式：一是利用 WinRAR 运行界面进行解压，二是利用右键菜单进行解压。

（1）利用 WinRAR 运行界面进行解压

双击需要解压的文件，打开 WinRAR 的运行界面如图 6-5 所示。

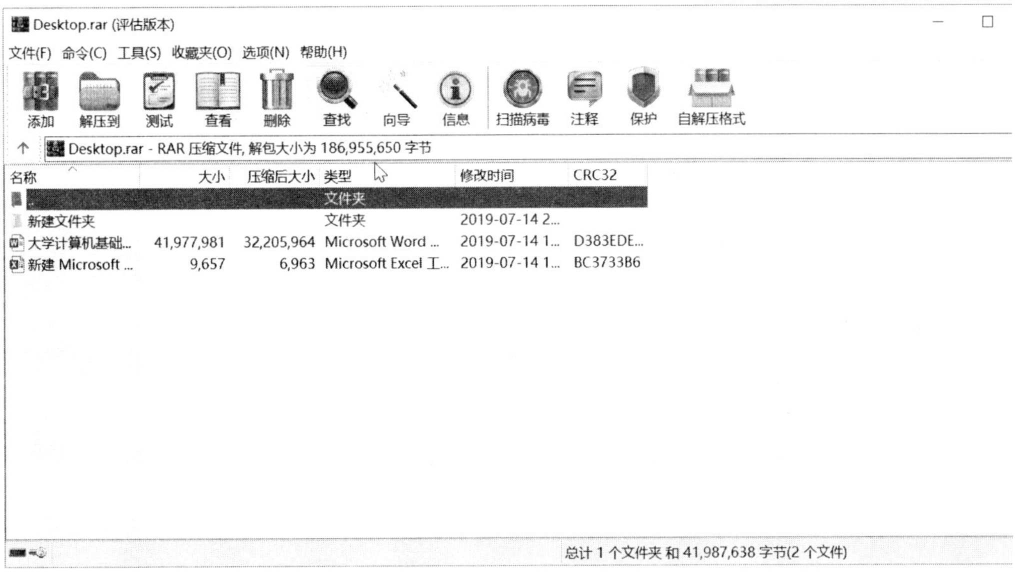

图 6-5　WinRAR 压缩文件列表界面

点击"解压到"按钮，即可打开"解压路径和选项"设置窗口，如图 6-6 所示。在此窗口中，用户可以在右侧窗格中选择解压后文件存储路径，也可选择更新方式、覆盖方式等。当设置完毕后，点击"确定"按钮，进行解压。

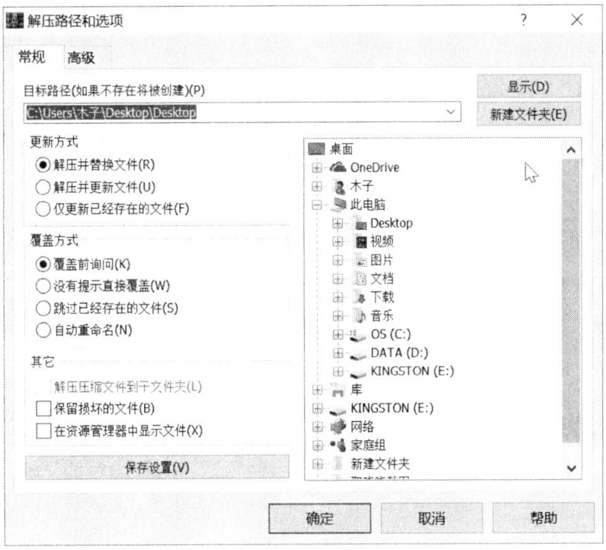

图 6-6　"解压路径和选项"窗口

（2）利用右键菜单进行解压

右键单击需要解压的文件，在弹出的右键菜单中，选择"解压文件"命令或选择"解压到当前文件夹"或"解压到 XX"命令，进行解压。

如果仅使用某一个文件时，可以直接双击打开压缩文件，然后选择该文件，然后双击打开。而如果对该文件修改，那么关闭该文件时，会替换文件，出现如图 6-7 所示的对话框。

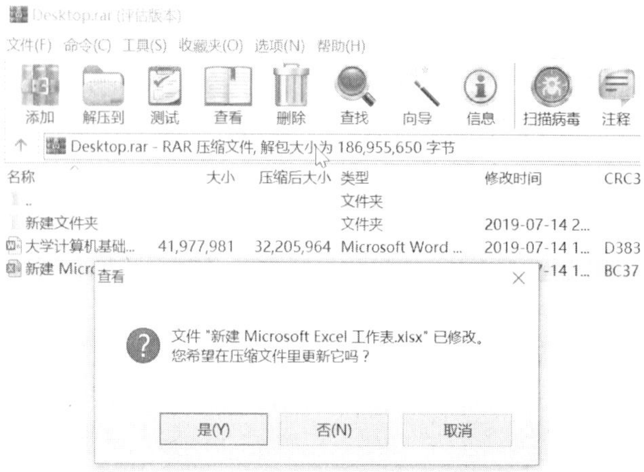

图 6-7　修改压缩文件中某个文件并关闭

§ 6.2　地图搜索

随着社会的快速发展，不仅仅存在纸质地图，电子地图也出现在人们的生活中。而且随着网络的普及，电子地图已经变成了人们依赖的一个工具。

电子地图主要有两方面作用：一是多维地图的静态显示和动态显示，二是动态环境下空间数据库与专题数据库的交流。两方面相互作用，共同完成地理信息系统中空间数据视觉化的任务。智能交通中的电子地图作为空间信息特别是交通信息的可视化产品，将交通路线及周围环境以视觉甚至是听觉感受的方式传输给用户，成为智能交通系。

如今，电子地图的发展也是比较快，不仅仅有网页版，也有电子地图、手机地图、车载地图等。其中，通过浏览器访问的电子地图有谷歌地图、百度地图、高德地图等。下面以高德地图为例，进行介绍。

6.2.1　高德地图概述

伴随着"高德地图，哪儿都熟""让爱伴你回家"等广告语，类似于高德地图这样的电子地图已经深入到大家的日常生活。

高德地图覆盖了全国近 400 个城市、全国道路 350 多万千米，包括乡村小路。在高德地图中，可以查询街道、公交、商场等地理位置信息，也可以查到附近的学校、超市、加油站、停车场、美食等位置信息，以及提供天气温度、空气质量、路况等信息，同时提供距离测量等功能，如图 6-8 和图 6-9 所示。2015 年 1 月 18 日，高德发布了高德地图室内地图版，为用户提供建筑物内地图、室内定位、室内路线规划等服务，能够显示商铺、洗手间、ATM 等室内细节。

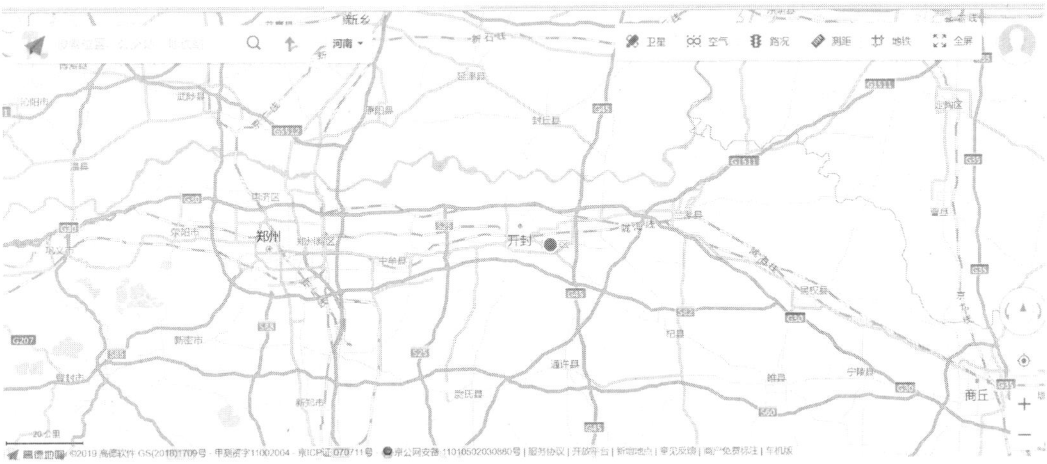

图 6-8　高德地图网页版界面

图 6-9　高德手机地图

6.2.2　网页版高德地图

高德地图提供丰富的交通换乘、驾车导航、骑车导航以及步行导航的查询功能，提供多条路程规划，以及估算时间等，并提供叫车、共享单车等服务。

1. 位置搜索

高德地图提供普通搜索、周边搜索和视野搜索，帮助用户快速找到相应的地点。如用户不知具体位置，只需提供模糊地址，高德地图可以提供多个相似地方，供用户选择。

例如，在开封搜索龙亭公园会出现如图 6-10 所示的界面，然后选择具体位置，会显示出如停车场、图书馆等更加具体的位置，然后单击选择目的地，并出现小气泡标识。

图 6-10　龙亭公园的位置

图 6-11　标记所选龙亭公园

如图 6-11 所示，选择的目的地是龙亭公园，点击出现的小气泡标识的旁边有“去这里”的图标或者点击界面左侧的“去这里”的按钮，然后输入出发地或选择“从当前位置出发”，可以选择公交路线、驾车路线或步行路线。图 6-12 所示的是开封府到龙亭公园的驾车路线，并给出了三种方案。点击“公交车”按钮可以选择公交换乘，或“步行”按钮选择步行路线。

图 6-12　开封府到龙亭公园路线

2. 公交搜索

高德地图能够查询公交出行方案，如公交路线、地铁图等，满足了用户的公共出行需求。

启动公交出行方案查询有两种方式：第一种是如图 6-13 所示，在地图上选择目的地、出发地点，选择“公交出行”；第二种，在图 6-14 所示的界面上，点击“路线”按钮，然后输入起点和终点。

图 6-13　开封府到龙亭公园公交路线

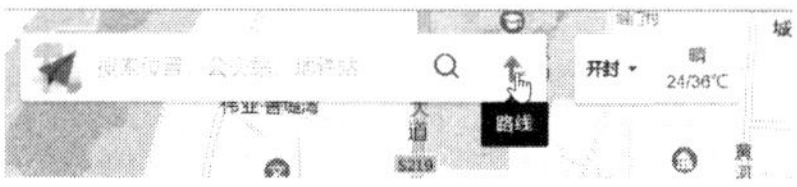

图 6-14　查询路线

（1）公交路线查询

在高德地图中，可以搜索公交路线。在搜索框中，直接输入公交路线的名称，即可看到对应的公交路线。如图 6-15 所示，左侧窗格，能够看到公交车的运行时间、票价以及站点名称；在右侧地图上，小圆圈标识出公交沿线站点。

图 6-15　公交线路查询

（2）地铁图

高德地图提供多个城市的地铁图，可以选择地铁线路、站点，能够显示该站点的运行时间，以及通过该站点的地铁线路。如图 6-16 所示为北京地铁 1 号线的线路图，点击复兴门站点，能够看到经过该站点一共有两条地铁线，每条线有开往不同方向的首、末班车时间。

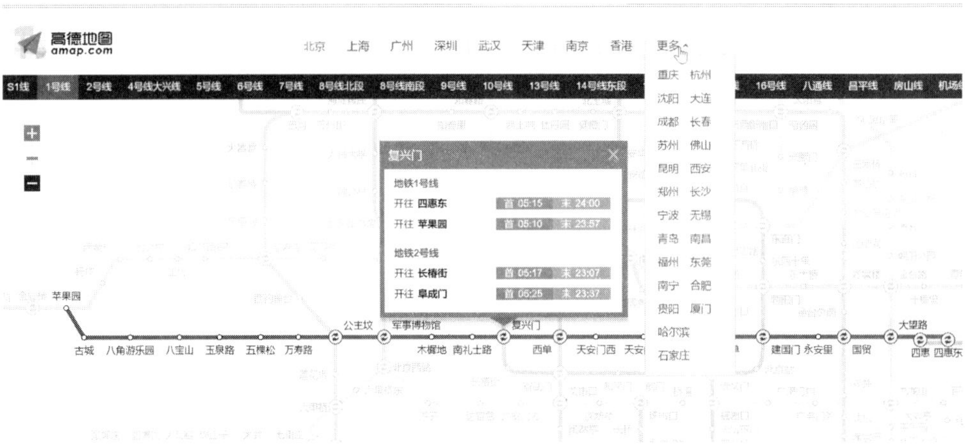

图 6-16　北京地铁 1 号线

3. 附近搜索

高德地图不仅可以搜索地点、路线，还可以搜索指定位置的周边情况。例如，在龙亭公园附近搜索美食，搜索结果如图 6-17 所示界面。

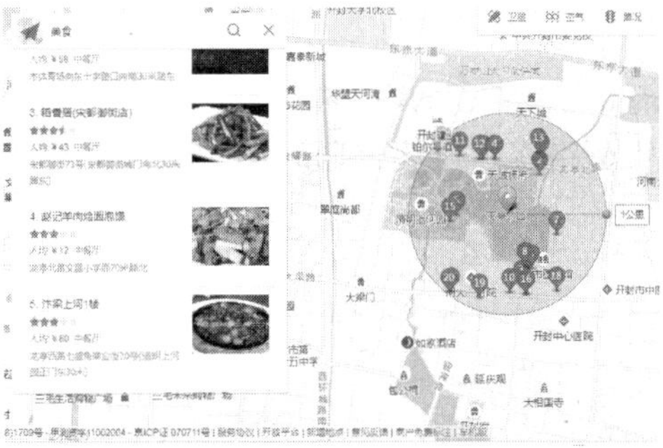

图 6-17　搜索龙亭公园周边美食

4. 其他服务

（1）交通信息

在地图中的交通信息，通过不同的颜色表示不同的路况信息，用户查看即将通过的路段的路况信息，以便于规划路线。如图 6-18 所示的为龙亭周边的路况的实时信息。而点击图中的“预测”按钮，可查看未来几个小时内路况的预测信息，便于用户规划出行时间和出行路线。

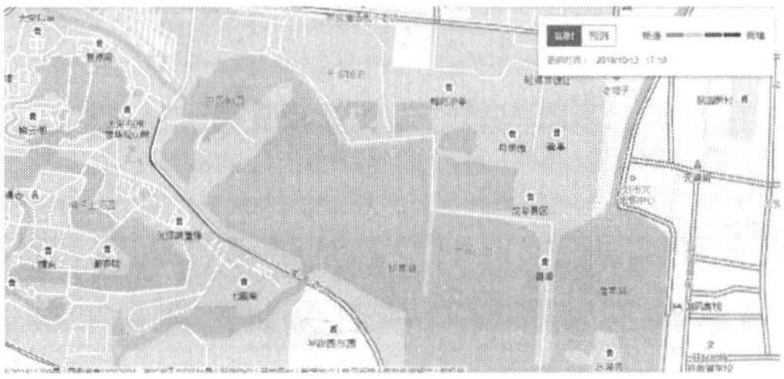

图 6-18　龙亭周边的路况信息

(2) 测距

用户可以利用测距工具,测量两个地点之间的距离。

(3) 卫星云图

高德地图中,可以通过点击“卫星”按钮,打开卫星云图,在云图中,可以看到楼宇以及楼之间的道路。

(4) 空气质量

随着生活水平的不断提高,对于空气质量是越来越关注,高德地图提供了可以查看某地空气质量的功能。在高德地图界面上,点击“空气”按钮,可以查看空气质量。

(5) 默认城市

高德地图可以通过访问者的 IP 地址直接进入该城市,也可以通过首页的输入框中,输入想要查看的城市名称,查看城市具体道路信息。

6.2.3　手机高德地图

高德不仅仅有网页版地图,而且有功能越来越丰富的手机端地图。如用户授权高德地图使用位置信息及麦克风功能,能获取更多的服务。

1. 在线导航

高德地图最主要的功能是导航。当输入目的地,然后获取路线的规划。在进行导航时,可以选择设置起点、终点,其中终点和起点均可以使用“我的位置”即手机所在地点,而且出行方式可以选择叫车、驾车、公交、骑行、步行等方式。如图 6-19 所示为开封府到龙亭公园的导航路线,其中(a)图为驾车路线,可以看到路程长度、预计时长,以及经过的红绿灯的个数等,并且给出了多条路线,在路线上也可以查看实时路况信息;(b)图为公交路线,给出了多条可以选择的路线,并且该条线路所需时长以及步行距离、转车信息等;(c)图为骑行路线,给出了所需时间以及经过的路口数。

(a) 驾车路线　　(b) 公交路线　　(c) 骑行路线

图 6-19　手机导航

2. 离线地图

在线导航对于手机的流量和网速具有一定要求，在网络状况不好时，使用并不方便，因此，高德地图提供了离线地图，其所占的存储空间小。如下载了离线地图，当遇到没有网络时，用户仍可以使用离线地图进行导航。

3. 兴趣点

打开手机上的高德地图时，用户可以点击输入框，搜索感兴趣的地方，如银行、超市、加油站等。而在搜索界面点击“更多”按钮，可以搜索更多内容，如吃、住、行、玩、游、生活、购物等。

4. 叫车服务

在高德地图的首页上，能够看到叫车服务、查看共享单车功能。

5. 其他特色

在高德手机地图的首页上点用户头像，进入用户信息界面，在该界面可以进一步设置主题、导航语音等，也可以查询到车辆违章查询等信息。

§6.3 驱动精灵

驱动程序是硬件厂商根据操作系统编写，包含有关硬件设备的信息，可以认为，没有驱动程序，计算机中的硬件是无法正常工作。

对大多数用户而言，安装驱动程序是非常麻烦的。而有一种软件解决了这种麻烦，这就是管理驱动与硬件的软件，如驱动精灵、鲁大师等。

驱动精灵是一款集驱动管理和硬件检测于一体的驱动管理和维护工具，为用户提供驱动备份、恢复、安装、删除、在线更新等使用功能，并且可以自动检测计算机硬件类型，智能判断硬件设备所需的驱动，然后从网上下载，安装最新的驱动，同时可以进行驱动备份、恢复等多项操作。驱动精灵能实现的功能、适用的操作系统，如表 6-2 所示。

表 6-2　驱动精灵的适用

中文名	驱动精灵标准版
适用环境	Windows XP/Vista/Win7/Win8/Win10
户籍	驱动精灵
家族成员	标准版、万能网卡版、套装版、装机版
特长	驱动精灵是一款集驱动管理和硬件检测于一体的、专业级的驱动管理和维护工具。驱动精灵为用户提供驱动备份、恢复、安装、删除、在线更新等实用功能
一般体积大小	28.7 M

在安装驱动精灵之后，打开驱动精灵，可以看到如图 6-20 所示的主界面。驱动精灵可以实现检测电脑情况、驱动管理等功能。

图 6-20　驱动精灵主界面

图 6-21　驱动检测结果界面

1. 检测电脑情况

单击主界面中的“立即检测”图标，驱动精灵将对硬件进行检测，从检测结果中可以清楚地判断出用户所使用的计算机是何种品牌的“台式机”或“笔记本”，以及计算机中所使用硬件的型号。

检测结果详细信息告知用户计算机的具体情况，是否需要修改等问题。然后进入图6-21所示的界面，在该界面中，用户可以进行硬件检测等功能。

2. 驱动管理

单击“驱动管理”按钮，驱动精灵将自动检测系统中已经安装的驱动程序，并检测驱动程序的当前状态。用户也可自主选择所需的驱动进行升级并自动安装。

在驱动管理功能里面，也包括驱动程序的备份和还原，以及对现有驱动备份等使用功能。

3. 软件管理

点击“软件管理”按钮，可以看出来计算机现有程序并且提供一些可供选择的计算机常用的软件。

4. 垃圾管理

点击“垃圾管理”可以对计算机中的垃圾进行清理，如已下载的程序文件、驱动安装后残留文件、其他临时文件、回收站等垃圾文件。

5. 百宝箱功能

点击“百宝箱”按钮，驱动精灵可以对系统出现的问题进行修复等，如网络修复、文件修复、浏览器设置等。

§ 6.4　虚拟光驱

虚拟光驱是一种模拟 CD/DVD－ROM 工作的工具软件，可以生成与用户计算机上安装的光驱功能相同的光盘镜像，一般光驱能做的事，虚拟光驱一样可以做到；工作原理是先虚拟出一部或多部虚拟光驱后，将光盘上的应用软件，镜像存放在硬盘上，并生成一个虚拟光驱的镜像文件，然后就可以将此镜像文件放入虚拟光驱中来使用，所以用户启动应用程序时，只需要点下插入图标，即装入虚拟光驱中运行。

虚拟光驱的特点：

① 虚拟光驱的数量无限，它可以取代存放光驱数目有限、昂贵的光盘柜。

② 虚拟光驱的专业压缩功能，可以极大幅度地压缩光盘文件，对一些没有压缩过的光碟片，压缩比可达 50%以上。

③ 虚拟光驱直接在硬盘上运行，反应速度快，播放影像顺畅。

④ 虚拟光驱的网络功能，若把安装在网络服务器上的虚拟光驱设置为共享，每一终端均可共享光盘。

⑤ Autorun 功能：无论你的光盘是否具有 Autorun 功能，在虚拟光驱下，均可获得 Autorun 功能，即是资料片、html 文件片也可拥有。

⑥ 虚拟光驱可同时运行多张光盘，用户在欣赏 CD 的同时可以玩游戏，也可进行文档编辑。

⑦ 虚拟光驱解决了笔记本电脑（Notebook）没有光驱以及光驱携带不便、耗电等问题。

虚拟光驱工具软件有很多，如 Daemon Tools 等。

虚拟光驱 Daemon Tools 是一款非常棒的虚拟光驱软件，支持加密光盘，可以把网上下载的镜像文件直接打开使用，无须解压。安装时，可以选择付费和免费两种模式。

对于不熟悉该软件的用户，在安装之后，会弹出来使用教程，是非常友好的。其主界面如图 6-22 所示。

图 6-22　Daemon Tools 主界面

Daemon Tools 工作原理是先虚拟出一部或多部虚拟光驱后，将光盘上的应用软件，镜像存放在硬盘上，并生成一个镜像文件。在使用时，可以直接播放出镜像文件的内容，无须解压等。

Daemon Tools 支持多种镜像类型，如最常见的镜像类型 ISO、CUE、BWT、CDI、MDS 等，如图 6-23 所示。

图 6-23　Daemon Tools 可以支持多种镜像文件类型

§ 6.5　计算机安全

随着计算机技术和网络技术的发展，计算机安全越来越受大家的重视。计算机安全是指计算机资产安全，即计算机信息系统资源和信息资源不受自然和人为有害因素的威胁和危害。

6.5.1　计算机安全概述

计算机安全中最重要的是存储数据的安全，其面临的主要威胁包括计算机病毒、非法访问、计算机电磁辐射、硬件损坏等。

1. 计算机病毒

计算机病毒是能够破坏计算机功能或者数据，能够自我复制的一组计算机指令或者程序代码。计算机病毒有独特的复制能力，它们能够快速蔓延，且难以根除。它们能把自身附着在各种类型的文件上，当文件被复制或从一个用户传送到另一个用户时，它们就随同文件一起蔓延开来。

计算机病毒具有繁殖性、破坏性、传染性、潜伏性、隐蔽性和可触发性。

计算机病毒种类繁多而且复杂，按照不同的方式以及计算机病毒的特点及特性，可以有多种不同的分类方法。

2. 非法访问

非法访问是指盗用者盗用或伪造合法身份，进入计算机系统，私自提取计算机中的数据进行修改转移、复制等。防止的办法：① 增设软件系统安全机制，使盗窃者不能以合法身份进入系统，如增加合法用户的标志识别、增加口令，给用户规定不同的权限，使其不能自由访问不该访问的数据区等；② 对数据进行加密处理，即使盗窃者进入系统，没有密钥，也无法读懂数据；③ 在计算机内设置操作日志，对重要数据的读、写、修改进行自动记录。

木马是属于非法访问，即把一个能帮助黑客完成某一特定动作的程序依附在某一合法用户的正常程序中，当用户触发正常程序时，黑客代码同时被激活，这些代码往往能完成黑客早已指定的任务。

3. 计算机电磁辐射

由于计算机硬件本身就是向空间辐射的强大的脉冲源，与一个小电台差不多。盗窃者可以接收计算机辐射出来的电磁波，进行复原，获取计算机中的数据。为此，计算机制造厂家增加了防辐射的措施，从芯片、电磁器件到线路板、电源、转盘、硬盘、显示器及连接线，都全面屏蔽起来，以防电磁波辐射。更进一步，可将机房或整个办公大楼都屏蔽起来，如没有条件建屏蔽机房，可以使用干扰器，发出干扰信号，使接收者无法正常接收有用信号。

4. 硬件损坏

计算机存储器硬件损坏，使计算机存储数据读不出来也是常见的事。防止这类事故发生有几种办法：① 将有用数据定期复制出来保存，一旦机器有故障，可在修复后把有用数据复制回去；② 在计算机中使用 RAID 技术，同时将数据存在多个硬盘上，在安全性要求高的特殊场合还可以使用双主机，一台主机出问题，另外一台主机照样运行。

6.5.2 病毒的防御与查杀

病毒和木马经常被一起提起，但是两者是不同的。病毒是以破坏计算机功能或破坏数据，影响计算机使用为目标，且能够进行自我复制。而木马的目标是窃取用户计算机上的信息，或对用户计算机进行远程控制。一旦计算机中了木马，则会变成一台傀儡机。而且随着计算机技术的发展，病毒与木马也是不断发展的，中病毒或木马后，计算机的表现形式是相似的。

1. 计算机中病毒或木马的表现形式

（1）计算机操作系统无法启动

系统无法启动时，如果排除了硬件问题和人为误操作问题之后，就需要考虑感染病毒的因素了。系统在感染病毒之后，由于病毒修改了硬盘的引导信息，或删除了系统的关键启动文件，则会造成系统启动过程中因丢失文件而启动失败。

（2）操作系统运行突然变慢或经常死机

计算机在感染病毒之后，由于病毒进行大量自我复制操作，占用了系统大量的内存资源，导致系统其他程序运行缓慢、反应迟钝，甚至造成系统死机。

（3）数据丢失

当用户在查看自己的文件时，若发现找不到已经成功保存的文件，则需要考虑计算机感染病毒的因素。这类病毒经常将正常的文件或文件夹隐藏(如常见的"U 盘文件夹病毒"),并创建出一个新的可执行同名文件,当用户双击该可执行文件时,用户的数据就能被删除。或者将 U 盘中的文件修改为快捷方式,用户没法正常使用该文件,如图 6-24 所示。

图 6-24　U 盘中毒后的一种表现

(4) 文件被更改图标

感染病毒后,用户的所有程序文件图标会被修改,变成快捷方式或者其他的图标,且无法打开使用,如 U 盘文件夹病毒、熊猫烧香、勒索病毒等。

(5) 经常自动打开一些非法网页

计算机在上网时,经常自动打开一些广告页面或非法网页,此时计算机已经感染病毒。

(6) 键盘或鼠标使用异常

在用户输入信息时,输入内容与实际键入内容不符,或者鼠标被锁定在屏幕的某一个区域时,计算机已经被病毒控制。

2. 计算机病毒或木马的防治

在用户安装完操作系统之后,即需要为操作系统安装一个合适的杀毒软件,以防止系统感染病毒或木马。目前,大部分杀毒软件对个人用户都提供免费的服务,如金山毒霸、电脑管家、360 杀毒软件、小红伞和卡巴斯基等。用户只需要下载对应的安装包,按照安装向导进行安装即可。如图 6-25 所示的为金山毒霸的运行界面。

图 6-25　金山毒霸的运行界面

金山毒霸提供了多种病毒扫描方式：闪电查杀、全盘查杀、自定义杀毒、右键扫描杀毒四种方式。

① 闪电查杀。在闪电查杀方式，主要扫描 Windows 系统文件等关键位置。无论是闪电查杀还是全面查杀，均会先对系统设置、常用软件、内存活跃和开机启动项等关键位置进行扫描查杀。点击“闪电查杀”按钮旁的箭头可以看到“全盘查杀”以及“自定义查杀”按钮，如图 6-26 所示。

图 6-26　闪电查杀、全盘查杀、自定义查杀

② 全盘查杀。全盘查杀是对于整个电脑磁盘进行扫描查杀，但扫描时间比较长。

③ 自定义查杀。在使用自定义查杀功能时，用户可以先指定文件夹，然后开始扫描。

④ 右键扫描杀毒。当用户在文件或者文件夹上点击鼠标右键，可以在右键菜单中选择使用金山毒霸进行扫描命令对选定的文件或者文件夹进行扫描。

3. 升级病毒库

病毒特征库是杀毒软件的核心，用户应该及时对其进行更新。病毒库的升级一般有手动升级和自动升级两种。如图 6-27 所示，金山毒霸运行界面的设置按钮功能。

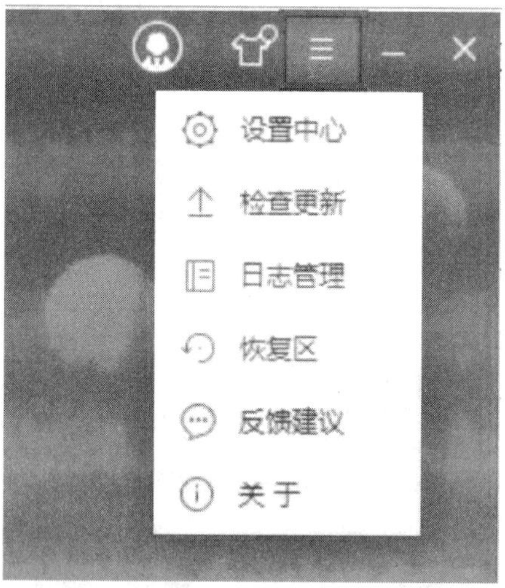

图 6-27　金山毒霸运行界面的设置按钮功能

金山毒霸默认情况是自动升级。用户也可以点击金山毒霸运行界面的右上角的“设置”菜单进入设置中心，可以在“升级设置”选项卡中，选择是否进行自动升级。

如果用户想要手动升级，只需点击金山毒霸运行界面右上角的“检查更新”按钮，即可实现对病毒库的检查和下载更新。

习 题 六

一、选择题

1. (　　)软件属于系统软件。

A. 办公软件　　B. 操作软件　　C. 图形图像软件　　D. 多媒体软件

2. WinRAR 可以解压多种类型的文件,除下列(　　)格式外。

A. CAB　　B. JAR　　C. ZIP　　D. KDH

3. 为了保证公司网络的安全运行,预防计算机病毒的破坏,可以在计算机上采取(　　)方法。

A. 磁盘扫描　　B. 安装浏览器加载项

C. 开启防病毒软件　　D. 修改注册表

4. 下列关于计算机病毒的说法中,正确的是(　　)。

A. 计算机病毒是一种有损计算机操作人员身体健康的生物病毒

B. 计算机病毒发作后,将会造成计算机硬件永久性的物理损坏

C. 计算机病毒是一种通过自我复制进行传染的、破坏计算机程序和数据的小程序

D. 计算机病毒是一种有逻辑错误的程序

5. 造成计算机中存储数据丢失的原因主要是(　　)。

A. 病毒侵蚀、人为窃取　　B. 计算机电磁辐射

C. 计算机存储器硬件损坏　　D. 以上全部

6. 下列(　　)软件属于光盘刻录软件。

A. Nero—Buring Room　　B. Virtual CD

C. Daemon Tools　　D. Iparmor

7. 关于驱动精灵说法不正确的是(　　)。

A. 可检测硬件信息　　B. 可备份系统驱动

C. 可制作引导光盘镜像文件　　D. 可清理系统垃圾

8. 下列(　　)不是手机地图能够实现的。

A. 导航　　B. 搜索附近　　C. 标识交通事故　　D. 购物

二、填空题

1. 压缩可以分为压缩和________压缩,JPG 格式的图片是________压缩。

2. 计算机病毒具有的特点:________、________、________、________、________、________和________。

3. 虚拟光驱是一种模拟________工作的工具软件,它能在操作系统中模拟出新的光盘驱动器,是对物理光驱的一种仿真。

4. 杀毒软件的核心是________________。

5. 杀毒软件的病毒库的升级方式有________和________。

实 验 六

【实验 6－1】压缩解压文件的应用。

在桌面或磁盘上创建三个文件夹，将文件夹命名为“原始”“压缩”和“还原”。在原始文件夹中存入不同类型的文件，实验内容如下：

(1) 在 WinRAR 工作窗口中，压缩“原始”文件夹中的文件，压缩文件名自行命名，压缩文件保存在“压缩”文件夹。

(2) 使用快捷方式压缩“原始”文件夹中的文件，压缩文件保存在“原始”文件夹。

(3) 同一文件压缩为 RAR 和 ZIP 格式，查看两个压缩文件信息。

(4) 在压缩文件中，添加三个文件，然后逐个删除压缩文件中的文件，当文件全部删除后，查看压缩文件是否存在。

(5) 使用 WinRAR 工作窗口或快捷菜单，解压“压缩”文件夹中的文件，解压后的文件放在“还原”文件夹。

【实验 6－2】杀毒软件。

(1) 使用“闪电查杀”功能，对系统设置、常用软件等进行病毒查杀。

(2) 使用“自定义查杀”功能，对 E 盘进行病毒查杀。

(3) 设置自动升级。

第 7 章　计算机网络和 Internet 应用

学习目标：

1. 了解计算机网络基本知识。
2. 了解 Internet 的基本知识。
3. 掌握电子邮件的接收和发送。
4. 熟悉路由器的设置。
5. 了解网络安全。

很多人都说现在是“互联网时代”，新闻中也经常提到“互联网＋”，并且网购、在线支付等已经成为我们生活中的一部分。我们每天都会上网，网络畅通的时候，感觉“上网，很简单啊”，刷刷微博、浏览新闻、聊聊天、看看邮件等。可是，当网络出现问题时，大家就感觉解决起来很麻烦！

对于大多数人而言，网络是复杂的，像黑匣子一样，不知道网络具体是什么，又是如何连通的。

从在浏览器中进行网址输入到计算机屏幕显示网页内容，极短时间内，很多硬件和软件都在各自不同的岗位上相互配合完成一系列的工作。我们将从这个过程开始，来了解网络。

本章出现的信息与硬件一览图，如图 7-1 所示。

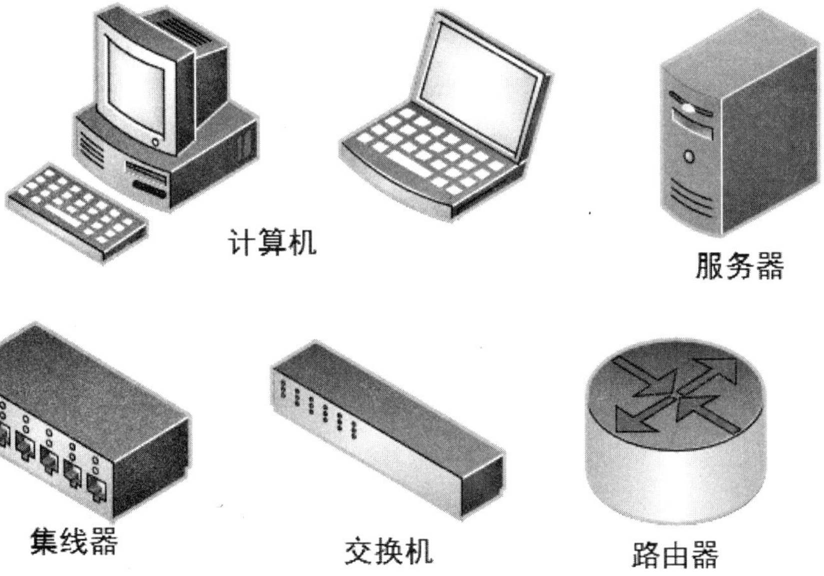

图 7-1　本章出现的计算机网络硬件符号

§7.1 计算机网络

日常生活中说的网络、互联网和因特网(Internet)是有一些细微差别的,我们先来了解一下基本概念。

网络由若干结点和连接这些结点的链路组成。网络中的结点可以是计算机、集线器、交换机或路由器等。图7-2(a)给出了一个具有五个结点和四条链路的网络,四台计算机链接到一个集线器上,即构成一个简单的网络。一般情况下,用云朵表示网络。

网络和网络之间也是可以连通,进而构成一个更大范围的网络,这就是互联网,如图7-2(b)所示。互联网是"网络的网络"。

因特网(Internet)是世界上最大的互联网络。大家把连接在因特网上的计算机都称为主机。因特网也常用一朵云来表示。图7-3为全球网络简略拓扑图。

(a)　　(b)

图7-2　简单网络(a)和构成网络的互联网(b)

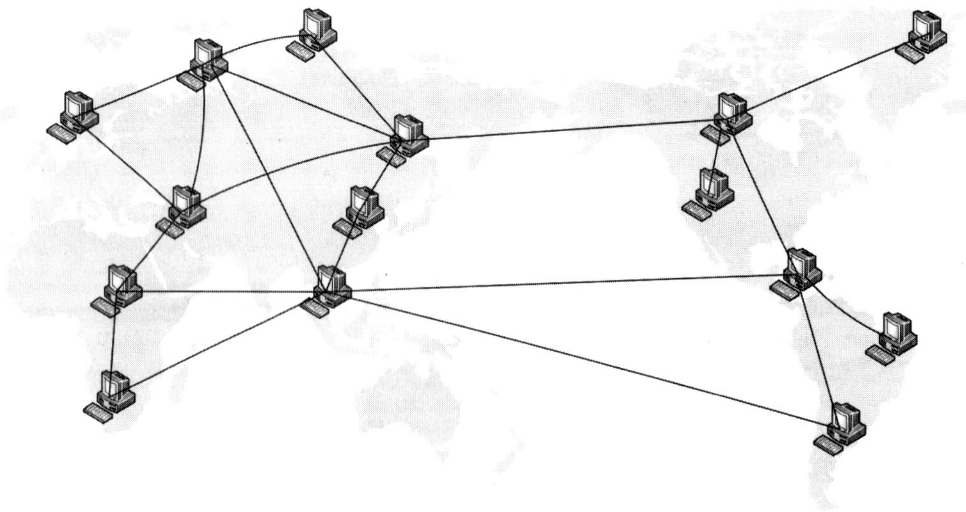

图7-3　全球网络简略拓扑图

7.1.1　计算机网络的定义

计算机网络的精确定义并未统一。最简单的定义是：计算机网络是指将地理位置不同且功能相对独立的多个计算机系统，通过通信线路相互连接在一起，由专门的网络操作系统进行管理，以实现资源共享的系统。简单地讲，组建计算机网络的根本目的就是为了实现资源共享。最简单的计算机网络由两台计算机和连接它们的一条链路组成。

计算机网络的发展过程是从简单到复杂、从单机到多机、由终端与计算机之间的通信演变到计算机与计算机之间直接通信的过程，发展经历了四个阶段：联机系统阶段、互联网络阶段、标准化网络阶段、网络互联与高速网络阶段。

7.1.2　几种不同类别的网络

计算机网络有多种类别，从不同的角度对其进行划分，有利于大家全面地了解网络系统的特性。若从逻辑功能上划分，计算机可以分为通信子网和资源子网；若按覆盖的地理范围划分，可分为局域网、城域网和广域网。下面进行简单介绍。

1. 按照网络的作用范围进行分类

① 广域网（Wide Area Network，WAN），通常其作用范围为几十千米到几千千米，因此有时候也称为远程网。广域网是因特网的核心部分，是一种跨地区的数据通信网络，将相距较远的多个计算机系统通过通信线路按照网络协议连接起来，从而实现计算机之间相互通信，它是计算机系统的集合。

② 城域网（Metropolitan Area Network，MAN），其作用范围一般是一个城市，可以跨越几个区或者整个城市，距离可以达到几千米甚至几十千米，介于 WAN 与 LAN 之间，其运行方式与 LAN 相似。

③ 局域网（Local Area Network，LAN）即计算机局部区域网，其作用范围为几米到几千米。局域网是在一个局部的地理范围内，将各种计算机、外围设备和数据库等互相连接起来所组成的通信网络。构建局域网的主要目的在于数据通信与资源共享，该网络系统不仅可以传送数据信息，而且还可以传送音频信息和影视图像等内容。一个学校或企业大多拥有许多个互联的局域网，这样的网络常称为校园网或企业网。如图 7-4 所示的为学校机房局域网的结构图。

目前，随着计算机网络设备的发展，局域网发展也很迅速，分为有线局域网和无线局域网。有线局域网，依靠光缆等连接的局域网。无线局域网（Wireless Local Area Networks，WLAN）使用射频技术，通过电磁波在空中进行通信。大家经常提到的“WIFI”即为无线局域网的一种技术。

④ 个人区域网（Personal Area Network，PAN）是在个人工作的地方把属于个人使用的电子设备用无线技术连接起来的网络，因此也经常被称为无线个人区域网（Wireless PAN，WPAN）。

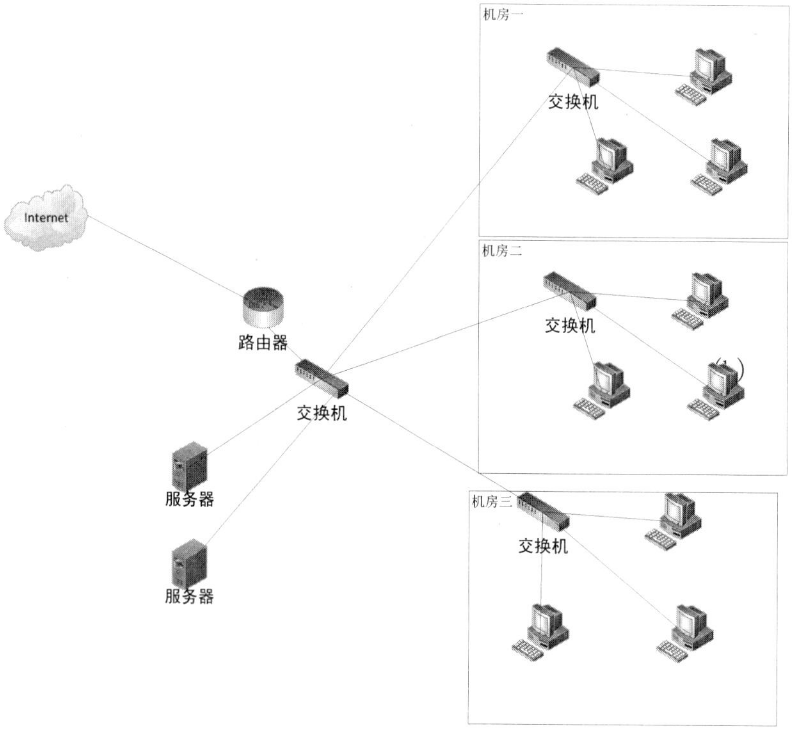

图 7-4　学校机房局域网的结构图

2. 按网络的使用者进行分类

① 公用网(public network)对所有用户提供服务,只要符合网络拥有者的要求就能使用这个网,也就是说,它是为全社会所有人提供服务的网络。

② 专用网(private network)是某个部门、行业为各自的特殊工作需要而建立的网络。这种网络不对外人提供服务。例如,政府、军队、银行、铁路、电力、公安等系统均有专用网。

3. 按通信媒介进行分类

按通信媒介进行分类,计算机网络可以分为有线网和无线网两种。

有线网:采用同轴电缆、双绞线、光纤等物理媒介来传输数据的网络。

无线网:采用微波、红外等形式来传输数据的网络。

4. 按通信速率进行分类

按通信速率进行分类,计算机网络可以分为低速网、中速网和高速网三种。

低速网:通常是借助调制解调器利用电话网来实现的。

中速网:主要是传统的数字式公用数据网。

高速网:主要应用于网际网的主干网中。

7.1.3　计算机网络的性能

计算机网络的性能一般是指它的几个重要的性能指标。除这几个性能指标外,还有一些非性能特征,对网络的性能也有很大影响。

1. 计算机网络的性能指标

性能指标是从不同方面来度量计算机的性能。我们将重点介绍大家关心的几个指标。

(1) 速率

计算机发送的信号都是数字形式的。比特(bit)是计算机中数据量的单位。网络技术中的速率是指在计算机网络上的主机在数字信道上传送数据的速率,也称为数据率或比特率。速率是计算机网络中最重要的一个性能指标,单位是 b/s(比特每秒)(或 bit/s,也写成 bps)。我们常用简单但不严格的记法来描述网络的速率,如 100 M 以太网(局域网的一种),则省略了单位中的 b/s,意思为 100 Mb/s 的以太网。

(2) 带宽

在计算机网络中,带宽用来表示网络的通信线路传送数据的能力,因此网络带宽表示在单位时间内从网络中的某一点到另一点所能通过的"最高数据率"。带宽的单位是 b/s(比特每秒)。

2. 计算机网络的非性能指标

计算机网络还有一些非性能指标,与性能指标有很大的关系。

(1) 费用

网络的价格(包括设计和实现的费用)总是需要考虑的,因为网络的性能与其价格密切相关。一般来说,网络的速率越高,其价格也越高。

(2) 质量

网络的质量取决于所有构件的质量,以及这些构件如何组成网络的。高质量的网络,其价格通常也较高。

(3) 标准化

网络的硬件和软件的设计最好采用国际标准的设计,可以更好地互操作性,也就是互用性,更易于升级换代和维修,也更容易得到技术上的支持。

(4) 可靠性

可靠性与网络的质量和性能密切相关。速率高的网络,要可靠地运行,则往往更加困难,所需费用也更高。

(5) 可扩展性和可升级性

在构造网络时,应当考虑到预留好今后可能扩展(规模扩大)和升级(性能和版本的提高)的部分。

(6) 易于管理和维护

网络如果没有良好的管理和维护,很难达到和保持所设计的性能。

7.1.4　计算机网络体系结构

为了使不同计算机厂家生产的计算机能够相互通信,以便在更大的范围内建立计算机网络,国际标准化组织(International Organization for Standardization, ISO)在 1978 年提出了"开放系统互联参考模型",即著名的 OSI/RM 模型(Open System Interconnection/Reference Model)。它将计算机网络体系结构的通信协议划分为七层,自下而上依次为物理层、数据链路层、网络层、传输层、会话层、表示层和应用层。而目前计算机网络广泛应用的TCP/IP体系结构,包含应用层、运输层、网际层和网络接口层。

图7-5所示的为计算机网络体系结构,左边的为OSI体系结构,右边为TCP/IP体系结构。接下来,我们将介绍OSI体系结构。

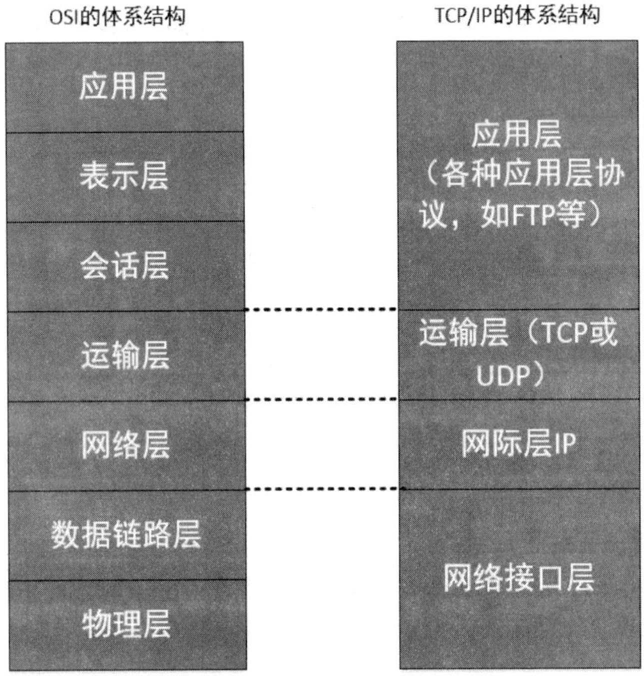

图 7-5　计算机网络体系结构

（1）物理层

物理层的任务就是为它的上一层提供物理连接,具有机械、电气、功能和过程特性,如规定使用电缆和接头的类型、传送信号的电压等。

（2）数据链路层

数据链路层负责在两个相邻结点间的线路上,无差错地传送以“帧”为单位的数据。每一帧包括一定数量的数据和一些必要的控制信息。

（3）网络层

在计算机网络中进行通信的两个计算机之间可能会经过很多个数据链路。网络层的任务就是选择合适的网间路由和交换结点,确保数据及时传送。

（4）传输层

该层的任务是根据网络的特性最佳地利用网络资源,并以可靠和经济的方式为两个端系统(也就是源站和目的站)之间,提供建立、维护和取消传输连接的功能,负责可靠地传输数据。

（5）会话层

会话层不参与具体的传输,它提供包括访问验证和会话管理在内的建立和维护应用之间通信的机制,如服务器验证用户登录便是由会话层完成的。

(6) 表示层

这一层主要解决拥护信息的语法表示问题,即提供格式化的表示和转换数据服务。

(7) 应用层

应用层确定进程之间通信的性质以满足用户需要以及提供网络与用户应用软件之间的接口服务。

§7.2 计算机网络结构

计算机网络是相互连通的计算机的集合,计算机是独立的计算机,有自己的软件和硬件,可以运行使用;而互相连通是指计算机之间能够进行数据通信或者信息交换,需要集线器、路由器等硬件设备和所需协议等软件系统。

7.2.1 计算机网络组成结构

1. 计算机系统和终端

计算机系统和终端提供网络服务界面。地域集中的多个独立终端可通过一个终端控制器连入网络。而这个终端一般是一台高性能的计算机,即服务器。

2. 通信处理机

通信处理机也叫通信控制器或前端处理机,是计算机网络中完成通信控制的专用计算机,通常由小型机、微机或带有 CPU 的专用设备充当。在广域网中,采用专门的计算机充当通信处理机;在局域网中,由于通信控制功能比较简单,因此没有专门的通信处理机,而是在计算机中插入一个网络适配器(网卡)来控制通信。

3. 通信线路和通信设备

通信线路是连接各计算机系统终端的物理通路。通信设备的采用与线路类型有很大关系:如果是模拟线路,在线中两端使用 Modem(调制解调器);如果是有线介质,在计算机和介质之间就必须使用相应的介质连接部件。

(1) 双绞线

用户所说的网线一般为双绞线,是由一对相互绝缘的金属导线绞合而成。采用这种方式,不仅可以抵御一部分来自外界的电磁波干扰,也可以降低多对绞线之间的相互干扰,如图 7-6 所示。

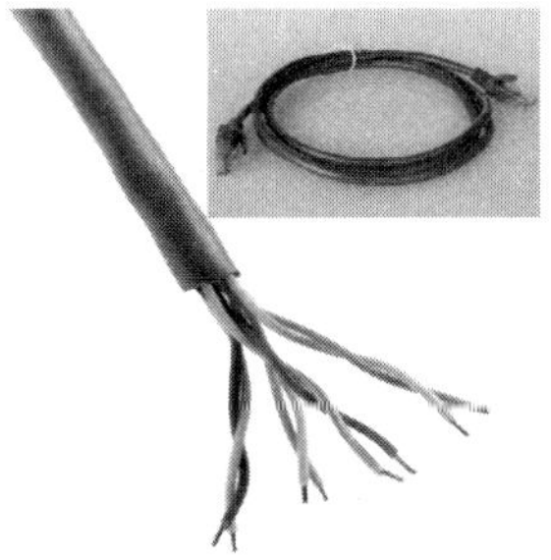

图 7-6　双绞线

(2) 调制解调器

调制解调器就是俗称的“猫”,调制解调器是在使用电话线接入网络时,使用的一种计算机硬件,它能把计算机的数字信号翻译成模拟信号,而这些模拟信号又可被线路另一端的另一个调制解调器接收,并译成计算机可懂的语言。这一简单过程完成了两台计算机间的通信。

光调制解调器被称为“光猫”,接入的是光纤,存在光纤的地方都需要“光猫”对光信号进行转换。

(3) 集线器

集线器是指集中设备,在局域网中工作,一般用在实验室、办公室等环境中。

(4) 交换机

交换是按照通信两端传输信息的需要,用人工或设备自动完成的方法,把要传输的信息送到符合要求的相应路由上的技术统称。交换机根据工作位置的不同,可以分为广域网交换机和局域网交换机。

(5) 路由器

一个局域网连接到另外一个局域网时,需要使用路由器。路由器从网络输入接口处收到信息后,根据信息包含的目的地址,进行转发。

4. 操作系统

计算机联入网络后,还需要安装操作系统软件才能实现资源共享和管理网络资源,如Windows XP、Windows 7、Windows 10 等。

5. 网络协议

网络协议是规定在网络中进行相互通信时需遵守的规则,只有遵守这些规则才能实现网络通信。

7.2.2 计算机网络拓扑结构

计算机网络拓扑结构是路由器、集线器、计算机等网络中各个节点相互连接的形式。现在最主要的拓扑结构有总线型、星型、环型、树型和网状型。

1. 星型拓扑结构

星型拓扑结构是指网络中的每个结点都通过一个中央设备相互连接在一起的结构,如图 7-7 所示。由于该拓扑结构中的每根物理电缆只连接两个设备,因此布线问题只会影响电缆两端的结点。

以星型拓扑结构组网,其中任何两个站点要进行通信都要经过中央结点控制。中央结点的主要功能:为需要通信的设备建立物理连接;为两台设备通信过程中维持这一通路;在完成通信或不成功时,拆除通道。

这种结构是目前在局域网中应用最为普遍的一种,在企业网络中几乎都是采用此方式。

星型拓扑结构具有可靠性高、传输数据速度快、故障检修容易、结构灵活、便于扩展的优点;缺点是对中央结点的依赖性高,所需电缆比其他拓扑结构多。

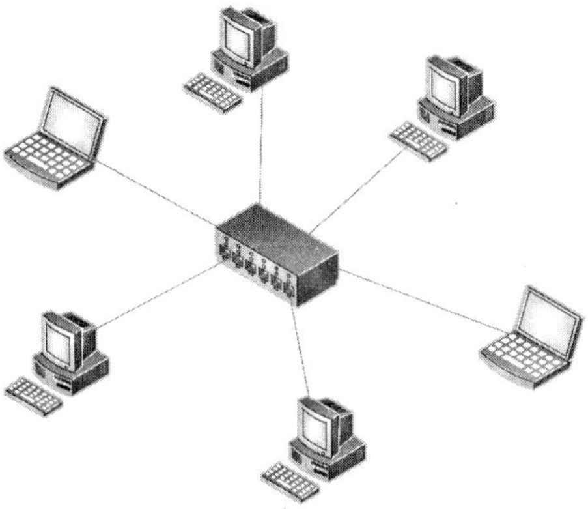

图 7-7　星型拓扑结构

2. 环型拓扑结构

环型拓扑结构是指使用一根公共的电缆，将所有网络结点连接起来组成一个闭合的圆环，如图 7-8 所示。环型拓扑结构应用得相对较少。

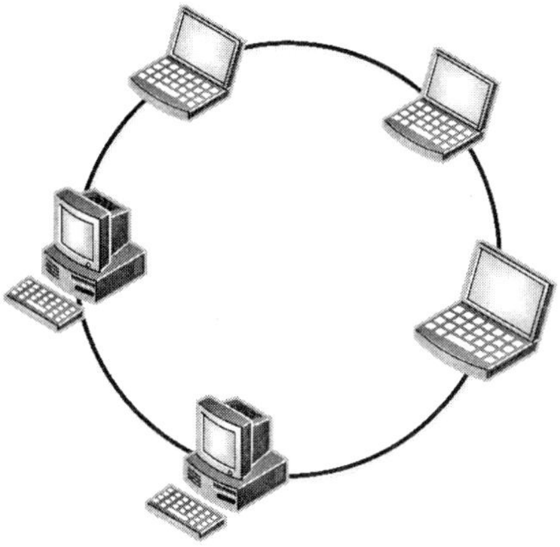

图 7-8　环型拓扑结构

当环型网中各结点通过环路接口连在一条首尾相连的闭合环型通信线路中，就是把每台 PC 连接起来，数据沿着环依次通过每台 PC 直接到达目的地，环路上任何结点均可以请求发送信息。为了避免网络冲突，通常在该拓扑结构中使用令牌传递的方式来传输信息，即用令牌传递方法控制网络结点传送数据信息的能力。

3. 总线型拓扑结构

总线型拓扑结构是一种基于多点连接的拓扑结构，是将网络中的所有设备通过相应的硬件直接连接在共同的传输介质上，如图 7-9 所示。在总线型拓扑结构中，任何一个结点的信息都可以沿着总线向两个方向传输扩散，并且能被总线中任何一个结点接收。由于其信息向四周传播，类似于广播电台，故总线型网络也被称为广播式网络。总线有一定的负载能力，因此，总线长度有一定限制，一条总线也只能连接一定数量的结点。

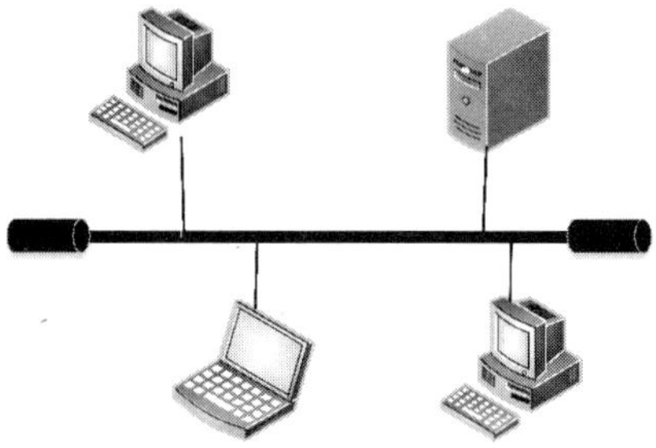

图 7-9　总线型拓扑结构

4. 网状型拓扑结构

网状型拓扑结构是指各结点之间都通过传输线互联起来，并且每一个结点至少与其他两个结点相连，如图 7-10 所示。在该拓扑结构中结点之间的连接是任意的、无规律的，任意两个结点之间的通信链路都可能有多种情况，因此在传送信息时需要使用一定的方法进行计算选择路线。

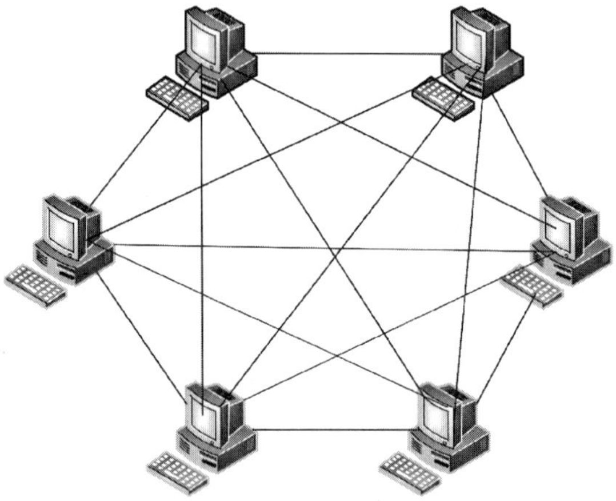

图 7-10　网状型拓扑结构

5. 树型拓扑结构

树型拓扑结构从总线型拓扑结构演变而来，形状像一棵倒置的树，顶端是树根，树根以下带分支，每个分支还可再带子分支。它是总线型拓扑结构的扩展，是在总线网上加上分支形成的，其传输介质可有多条分支，但不形成闭合回路，树型网是一种分层网，其结构可以对称，联系固定，具有一定容错能力，一般一个分支和结点的故障不影响另一分支结点的工作。优点是布局灵活，但是故障检测较为复杂，如图 7-11 所示。

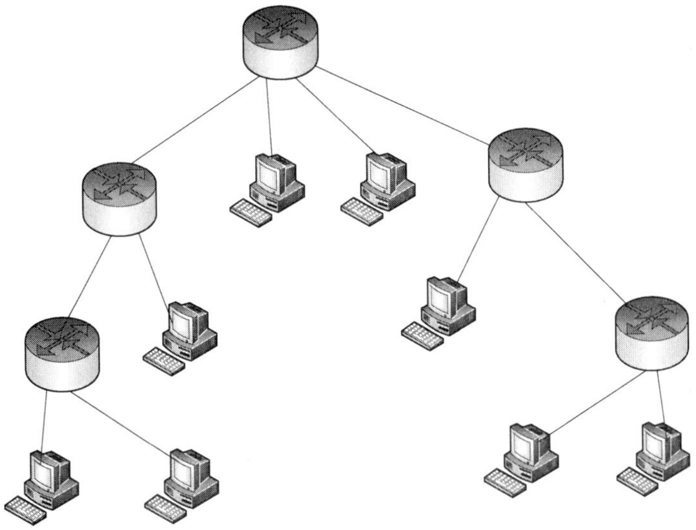

图 7-11 树型拓扑结构

§7.3 Internet 基本知识

Internet 也就是因特网，是全球最大的互联网，我国主要有三大 Internet 服务提供商（Internet Service Provider，ISP），即移动、联通和电信。

7.3.1 接入方式

计算机接入网络时，必须经过 Internet 服务提供商为广大用户接入 Internet。目前有几种不同的接入方式，如电话拨号上网、小区宽带上网和移动互联网等。

1. 电话拨号上网

ADSL 接入方式是采用非对称数字用户线，上行和下行的速度是不一样的，其下行速率从 512 Kbit/s 到 8 Mbit/s，而上行速率则从 64 Kbit/s 到 640 Kbit/s。如图 7-12 所示为电话线接入方式示意。

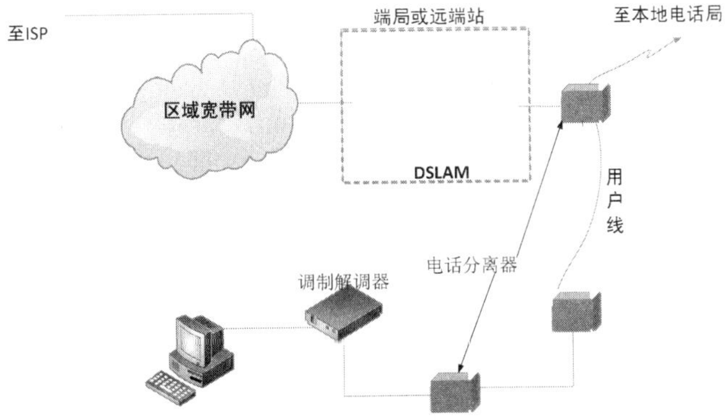

图 7-12 基于 ADSL 的接入网的组成

ADSL的传输距离取决于数据率和用户线的路径。其中数字用户线接入复用器(DSLAM),包括许多的ADSL调制解调器。而调制解调器是成对出现的,记为ATU－C(端局)和ATU－R(远端)。用户电话通过电话分离器和ATU－R连接,然后经过用户线连入端局,再连入本地电话交换机。

2. 小区宽带上网

小区宽带上网常采用FTTX(Fiber To The X,即光纤到x)＋局域网(LAN)接入。该接入方式是一种利用光纤＋网线方式实现的宽带接入方案。从技术上讲,光纤入户应当是最好的选择,这也是广大网民最终所向往的。光纤入户即把光纤一直铺设到用户家里,只有在光纤进入用户的家门后,才把光信号转换为电信号,这样用户可以获得最高的上网速度。根据光纤到用户的距离来分类,可以分为光纤到小区(FTTZ)、光纤到路边(FTTC)、光纤到大楼(FTTB)、光纤到户(HTTH),以及光纤到桌面(FTTD)。如图7-13所示为小区宽带接入方式示意图。

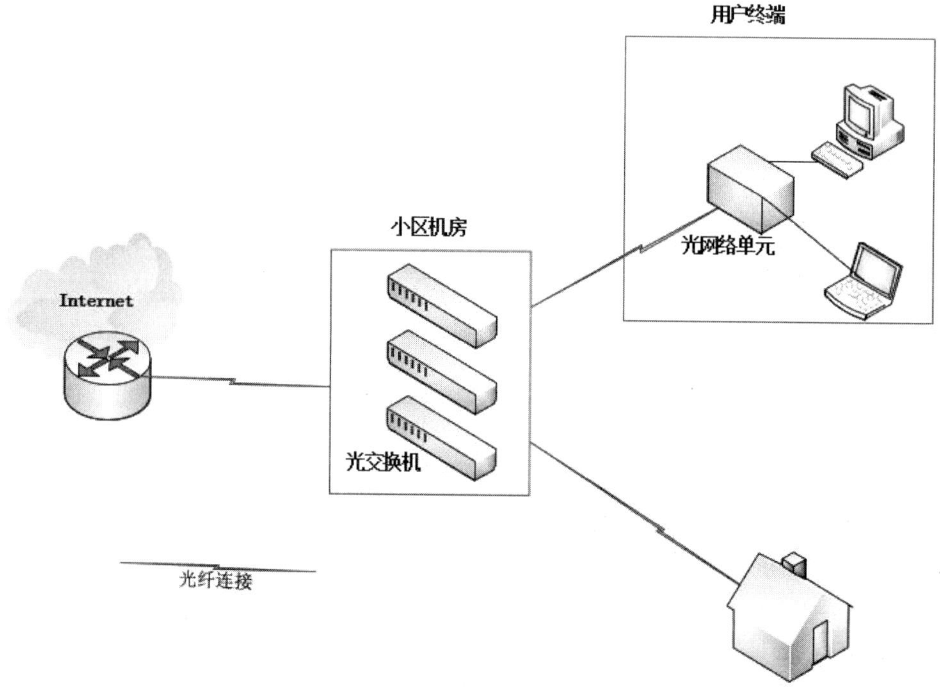

图7-13 FTTH

3. 移动互联网

随着宽带无线接入技术和移动终端技术的飞速发展,移动互联网也随之产生,并且发展迅速。

移动互联网是具有将移动通信和互联网二者结合为一体,是指将互联网的技术、平台商业模式和应用与移动通信技术结合并实践的活动总称。目前4G技术被广泛应用而5G时代即将到来。

4G是第四代移动电话通信标准,是一种超高速无线网络。其技术目标和特点主要有以下几条。

① 系统具有更高的数据率、更好的业务质量、更高的安全性、更高的灵活性、更高的传输质量等。

② 4G 系统应体现移动和无线接入网和 IP 网络不断融合的发展趋势。

③ 4G 系统应能支持非对称业务(上传和下载速度不一样),并能支持多种业务。

下面介绍移动互联网 IP 网络架构。在 4G 中,网络的设计架构被简化。对于基于 IP 网络的宽带无线接入,有两种接入方式:全 IP 网络架构和基于子网的 IP 架构。如图 7-14 所示为 4G 全 IP 网络架构,这种模式下,基站不仅具有信号的传输功能,还对无线资源进行管理,扮演了路由器的功能。其缺点是,移动终端从一个基站移到另一个基站时,需要对移动 IP 地址重新配置。如图 7-15 所示为基于子网的 IP 架构,该模式下,几个相邻的基站组成子网接入基于 IP 接入网的路由器,当移动终端在相邻基站间发生切换时,不需要改变移动 IP 地址。

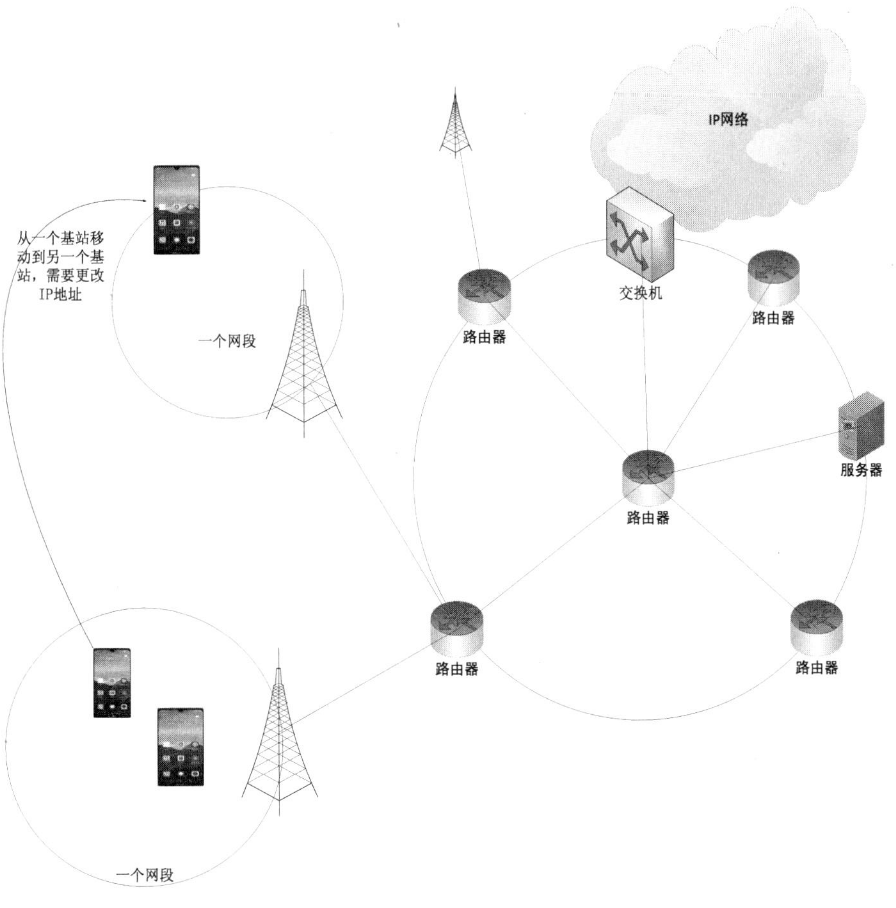

图 7-14　4G 全 IP 网络

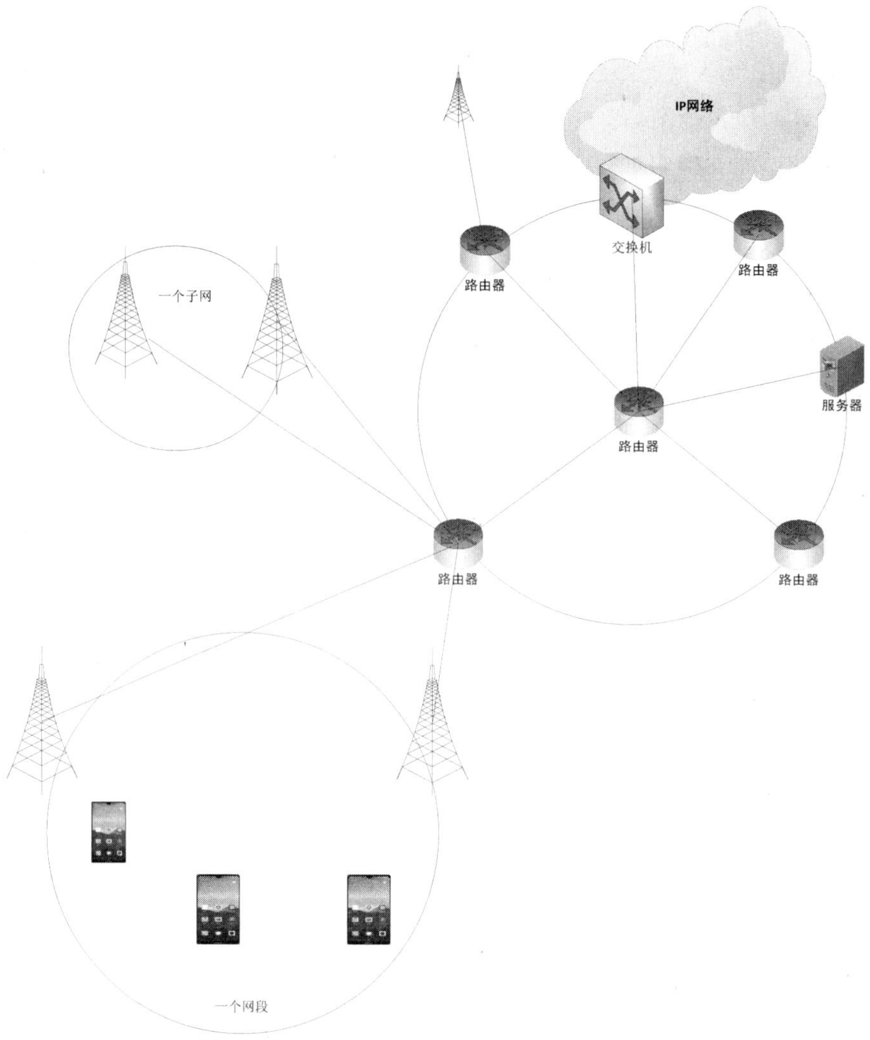

图 7-15 基于子网的 4G IP 网络

5G 是指第五代移动电话通信标准。其峰值理论传输速度可达每秒 10 Gb，这比 4G 网络的传输速度快数百倍，整部超高清电影可在 1 秒之内下载完成。5G 网络不仅要支持更多的数据，而且要支持更多的使用率。5G 网络，改善端到端性能将是另一个重大的课题。端到端性能是指智能手机的无线网络与搜索信息的服务器之间保持连接的状况。在发送短信或浏览网页的时候，在观看网络视频时，如果发现视频播放不流畅甚至停滞，这很可能就是因为端到端网络连接较差的缘故。

7.3.2 IP 地址

在接入 Internet 后，每一个设备都会分配一个 IP 地址。在 TCP/IP 体系中，IP 地址是一个最基本的概念。整个 Internet 就是一个单一的、抽象的网络。

大家所熟悉的电话号码分为区号和本地号码两部分。例如，北京的区号是 010，郑州的区号是 0371。同一地区的电话号码有相同的区号，打本地电话不用拨打区号，只有打长途电话才需要区号。网络上的 IP 地址也分为两部分：网络地址和主机地址。同一网段的计算机网络部分相同，路由器连接不同网段，负责不同网络之间的信息转发。交换机、集线器连接的是同一网段的网络终端设备。

IP 地址就是 Internet 上的每一个主机（或路由器）的每一个接口分配一个在全世界范围内是唯一的 32 位的二进制标识符。为了方便人们使用二进制位分为四部分，每一部分为 8 个二进制位，写成十进制的形式，中级用“.”隔开。例如，一个 IP 地址采用二进制形式为“11001010110011011110000001000100”，处理起来特别麻烦，而转化为十进制是“202.168.224.68”，便于使用。

在设计互联网时，Internet 委员会定义了五种 IP 地址，用于不同容量的网络，即 A 类～E 类。其中 A、B、C 是在全球范围内统一分配的，D 类和 E 类是特殊地址。

1. A 类地址

网络地址最高位是 0 的地址为 A 类地址，如图 7-16 所示。但是全 0 的网络，即 0.0.0.0 不能使用；全 1 的为广播地址，因此 A 类地址的网络号取值范围是 1～126。

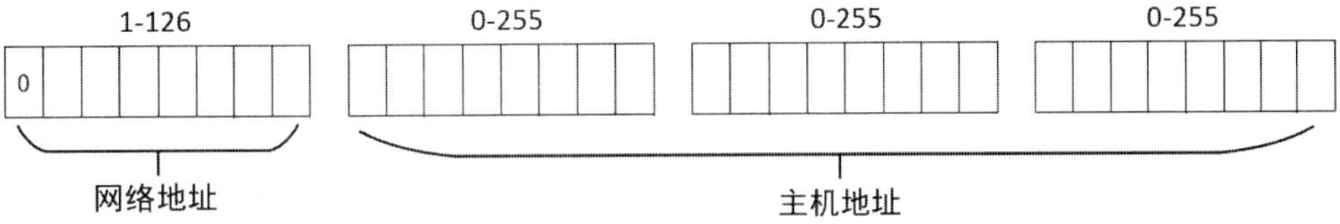

图 7-16　A 类地址

在 A 类地址中，第 2、3、4 部分组成主机地址，而每部分取值范围是 0～255，共 256 种取值，因此一个 A 类地址的网络主机数有 256×256×256＝16777216 种。A 类地址的 IP 地址的范围是 1.0.0.0～126.255.255.255。

2. B 类地址

如图 7-17 所示，网络地址的最高位是 10 的地址为 B 类地址。网络地址的第一部分取值范围是 128～191，可以具有 $2^{14}-1=16383$ 个网络，每个网络地址可以有 255×255－2＝65023 个主机。B 类地址的 IP 地址范围是 128.1.0.0～191.255.255.255。

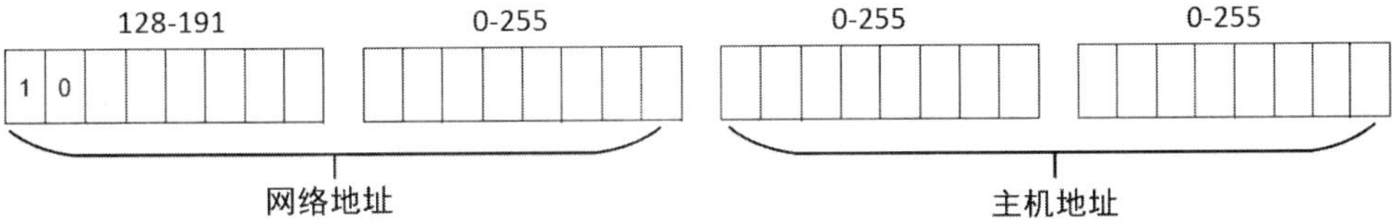

图 7-17　B 类地址

3. C 类地址

如图 7-18 所示，网络地址最高位 110 的地址是 C 类，网络地址的取值范围是 192～223，而 C 类地址中最大的网络数是 $2^{21}-1-2097151$ 个。每个 C 类地址可以容纳的最大主机数量为 256－2＝254。C 类地址的 IP 地址范围是 192.0.1.0～233.255.255.255。

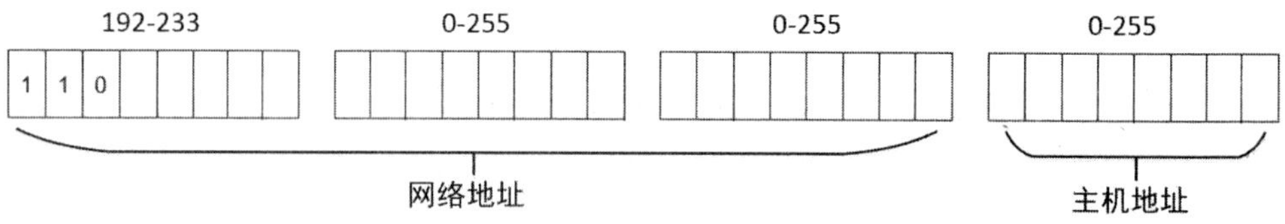

图 7-18　C 类地址

4. D 类地址和 E 类地址

网络地址最高位 1110 的地址为 D 类地址，用于组播（类似于广播，一端发送，有多个接收端）；网络地址最高位为 11110 的地址为 E 类地址，保留以后使用。

目前，在 Internet 上使用网络地址是由 32 位二进制组成的 IPv4。由于 IPv4 的公网（非私有网络）网络地址资源日益紧张，因此提出来 IPv6，用于替代现行的 IP 协议版本。IPv6 的地址长度为 128 位，是 IPv4 地址长度的 4 倍。于是，IPv4 点分十进制格式不再适用，采用十六进制表示。目前是 IP_V4 和 IP_V6 共存阶段。

7.3.3　查看计算机的网络配置

当计算机接入 Internet 时，可以查看当前计算机的网络配置。可以通过以下几种方式查看是否正常接入。

1. 通过控制面板查看

在“设置”中，打开“网络和 Internet”，在状态中，可以查看网络连接是否正常，并且，能够看到网络是否连接，如图 7-19 所示。点击“WLAN”可以进行 WIFI 的连接，点击“以太网”可以进行宽带的连接。并且，在右侧的“网络和共享中心”，点击正在连接的“WLAN”，选择“详细信息”，可查看到 IP 地址，如图 7-20 所示。

图 7-19　查看网络状态

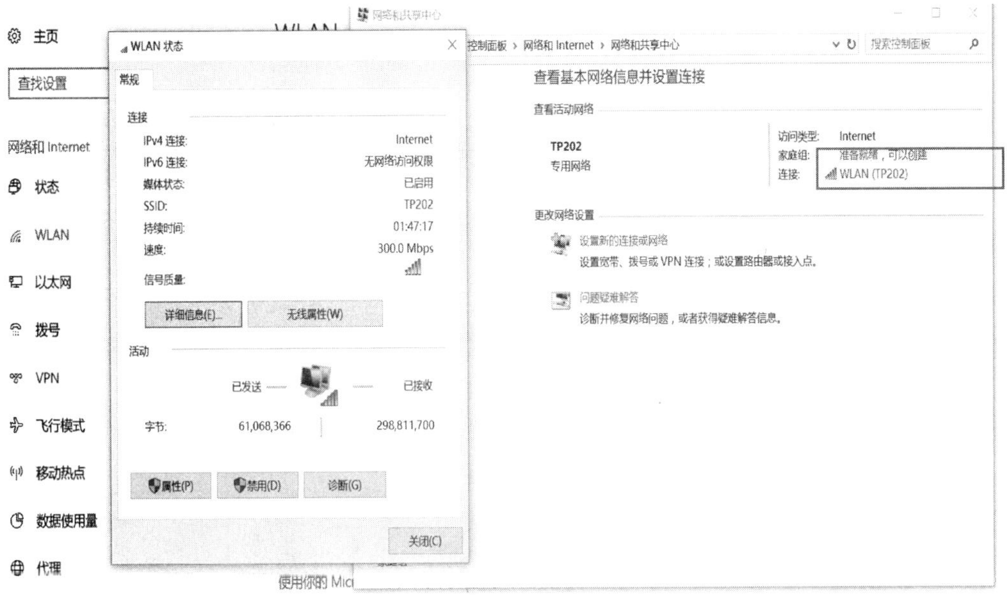

图 7-20 如何查看 IP 信息

2. 使用 IPConfig 命令查看

在任务栏上面的搜索框中，输入“cmd”，然后选择“命令提示符”，打开 DOS 窗口（命令提示符界面）。输入“IPConfig”，可以查看计算机的当前配置，并且可以检验计算机的 TCP/IP配置是否正确，如图 7-21 所示。

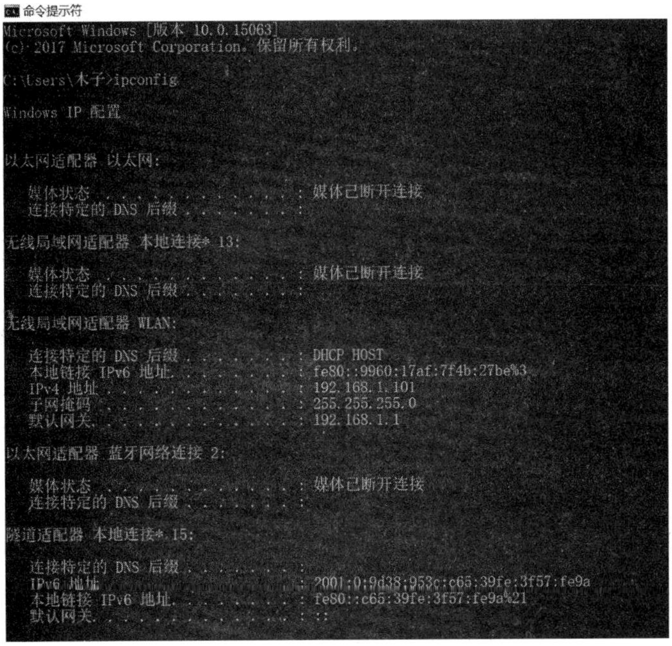

图 7-21 使用 IPConfig 命令查看网络信息

IPConfig 也可以使用参数，查看相应的内容。例如，IPConfig/all：显示本机 TCP/IP 配置的详细信息。

3. 使用 Ping 命令查看

Ping 是 Windows、Unix 和 Linux 系统下的一个命令。Ping 也属于一个通信协议，是 TCP/IP 协议的一部分。利用“Ping”命令可以检查网络，分析和检测网络是否畅通。

Ping 命令的应用格式：Ping 空格 IP 地址。该命令还可以加入许多参数使用，具体是键入 Ping 按回车即可看到详细说明。

在使用时，同 IPConfig 一样，需要进入 DOS 窗口才可以进行输入。如查看本机 IP 是否配置好，需要输入 Ping 127.0.0.1，如果接收和发送的数据相等，即网络配置完好。而且还可以 Ping 域名，例如，“ping www.baidu.com”时，屏幕上出现的信息，如图 7-22 所示。

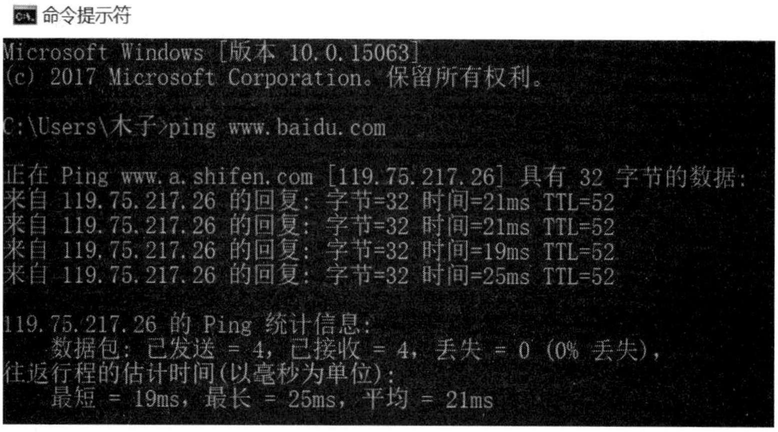

图 7-22　Ping 命令

§7.4　Internet 应用服务

Internet 上面的应用非常多，而很多应用是需要基于域名系统的。因此，首先介绍域名系统，然后介绍万维网（WWW）以及其他的应用。

7.4.1　域名系统 DNS

域名系统 DNS（Domain Name System）是因特网使用的命名系统，将域名与 IP 地址相互解析。当用户与 Internet 上某个主机进行通信时，需要知道对方的 IP 地址，但是 IP 地址比较复杂不容易记忆，为了便于记忆，采用了域名，然后计算机可以根据网络协议将其解析为 IP 地址，这样即可通过域名访问相应的服务器。虽然用户只是间接而不是直接使用域名系统，但是 DNS 为 Internet 提供了核心服务。

Internet 采用层次树型结构命名方式，使任何一个连接在 Internet 上的主机或路由器，都有一个唯一的层次结构，这就是域名。“域”是名字空间中一个可被管理的划分。域可以划分为子域，子域还可以继续划分为子域的子域，即形成顶级域、二级域、三级域等。

每一个域名都是由标号序列组成，而标号之间用点隔开（是小数点“.”，而不是句号

"。")。例如,图 7-23 所示的这个域名:

mail.qq.com

↓　↓　↓

三级域名.二级域名.顶级域名

图 7-23　QQ 邮箱域名介绍

这个是 QQ 邮箱的域名,由三个标号组成,其中标号 com 为顶级域名,qq 为二级域名,mail 为三级域名。

DNS 规定,域名中的标号都有英文字母和数字组成,每个标号不超过 63 个字符,也不区分大小写,除了"-"外,不能使用其他的标点符号。完整的域名,不能超过 255 个字符。

顶级域名共有两种形式:国家代码顶级域名(简称国家顶级域名)和通用顶级域名。国家代码顶级域名由各个国家的互联网信息中心管理,表 7-1 所示为部分国家顶级域名。通用顶级域名则由位于美国的全球域名最高管理机构负责管理,表 7-2 所示为部分通用顶级域名。

表 7-1　部分国家顶级域名

国家顶级域名	代表国家或地区
cn	中国
us	美国
uk	英国
fr	法国

表 7-2　部分通用顶级域名

通用顶级域名	代表含义	通用顶级域名	代表含义
com	公司企业	asia	亚太地区
net	网络服务结构	biz	公司和企业
org	非营利型组织	jobs	人力资源管理者
int	国际组织	info	各种情况
travel	旅游业	museum	博物馆

在顶级域名下注册的二级域名均由国家自行确定。目前,我国允许直接在 cn 的顶级域名下注册二级域名,并且增加了"中国""公司""网络"等几个中文的顶级域名。我国的二级域名①划分为"类别域名"和"行政域名"两大类。"类别域名"共有 9 个,如表 7-3 所示。"行

①我国互联网域名体系:"http://中国互联网域名体系.中国""http://中国互联网域名体系.政务"或"http://中国互联网域名体系.政务"。

政域名”共 34 个，用于我国的各省、自治区、直辖市，表 7-4 所示我国部分行政域名。

表 7-3 类别二级域名

域名	用途	域名	用途	域名	用途
政务	中国党政群机关等各级政务部门	GOV	中国政府机构	ORG	非营利性机构
公益	非营利性机构	AC	科研机构	MIL	中国国防机构
NET	提供互联网服务的机构	EDU	教育机构	COM	工、商、金融等企业

表 7-4 我国部分行政域名

域名	地区	域名	地区	域名	地区
BJ	北京市	TJ	天津市	SH	上海市
CQ	重庆市	HE	河北省	HA	河南省
TW	台湾省	HK	香港特别行政区	MO	澳门特别行政区

企业或个人申请域名后，可以在该域名下添加多个主机名，也可以根据需要创建子域名，在子域名下可以添加多个主机名。

域名树可以清楚地表示 Internet 的域名系统。Internet 域名空间的结构，如同一个倒置的树，最上面的是根，但是没有对应的名字。根下面是一级节点即顶级域名，接下来是二级域名，再向下划分就是三级域名、四级域名等。在顶级域名下面注册的单位都获得一个二级域名。在二级域名下面注册的单位或个人可以获得一个三级域名。而在获得域名后不用申请就可以自行决定是否进一步划分下属的子域。例如图 7-24 中，cctv（中央电视台）和 tsinghua（清华大学）都分别划分了自己的下一级域名 mail 和 www。域名树的树叶就是单台计算机的名字。注意，虽然清华大学 tsinghua 和中央电视台 cctv 各有一台计算机取名为 mail，但是他们的域名不一样，因为前者是 mail.tsinghua. edu.cn，后者是 mail.cctv.com。

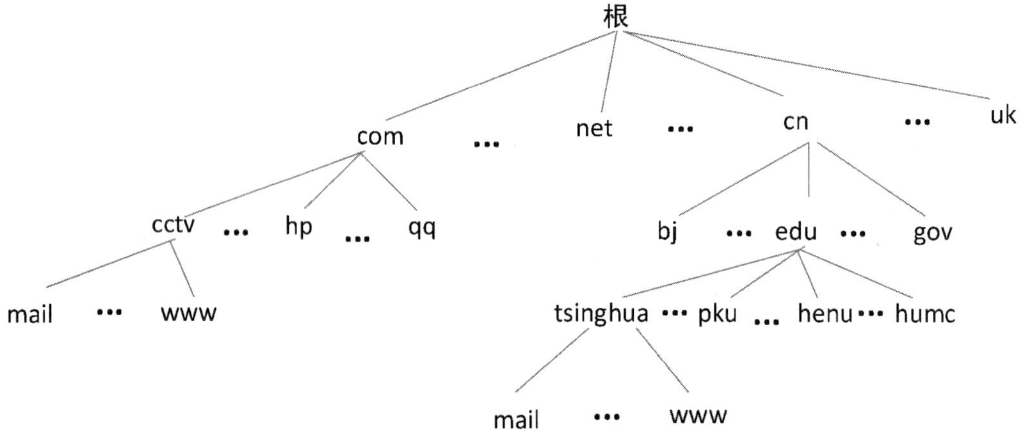

图 7-24 Internet 的域名空间

7.4.2　万维网 WWW

万维网 WWW（World Wide Web）是一个大规模的、联机式的信息储藏所，简称为 Web。万维网用链接的方式从一个站点链接到另一个站点，从而获取丰富的信息。可以显示 WWW 信息的客户端软件叫作 Web 浏览器。目前，常用的 Web 浏览器包括微软的 Internet Explorer、Firefox、Google Chrome、360 浏览器、猎豹浏览器等。

借助于浏览器，我们不需要考虑信息保存在哪个服务器，只需点击鼠标即可打开链接，访问相应网页。

为了解决“如何标志分布在整个 Internet 上的万维网文档”的问题，WWW 定义统一资源定位符 URL（Uniform Resource Locator）来标志各种文档，使每一个文档在 Internet 范围内具有唯一的标识符 URL。为了解决“用什么样的协议来实现万维网上各种链接”，万维网客户程序属于万维网服务器程序之间的交互遵守严格的超文本传送协议 HTTP（Hyper Text Transfer Protocol）。而超文本标记语言 HTML（Hyper Text Markup Language）是为了解决“怎样使在 Internet 上显示不同的作者创作不同的文档，并且用户知道从什么地方访问”这一问题。

1. 统一资源定位符 URL

统一资源定位符 URL 是用来表示从 Internet 上得到的资源位置和访问这些资源的方法。URL 给资源的位置提供一种抽象的识别方法，并用这种方法给资源定位。这里面的“资源”是指在 Internet 上可以被访问的任何对象，包括图像、声音、文档等，也包括电子邮件的地址等。

由于访问不同的对象，所使用的协议不同，因此 URL 还指出读取某个对象所使用的协议。URL 的一般形式由以下四部分组成：

协议：//＜主机＞：＜端口＞/＜路径＞

URL 的第一部分是最左边的“协议”。这里面的协议是指出用什么方式来获取该万维网的文档。目前，最常用的协议是 HTTP（超文本传送协议 HTTP），其次是 FTP（文件传送协议 FTP）。

协议后面必须写上“：//”，不能省略。第二部分的＜主机＞是指出所需的文档在哪一个主机上，也指 Internet 的域名。第三部分的＜端口＞和第四部分的＜路径＞是可以省略的。

2. 使用 HTTP 的 URL

对于万维网网点的访问要使用 HTTP 协议。使用 HTTP 的 URL 的一般形式是：

http：//＜主机＞：＜端口＞/＜路径＞

例如，“央视网”的 URL：

http：//www.cctv.com

在浏览器的地址栏上，输入“央视网”的 URL，即可进入“央视网”的首页。

7.4.3　文件传输 FTP

FTP（File Transfer Protocol）文件传输协议，用于 Internet 上的控制文件的双向传输。

基于不同的操作系统有不同的 FTP 应用程序，用户可通过客户机程序向远程主机上传或下载文件。

支持 FTP 协议的服务器就是 FTP 服务器。一个 FTP 服务器进程可同时为多个客户进程提供服务。

例如，将 IP 地址为 192.168.2.102 的计算机作为服务器。然后用户在访问该计算机时，在"资源管理器"的地址栏里面输入"FTP://IP 地址"即可访问，可以上传和下载指定的文件夹中的内容，如图 7-25 所示，如何设置 FTP 服务器端。

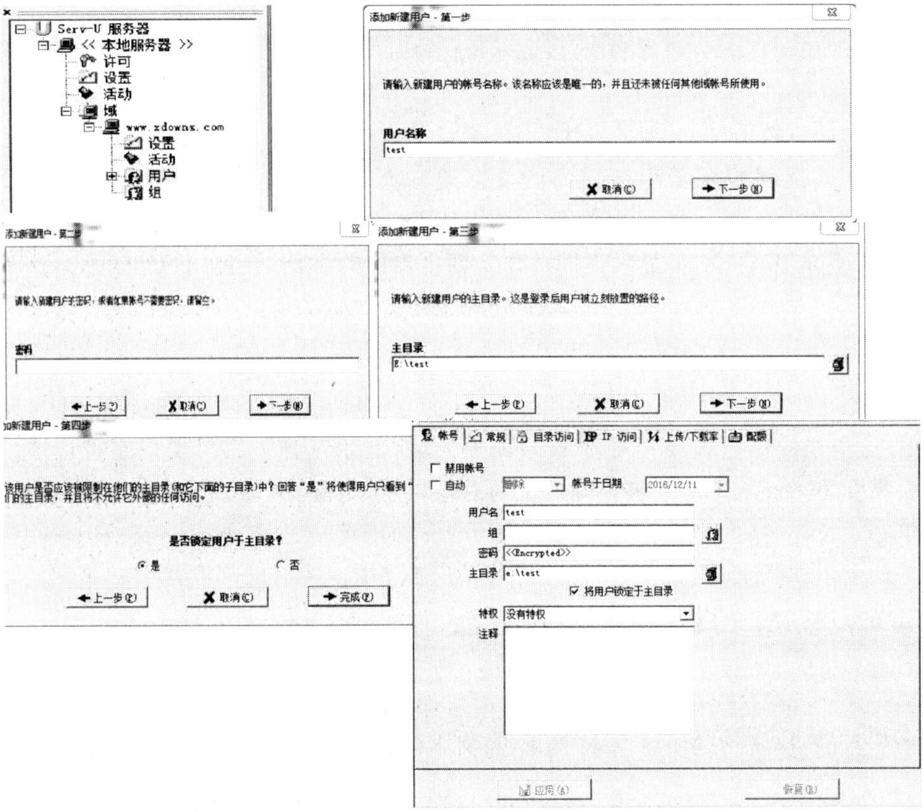

图 7-25　FTP 设置 Server 服务器

7.4.4　电子邮件

随着智能手机的普及，以 QQ 和微信为主的即时聊天工具的功能也越来越多，其中就包括文件传输等功能。但是，有时候使用电子邮件会显得更加正式一些，同时也更加便于文件的保存、归档和查阅。

在手机还不是很普及，计算机、计算机网络还没有出现或者比较昂贵时，大家的交流很大部分是通过信件进行的。在写信时，为能顺利邮寄，需要知道收信人的地址。

电子邮件也是一样，大家需要按照一定的格式，进行填写收件人的邮箱地址。目前，大家用得比较多的电子邮箱有网易的 163 邮箱、新浪邮箱以及 QQ 邮箱等。邮箱地址的格式为用户名@域名，其中域名是邮箱所在服务器的地址。例如，QQ 邮箱格式为"用户名@qq.com"。

QQ 邮箱地址和我们大家日常所使用的 QQ 账户是关联的，而其他的邮箱是需要申请注册的。

1. 注册电子邮箱

目前，各种大型网站服务商都会提供免费的邮件服务，并且这些免费的电子邮箱服务提供的功能都非常相似。下面就以注册 163 邮箱为例，介绍免费电子邮箱的注册流程。在浏览器中，输入网址 http://www.163.com，进入并选择“免费邮箱”然后进入图 7-26 所示的界面进行注册，可以选择注册字母邮箱或手机号码邮箱，字母邮箱也可以和手机号码关联。

图 7-26　通过网页注册网易 163 邮箱界面

2. 接收电子邮箱

在 163 邮箱登录页面，输入邮箱账号和密码后，点击“登录”按钮，可以进入自己的邮箱，在收件箱里面查看收到的邮件。点击需要查看的邮件，然后可以看到发件人以及发送时间和内容，如图 7-27 所示。

图 7-27　接收邮件

3. 发送电子邮箱

当需要发送邮件时，可以登录邮箱，然后点击“写信”按钮，编辑邮件。在收件人处填写对方的邮箱地址，添加发送邮件的目的即主题。最后点击发送，如图 7-28 所示。

图 7-28　发送邮件

7.4.5　信息检索

信息检索是用户进行信息查询和获取的主要方式，是查找信息的方法和手段。狭义的信息检索仅指信息查询，即用户根据需要，借助检索工具采用一定的方法，从信息集合中找出所需要信息的查找过程。广义的信息检索是信息按一定的方式进行加工、整理、组织并存储起来，再根据信息用户特定的需要将相关信息准确地查找出来的过程。一般情况下，信息检索指的就是广义的信息检索。信息检索起源于图书馆的参考咨询和文摘索引工作，从 19 世纪下半叶开始发展，至 20 世纪 40 年代，索引和检索已成为图书馆独立的工具和用户服务项目。我们以使用“中国知网”进行文献的检索为例，进行信息检索。

首先，我们需要打开浏览器，输入知网的网址“http://www.cnki.net”，然后进入“中国知网”的主页。在这个页面上，可以选择所要检索的内容，选择相应的类型。在进行检索时，还可以进行“高级检索”，不仅可以对主题、关键字或作者等单一条件进行检索，还可以同时设置多个条件进行检索，如图 7-29 所示的界面。

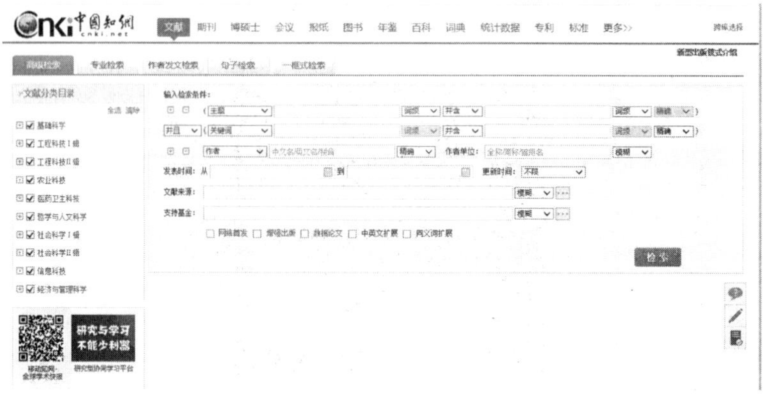

图 7-29　高级检索

7.4.6　路由器的设置

路由器是现代生活、工作中不可缺少的一个网络设备，通过路由器，可以将网络设置为一个小型的局域网。

在设置路由器时，需要了解无线路由器，如图 7-30 所示，标识为“WAN ”的接口是宽带的接入口；而“LAN”是从路由器引出，连接到计算机上面的；图中的三根天线是用于无线连接的。

图 7-30　路由器

当网线正确接入到路由器后，即可以进行路由器的设置，以 TP－LINK 为例。将计算机连入到无线路由器后，打开浏览器，在地址栏中输入“192.168.1.1”，即可进入路由器的登录页面。首次登录时，需要设置路由器密码。

登录路由器之后，选择合适的上网方式。按照提示，进行操作，最后设置无线网的名称和密码，路由器会自动重启，之后就可以上网了。

在计算机登录无线路由器时，找到设置的无线网名称，输入密码就可以上网了，如图 7-31所示。

图 7-31　连接无线网

再次进入路由器时，进入路由器管理界面，可以看到网络的信息，并且可以查看接入无线网的设备个数、网络状态，以及应用管理等，如图 7-32 所示。

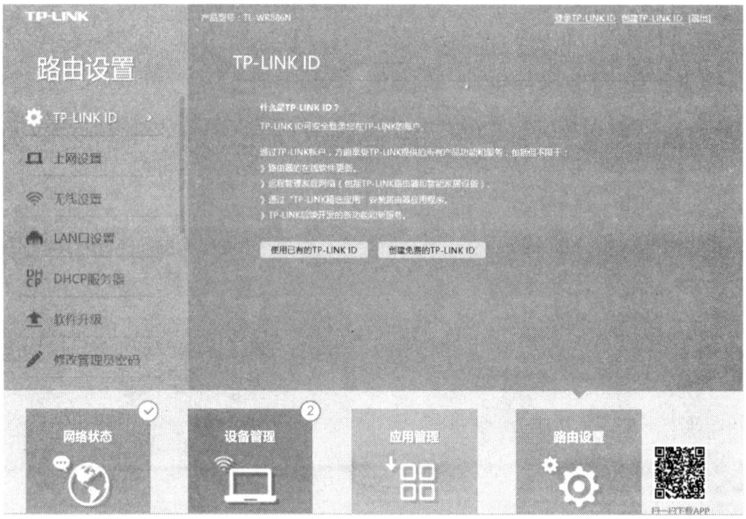

图 7-32　路由器设置界面

7.4.7　网络安全

互联网向人们提供了很多便利的服务。为了让人们能够更好地、更安全地利用互联网，只有牺牲一些便利性来确保网络的安全。随着恶意攻击技术越来越多，网络安全技术也在不断更新。

计算机网络面临的威胁有两类：被动攻击和主动攻击。

1. 被动攻击

被动攻击被称为“截获”，是指攻击者观察和截获某一段信息而不干扰全部的信息。攻击者通过分析截获的长度和传输的频率，进行分析得到数据的性质。这种攻击又被称为“流量分析”。

2. 主动攻击

主动攻击的方式很多，下面列举几种最常见的主动攻击方式。

① 篡改：攻击者故意篡改网络上传送的信息，也可以终端传送，甚至把完全伪造的信息发送给接受者。

② 恶意程序：恶意程序的种类很多，对网络安全威胁较大的主要有以下几种。

· 计算机病毒，一种具有“传染性”的特殊程序。传染是指病毒修改其他的程序把自身或者变种复制进去完成的。例如，把 U 盘中的文件全部改成快捷方式或者应用程序，可以传播到其他的计算机或者 U 盘中，并进行破坏。例如，“勒索病毒”，需要用户支付，才可以“赎回”自己的文件或者计算机的使用权。

· 计算机蠕虫，一种通过计算机网络的通信功能将自身从一个地方发送到另一个地方，并且能够自动启动运行的程序。

• 特洛伊木马，也就是大家常说的“木马”，也是一种程序，伪装成一种比较友好的程序，从而攻击计算机，还可以把用户的源程序复制下来，或者复制并发送出用户比较重要的信息，如支付信息。

• 逻辑炸弹，一种当运行环境满足一定条件时，才能够执行的程序。例如，“黑色星期五”，即平时运行良好，只有当系统时间为 13 号并且是星期五时，会删除系统中的文件。

③ 拒绝服务：攻击者不停地向 Internet 上的某个服务器不停地发送信息，使 Internet 或服务器无法正常服务。例如，在 2000 年 2 月 7 日至 9 日，美国的几个著名的网站就遭到了黑客的袭击，无法正常使用。

对于被动攻击是无法检测的，但是，对于主动攻击可以采取适当的措施加以检测，常用的方法有以下几种。

① 安装杀毒软件。这是一种最常用的防范主动攻击的方法。在用户安装完操作系统之后，即需要为操作系统安装一个合适的杀毒软件，以防止系统感染病毒。目前，大部分杀毒软件对个人用户都提供免费的服务，如金山毒霸、360 杀毒软件、avast、小红伞、瑞星杀毒软件等。用户只需要下载对应的安装包，按照安装向导进行安装即可。

② 开启防火墙。在安装杀毒软件的同时，用户还需要开启操作系统本身的防护墙。防火墙是一种将内部网和公众访问网(如 Internet)分开方法，是一种隔离技术。防火墙是在两个网络通信时执行的一种访问控制尺度，它能允许“同意”的人和数据进入网络，同时将“不同意”的人和数据拒之门外，最大限度地阻止网络中的黑客来访问你的网络。

在“网络和共享中心”窗口中，点击左下方的“Windows 防火墙”菜单，即可进入 Windows 10 系统防火墙的查看和设置窗口，如图 7-33 所示。在此窗口中，用户可以看到计算机所接入的网络是专用网络还是公用网络。点击“Windows 防火墙”左侧的“更改通知设置”或“启动或关闭 Windows 防火墙”、“允许应用或功能通过 Windows 防火墙”，可以对各种网络的设置进行微调，如开启和关闭防火墙、通知方式、阻止传入连接等。

图 7-33　Windows 10 防火墙

③ 设置浏览器的安全级别。在 Windows 10 中，默认安装的浏览器不仅有传统的 IE11，还有 Microsoft Edge。打开 Microsoft Edge 浏览器，选择“设置或更多”|“设置”，可以对浏览器进行更多设置，如图 7-34 所示。

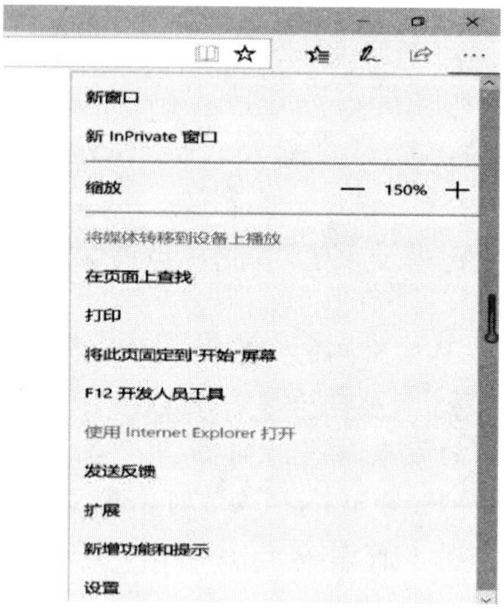

图 7-34　Microsoft Edge 设置

在 Windows 附件中，能够找到 IE 浏览器，打开 IE 浏览器，找到“工具”|“Internet 选项”，找到“安全”选项卡，可以对浏览器的安全级别进行设置，如图 7-35 所示。

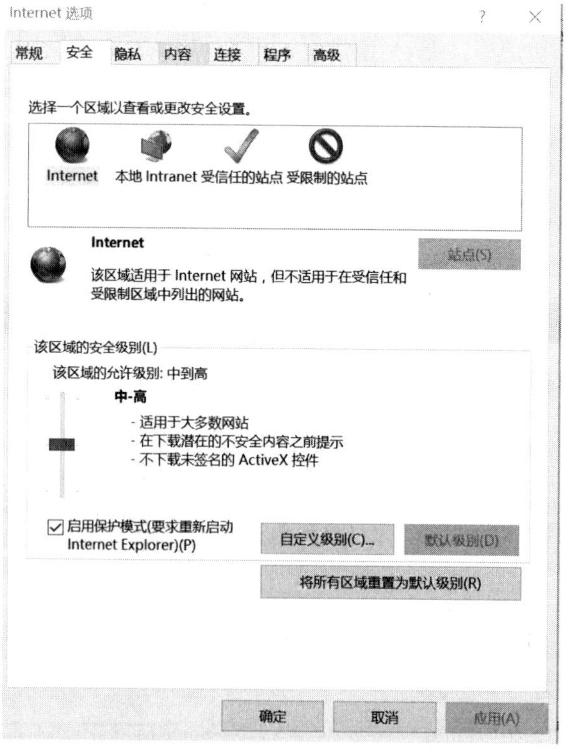

图 7-35　IE 浏览器的安全设置

在“Internet 选项”安全设置对话框中，用户可以分别对 Internet 和本地 Intranet、可信站点和受限区域进行安全级别设置。除此之外，用户还可以点击“自定义级别”按钮，进行详细参数设置，如图 7-36 所示。

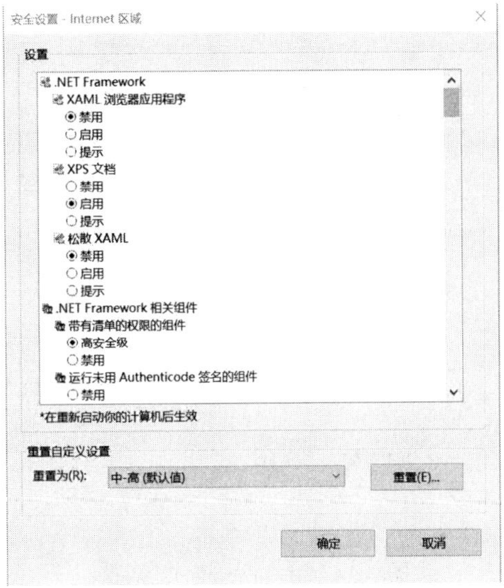

图 7-36　自定义安全级别设置

如果用户对已经设置的自定义安全级别设置不满意，只需要点击“重置”按钮即可将安全设置恢复至默认状态。

习　题　七

一、选择题

1. 某企业为了建设一个可供客户在互联网上浏览的网站，需要申请一个(　　)。

A. 密码　　B. 邮编　　C. 门牌号　　D. 域名

2. 在 Internet 中实现信息浏览查询服务的是(　　)。

A. DNS　　B. FTP　　C. WWW　　D. ADSL

3. 检查网络连通性的应用是(　　)。

A. PING　　B. ARP　　C. DNS　　D. BIND

4. 在下列的服务中，(　　)不属于 Internet 标准的应用服务。

A. WWW 服务　　B. E-mail 服务　　C. FTP 服务　　D. NetBIOS 服务

5. 交换机工作在(　　)。

A. 物理层　　B. 数据链路层　　C. 网络层　　D. 高层

6. 在 Internet 上对每一台计算机的区分是通过(　　)来区别的。

A. 计算机的登录名　　B. 计算机的域名

C. 计算机所分配的 IP 地址　　D. 计算机的用户名

7. 要访问 FTP 站点时，地址栏的最左端应键入(　　)。

A. www://　　B. http://　　C. FTP://　　D. Net://

8. IP 地址共有 5 类,常用的有(　　)类,其余的留作其他用途。

A. 1　　B. 2　　C. 3　　D. 4

9. 通常所说的"ADSL"是指(　　)。

A. 上网方式　　B. 电脑品牌　　C. 网络服务商　　D. 网页制作技术

10. 划分局域网和广域网主要依据的是(　　)。

A. 网络硬件　　B. 网络软件　　C. 网络覆盖范围　　D. 网络应用

二、填空题

1. HTTP 是________协议,FTP 是________协议。

2. URL 指的是________。

3. 网络的拓扑结构有总线型、环型、________、________和________。

4. 在路由器设置时,"WAN"是宽带________口,"LAN"是________口。

5. IP 地址可分为________类。

6. 域名是由标号序列组成,而标号之间用________隔开。

7. 学校的校园网络属于________。

8. 计算机网络最主要的功能是________。

实　验　七

【实验 7－1】信息检索。

打开浏览器,在地址栏输入知网的网址"http://www.cnki.net",检索出主题为"人工智能",发表时间为"2001—2020 年","被引"次数为前五的论文,将检索结果进行截图并保存。

【实验 7－2】发送和接收邮件。

在公共网站申请电子邮箱,并将"实验 7－1"中的搜索结果的截图,作为附件的形式,发到自己的电子邮箱中,然后在收件箱中查看接收到的结果。

参考文献

[1] 乔保军.计算机应用基础.郑州:河南大学出版社,2016.

[2] 张帆,杨海鸥.Word 2016 文档处理实用教程.北京:清华大学出版社,2017.

[3] 杨殿生,张光亚等.计算机文化基础教程.北京:电子工业出版社,2017.

[4] 武文芳等.计算机应用基础.北京:中国铁道出版社,2016.

[5] 刘云翔,王志敏,黄春华等.北京:清华大学出版社,2017.

[6] 宋晏,刘勇,杨国兴等.北京:电子工业出版社,2017.

[7] 龚沛曾,杨志强等.北京:高等教育出版社,2013.

[8] 刘强.办公自动化高级应用案例教程(Office 2016).北京:电子工业出版社,2018.

[9] 徐日,张晓昆.微软办公软件认证 MOS Office 2016 大师级通关教程.北京:清华大学出版社,2018.

[10] 龙马高新教育.新编电脑办公 Windows 10 Office 2016 版从入门到精通.北京:人民邮电出版社,2016.

[11] [美]John Walkenbach 著,赵利通,卫琳译.中文版 Excel 2016 宝典(第 9 版).北京:清华大学出版社.

[12] 谢希仁.计算机网络.北京:电子工业出版社,2013.

[13] 韩立刚,马青,王艳华,韩利辉.计算机网络原理创新教程.北京:中国水利水电出版社,2017.

[14] 上野宣(日).于均良译.图解 HTTP.北京:人民邮电出版社,2018.

[15] https://yq.aliyun.com/articles/85424?utm_campaign=wenzhang&utm_medium=article&utm_source=QQ-qun&201769&utm_content=m_22904